21 世纪高等教育计算机规划教材

Access 2010
数据库教程
（微课版）

ACCESS 2010 DATABASE

苏林萍 谢萍 周蓉 ◆ 主编

人民邮电出版社

北 京

图书在版编目（ＣＩＰ）数据

Access 2010数据库教程：微课版 / 苏林萍，谢萍，周蓉主编. -- 北京：人民邮电出版社，2018.2（2021.12重印）
21世纪高等教育计算机规划教材
ISBN 978-7-115-47502-2

Ⅰ．①A… Ⅱ．①苏… ②谢… ③周… Ⅲ．①关系数据库系统－高等学校－教材 Ⅳ．①TP311.138

中国版本图书馆CIP数据核字(2017)第311651号

内 容 提 要

本书通过"学生成绩管理"数据库案例，从建立 Access 2010 空数据库开始，逐步建立数据库中的表、查询、窗体、报表、宏和模块等各种对象，并围绕"学生成绩管理"数据库案例介绍 Access 2010 的主要功能。本书将各章的重点和难点制作成了微课视频，便于读者运用网络学习，能够在较短的时间内掌握数据库知识。每章配有丰富的实验和习题，可以巩固和加深对所学知识的掌握和理解，提高读者的动手能力。

本书涵盖"全国计算机等级考试二级 Access 数据库程序设计考试大纲"最新版的要求，是实用的应用型教程。本书可以作为高等院校非计算机专业的"数据库应用技术"课程的教材，也可以作为"全国计算机等级考试二级 Access 数据库程序设计"科目考试的参考教材，还可以作为自学数据库技术的有益参考书。

◆ 主　　编　苏林萍　谢　萍　周　蓉
　　责任编辑　武恩玉
　　执行编辑　刘　尉
　　责任印制　沈　蓉　彭志环

◆ 人民邮电出版社出版发行　北京市丰台区成寿寺路 11 号
　　邮编 100164　电子邮件 315@ptpress.com.cn
　　网址 http://www.ptpress.com.cn
　　固安县铭成印刷有限公司印刷

◆ 开本：787×1092　1/16
　　印张：16.75　　　　　　　　　　2018 年 2 月第 1 版
　　字数：426 千字　　　　　　　2021 年 12 月河北第 10 次印刷

定价：49.80 元
读者服务热线：(010)81055256　印装质量热线：(010)81055316
反盗版热线：(010)81055315

前　言

　　数据库技术是计算机最广泛的应用领域之一，随着计算机的迅速发展，数据库技术的应用范围在不断扩大。为了适应数据库技术的广泛应用，提高学生的数据库应用水平，目前许多高校将"数据库应用技术"课程作为全校的非计算机专业学生的公共课程。

　　本书以"学生成绩管理"数据库为例，从建立 Access 2010 空数据库开始，逐步建立数据库中的各种对象，并围绕"学生成绩管理"数据库案例介绍 Access 2010 的主要功能。本书采用微课的教学方式组织编写内容，将每章中的重点和难点制作成微课视频。每个微课有明确的教学目标，集中讲解一个问题，内容较短，方便学生课下反复播放学习，是课堂教学的有益补充，本书按照知识点制作了 117 个微课视频。

　　本书包含了大量的教学实例可以供教师和学生使用。全书每章包含丰富的习题供学生练习，可以帮助学生巩固和加深对所学知识的理解和掌握。并在不同的章节设置了多个实验，每个实验都有明确的实验目的和具体的实验要求，针对较难的实验给出了实验操作提示。学生可以通过实验来提高数据库的应用能力。

　　本书内容涵盖"全国计算机等级考试二级 Access 数据库程序设计考试大纲"2018 版体系的要求，书中的习题和实验符合考试大纲的要求。

　　本书的参考学时为 64 学时，建议采用理论和实验并行的教学模式。理论教学 32 学时，实验 32 学时，各章教学学时和实验学时分配如下表。

章	教学学时数	实验学时数
第 1 章　数据库基础	2	
第 2 章　Access 2010 数据库的设计与创建	2	2
第 3 章　表	4	6
第 4 章　查询	8	8
第 5 章　窗体	4	4
第 6 章　报表	2	2
第 7 章　宏	2	2
第 8 章　模块与 VBA 程序设计	6	6
第 9 章　VBA 的数据库编程	2	2

　　本书的编写人员都是多年从事高校数据库技术教学和计算机等级考试培训的优秀一线教师，具有扎实的理论基础和丰富的教学经验。其中，第 1 章、第 2 章、第 3 章由谢萍编写，第 4 章、第 5 章由苏林萍、谢萍、单波编写，第 6 章、第 7 章由周蓉、金花编写，第 8 章、第 9 章由苏林萍编写。谢萍、苏林萍和周蓉制作全书的微课教学视频。全书由苏林萍统稿。

　　本书可以作为高等院校非计算机专业的"数据库应用技术"课程的教材，也可以作为参加"全国计算机等级考试（二级 Access 数据库程序设计）"科目考试的考生的参考教材，还可以作为读者自学数据库技术的参考书。

为了帮助教师使用本书进行教学工作，编者准备了教学课件，包括各章的电子教案（PPT文档）、微课视频、书中的实例数据库和实验的标准答案数据库，以及各章习题的答案等，需要者可从人邮教育社区（http://www.ryjiaoyu.com）免费下载。

由于编者水平有限，书中难免有错误和不妥之处，恳请广大读者批评指正。

编　者

2017 年 10 月

目 录

第1章
数据库基础

从最初的人工管理到当今的各种数据库系统,计算机的数据管理方式发生了翻天覆地的变化。数据库技术作为数据管理的有效手段,极大地促进了计算机应用的发展。目前,许多单位的业务开展都离不开数据库系统,如学校的教务管理、银行业务、证券市场业务、飞机票火车票订票业务、超市业务和电子商务等。

本章主要介绍数据库、数据库系统、数据模型和关系运算等基础理论知识。

1.1　信息、数据与数据处理

信息是现实世界在人们头脑中的反应。它以文字、数值、符号、图像和声音等形式记录下来,进行传递和处理,为人类的生产、建设和管理等提供依据。

数据是指那些可以被计算机接受,并能够被计算机处理的信息。数据的格式往往和具体的计算机系统有关。

数据是信息的载体,信息是数据的内涵。数据只有经过解释才有意义,成为信息。例如,"长城""45"只是单纯的数据,没有具体意义,而"长城的门票是 45 元"就是一条有意义的信息;此外,"长城汽车本季度销售量达到 45 万辆"也是一条有意义的信息。

数据处理就是把数据加工处理成为信息的过程,它包括对数据的采集、整理、存储、检索、加工和传输等过程。数据处理的目的是从繁杂的数据中获取所需的信息,作为指挥生产、优化管理的决策依据。数据处理的核心问题就是数据管理。

1.2　数据管理技术的发展

自从世界上第一台电子数字计算机诞生以来,数据管理技术经历了人工管理、文件系统和数据库系统 3 个阶段。

1. 人工管理阶段

在 20 世纪 50 年代中期以前,受到当时计算机软硬件技术的限制,计算机主要用于科学计算。硬件的外部存储设备只有磁带、卡片和纸带;软件方面还没有操作系统,更没有进行数据管理的软件。在这个阶段,计算机没有数据管理功能,程序员将程序和数据编写在一起,每个程序都有属于自己的

视频 1-1

一组数据，程序之间数据不能共享，即便是几个程序处理同一批数据，也必须重复输入，数据冗余度很大。人工管理阶段应用程序与数据的关系如图 1-1 所示。

例如，要求分别编写程序求出 10 个整数的最大值和最小值。采用人工管理方式的 C 语言程序如图 1-2 所示。

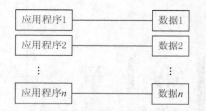

图 1-1　人工管理阶段应用程序与数据的关系

```
/*程序 1：求 10 个整数的最大值*/
#include<stdio.h>
int main( )
{
    int i, max;
    int a[10]={23, 45, 79, 12, 31, 98, 38, 56, 81, 92};
    max=a[0];
    for(i=1; i<10; i++)
            if(max<a[i])    max=a[i];
    printf ("最大值为%d", max);
}
```

```
/*程序 2：求 10 个整数的最小值*/
#include<stdio.h>
int main( )
{
    int i, min;
    int a[10]={23, 45, 79, 12, 31, 98, 38, 56, 81, 92};
    min=a[0];
    for(i=1; i<10; i++)
            if(min>a[i])    min=a[i];
    printf ("最小值为%d", min);
}
```

图 1-2　人工管理阶段应用程序与数据处理程序示例

从这个例子可以看出，在人工管理阶段，程序和数据是不可分割的整体。每个程序都有自己的数据，而且数据不独立，完全依赖于程序，根本无法实现数据共享，冗余度极大。

2. 文件系统阶段

到了 20 世纪 60 年代中期，计算机不仅用于科学计算，还大量用于信息处理。硬件上已经有了可直接存取的存储设备（如磁盘），软件上出现了操作系统。在这个阶段，数据能够以文件形式存储在外存上，由操作系统中的文件系统统一管理，按名存取。这就使得程序与数据可以分离，程序与数据之间有了一定的独立性。不同应用程序可以共享一组数据，实现了数据以文件为单位的共享，文件系统阶段应用程序与数据的关系如图 1-3 所示。

例如，同样是分别编写程序求出 10 个整数的最大值和最小值。采用文件系统管理，可以将这 10 个整数存放在一个文本文件（如 data.txt）中，在 Windows 的附件程序"记事本"中可以编辑文本文件，如图 1-4 所示。然后，由应用程序从该文件中获得数据，实现数据共享。具体的 C 语言程序如图 1-5 所示。此外，如果想继续求出另外 10 个整数的最大值和最小值，不需改变程序，只需修改文本文件中的数据即可，使得程序与数据具有一定的独立性。

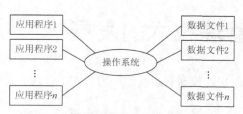

图 1-3　文件系统阶段应用程序与数据的关系

图 1-4　data.txt 文本文件

从这个例子可以看出，在文件系统阶段，数据可以长期保存，由文件系统统一管理。但由于文件中只保存了数据，并未存储数据的结构信息，导致读取文件数据的操作必须在程序中实现，从而使程序与数据之间的独立性仍然有局限性，数据不能完全脱离程序。

```
/*程序 3：求文件中 10 个整数的最大值*/
#include<stdio.h>
#include<limits.h>
int main( )
{
    int i, x, max=INT_MIN;
    FILE *fp;
    fp=fopen("e:\data.txt", "r");        /*打开文件*/
    for(i=0;i<10;i++)
    {
        fscanf(fp, "%d", &x);            /*从文件中读入数据*/
        if(max<x)    max=x;
    }
    printf("最大值为%d", max);
    fclose(fp);                          /*关闭文件*/
}
```

```
/*程序 4：求文件中 10 个整数的最小值*/
#include<stdio.h>
#include<limits.h>
int main( )
{
    int i, x, min=INT_MAX;
    FILE *fp;
    fp=fopen("e:\data.txt", "r");        /*打开文件*/
    for(i=0;i<10;i++)
    {
        fscanf(fp, "%d", &x);            /*从文件中读入数据*/
        if(min>x)    min=x;
    }
    printf("最小值为%d", min);
    fclose(fp);                          /*关闭文件*/
}
```

图 1-5　文件系统阶段应用程序与数据处理程序示例

3. 数据库系统阶段

到了 20 世纪 60 年代后期，随着计算机应用的日益广泛，数据管理的规模越来越大，为了解决数据的独立性问题，实现数据的统一管理，达到数据共享的目的，数据库技术应运而生，使数据管理进入了数据库系统阶段。数据库系统阶段应用程序与数据的关系通过数据库管理系统实现，如图 1-6 所示。数据库系统提供了对数据更高级、更有效的管理，使数据不再面向特定的某个或多个应用，而是面向整个应用系统。

例如，同样是求 10 个整数的最大值和最小值。采用数据库系统方式实现时，可以将这 10 个整数存放在 Access 数据库的一个 data 表（见图 1-7）中，然后通过 Access 数据库管理系统提供的标准化的查询语句就能够得出结果。

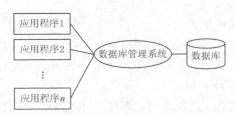

图 1-6　数据库系统管理阶段应用程序与数据的关系

图 1-7　data 表中的数据

求最大值的标准化查询语句为：Select Max(Num) From data

求最小值的标准化查询语句为：Select Min(Num) From data

其中，Max 是求最大值的函数，Min 是求最小值的函数，data 是存放数据的表名称，Num 是表中具体存放数据的列名称。

从这个例子可以看出，在数据库系统阶段，数据库中不仅保存了数据，还保存了数据表的结构信息（如 Num 列），程序中可以不用考虑数据的存取问题，具体的工作由数据库管理系统完成。只有数据库系统阶段，数据才真正实现了独立和共享。

随着数据库技术的发展和科学技术的不断进步，各个行业领域对数据库技术提出了更多的需求，除了传统的数据库系统（层次数据库系统、网状数据库系统和关系数据库系统）之外，还出现了分布式数据库系统、并行数据库系统、面向对象数据库系统和多媒体数据库系统等多种数据库系统。

1.3 数据库系统的组成

数据库系统（DataBase System，DBS）是指引入数据库技术后的计算机系统。数据库系统实际上是一个集合体，除了计算机硬件系统和操作系统外，还包括数据库、数据库管理系统、应用程序和相关人员等组成，如图1-8所示。

视频1-2

1. 数据库

数据库（DataBase，DB）是按照一定方式组织起来的有联系、可共享的数据集合。数据库中的数据按照一定的数据模型进行组织、描述和存储，能够被多个用户共享，并独立于应用程序。

2. 数据库管理系统

数据库管理系统（DataBase Management System，DBMS）是数据库系统的核心软件，是在操作系统的支持下工作，为用户提供使用数据库的界面。DBMS的基本功能如下。

（1）数据定义功能。DBMS提供了数据定义语言（Data Description Language，DDL）供用户定义数据库的结构、数据之间的联系等。

（2）数据操纵功能。DBMS提供了数据操纵语言（Data Manipulation Language，DML）来满足用户对数据库提出的各种要求，以实现数据库的插入、修改、删除和检索等基本操作。

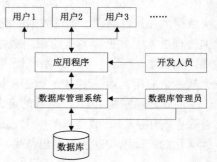
图1-8　数据库系统的组成

（3）数据库运行控制功能。DBMS提供了数据控制语言（Data Control Language，DCL）来实现对数据库的并发控制、安全性检查和完整性约束等功能。

（4）数据库维护功能。DBMS提供了一些实用程序，用于对已经建立好的数据库进行维护，包括数据库的备份与恢复、数据库的重组与重构、数据库性能监视与分析等。

（5）数据库通信功能。DBMS还提供了与通信有关的实用程序，以实现网络环境下的数据通信功能。

3. 应用程序

应用程序是指利用各种开发工具开发的满足特定应用环境的程序。不管使用什么数据库管理系统和开发工具，应用程序的运行模式主要分为两种：客户机/服务器（Client/Server，C/S）模式和浏览器/服务器（Browser/Server，B/S）模式。

腾讯QQ软件属于C/S模式。在客户机上需要安装专门的应用程序，后台的数据库主要完成数据的管理工作。用来开发客户机端应用程序的开发工具很多，如Visual Basic、Visual C++和Delphi等。

Internet上的网络购物网站属于B/S模式。在客户机上只需要安装浏览器（如Internet Explorer），通过浏览器进行访问。但在B/S模式下需要开发服务器端Web应用程序，Web应用程序的开发技术主要有ASP、PHP、JSP和ASP.NET等。

4. 相关人员

相关人员主要有数据库管理员、应用程序开发人员和最终用户3类。

- 数据库管理员（DataBase Administrator，DBA）负责确定数据库的存储结构和存取策略，定义数据库的安全性要求和完整性约束条件，监控数据库的使用和运行。
- 应用程序开发人员负责应用程序的需求分析，数据库概要设计，编写访问数据库的应用程序。
- 最终用户通过应用程序的接口或数据库查询语言访问数据库。

1.4　数据库系统的特点

数据库系统具有数据结构化、共享性高且冗余度低、独立性高、数据统一管理等特点。

1. 数据结构化

数据库系统实现了整体数据的结构化，数据按一定的结构形式存储在数据库中，而且数据之间是有联系的。数据库中的数据不再仅针对某个应用，而是面向整体。

2. 数据共享性高且冗余度低

因为数据是面向整体的，所以数据可以被多个用户、多个应用程序共享使用，因此可以大大减少数据冗余，节约存储空间，避免数据之间的不相容性与不一致性。

3. 数据独立性高

数据独立性是指数据和应用程序之间的独立性。把数据的定义从程序中分离出去，并且数据的存取由 DBMS 来负责，使开发人员可以把精力放在应用程序的编写上，从而大大减少应用程序的维护和修改。数据独立性包括逻辑独立性和物理独立性。

逻辑独立性是指用户的应用程序与数据的总体逻辑结构是相互独立的，即当数据的总体逻辑结构改变时，只要局部逻辑结构不变，那么应用程序就可以不变。例如，增加新的数据项、增加或删除数据之间的联系，都不必修改原有的应用程序。

物理独立性是指当数据的物理存储结构改变时，数据的逻辑结构不会改变，从而应用程序也不必改变。例如，当改变数据库的存储位置时（存到另一个磁盘上），不必修改原有的应用程序。

4. 数据由 DBMS 统一管理和控制

DBMS 负责数据的安全性控制、数据的完整性检查、数据库的并发访问控制和数据库的故障恢复等功能。

1.5　数据库系统的内部体系结构

数据库系统的内部体系结构是三级模式和二级映射结构，如图 1-9 所示。三级模式分别是外模式、概念模式和内模式，二级映射分别是外模式到概念模式的映射和概念模式到内模式的映射。

1. 数据库系统的三级模式

（1）外模式。外模式也称为子模式或用户模式，它是数据库用户（包括应用程序开发人员和最终用户）能够看见和使用的局部数据逻辑结构的描述，是与某一应用程序相关的数据的逻辑表示。针对不同的用户需求，一个概念模式可以有若干个外模式。

视频 1-3

（2）概念模式。概念模式也称为逻辑模式，它是数据库中全局数据逻辑结构的描述，是所有用户（或应用程序）的公共数据视图。它不涉及具体的硬件环境与平台，也与具体的软件环境无关。

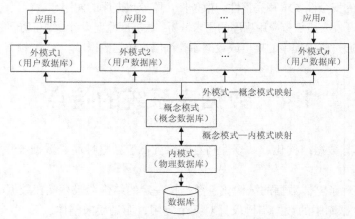

图 1-9　数据库系统的内部体系结构

（3）内模式。内模式又称为存储模式或物理模式，它是对数据库物理结构和存储方法的描述，是数据在存储介质上的保存方式。内模式对一般用户是透明的，通常不需要关心内模式的具体实现细节，但它的设计会直接影响到数据库的性能。

数据库系统的三级模式反映了 3 个不同的环境及要求，其中内模式处于最底层，它反映了数据在计算机物理结构中的实际存储形式；概念模式处于中间层，它反映了设计者的数据全局逻辑要求；而外模式处于最外层，它反映了用户对数据的要求。一个数据库只有一个内模式，但可以有多个外模式。

2．数据库系统的二级映射

（1）外模式到概念模式的映射。外模式到概念模式的映射定义了外模式与概念模式之间的对应关系。外模式是用户的局部模式，而概念模式是全局模式。当概念模式发生改变时，由数据库管理员负责改变相应的映射关系，从而使外模式保持不变，也就没有必要修改应用程序，保证了数据的逻辑独立性。

（2）概念模式到内模式的映射。概念模式到内模式的映射定义了数据的全局逻辑结构与物理存储结构间的对应关系。当数据库的存储结构发生改变时，由数据库管理员负责改变相应的映射关系，可以使概念模式保持不变，从而保证了数据的物理独立性。

1.6　数　据　模　型

数据模型描述的是数据库中数据的组织形式，是设计数据库系统的核心。

1.6.1　数据模型中的相关概念

这里主要介绍几个数据模型中的基本概念，包括实体、属性、实体集、实体之间的联系以及 E-R 图。

1．实体

客观存在并可相互区别的事物称为实体。实体可以是具体的人、事、物，也可以是抽象的概念或联系。例如，一个学生、一名教师、一门课程、一本书、一场比赛等。

2. 属性

描述实体的特性称为属性。一个实体可以由若干个属性来刻画，如一个学生实体有学号、姓名、性别、出生日期、班级等方面的属性。属性的具体取值称为属性值。例如，某一个男学生实体的"性别"属性的属性值应是"男"。

3. 实体集

同类型实体的集合称为实体集。例如，对于"学生"实体来说，全体学生就是一个实体集；对于"课程"实体来说，学校开设的所有课程也是一个实体集。

4. 实体之间的联系

实体之间的联系是指两个不同实体集之间的联系。实体集 A 与实体集 B 之间的联系可分为 3 种类型。

（1）一对一联系（1 : 1）。实体集 A 中的一个实体最多与实体集 B 中的一个实体相对应，反之亦然，则称实体集 A 与实体集 B 之间是一对一联系。例如，一个班级只有一位班长，而一个班长也只能管理一个班级，所以班级和班长两个实体集是一对一联系。

（2）一对多联系（1 : n）。对于实体集 A 中的一个实体，实体集 B 中有多个实体与之对应；反之，对于实体集 B 中的每一个实体，实体集 A 中最多只有一个实体与之对应，则称实体集 A 与实体集 B 之间是一对多联系。例如，一个班级有多个学生，而一个学生只能属于一个班级，所以班级和学生两个实体集是一对多联系。

（3）多对多联系（m : n）。对于实体集 A 中的每一个实体，实体集 B 中有多个实体与之对应；反之，对于实体集 B 中的每一个实体，实体集 A 中也有多个实体与之对应，则称实体集 A 与实体集 B 之间是多对多联系。例如，一个学生可以选修多门课程，而一门课程可以被多名学生选修，所以学生和课程两个实体集是多对多联系。

5. E-R 图

E-R（Entity-Relationship，实体-联系）方法是最广泛使用的数据库设计方法，该方法使用 E-R 图来描述现实世界中实体及实体之间的联系。E-R 图使用 3 种图形来分别描述实体、属性和联系。

（1）实体：用矩形表示，矩形内写上实体的名称。

（2）属性：用椭圆表示，椭圆内写明属性名，并用连线将其与对应的实体连接起来。

视频1-4

（3）联系：用菱形表示，菱形内写明联系名，并用连线分别与有关的实体连接起来，同时标注上联系的类型。

图 1-10 中的 E-R 图示例从左到右分别是学生实体及其属性、班级与班长两个实体集之间的一对一联系、班级与学生两个实体集之间的一对多联系、学生和课程两个实体集之间的多对多联系。

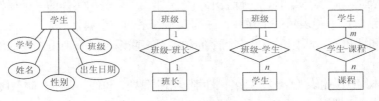

图 1-10　E-R 图示例

1.6.2 数据模型分类

目前常用的数据模型有 3 种：层次模型、网状模型和关系模型。

1. 层次模型

层次模型是按照层次结构的形式组织数据的数据模型，用树形结构表示
实体之间的联系，具有如下两个特点：

视频 1-5

（1）有且仅有一个根结点（没有双亲的结点）；

（2）除根结点之外的其他结点有且只有一个双亲结点。

层次模型只能反映实体间的一对多联系，具有层次清晰、构造简单、处理方便等优点，但不
能表示含有多对多联系的复杂结构。图 1-11 所示为院系数据库的层次结构，树根为院系，每一个
院系都有自己的教师、学生以及开设的课程。

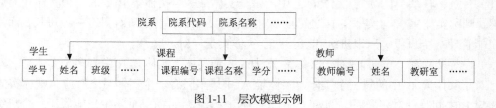

图 1-11　层次模型示例

2. 网状模型

网状模型是按照网状结构组织数据的数据模型，易于实现实体间的多对多联系，具有如下两
个特点：

（1）允许一个以上的结点没有双亲结点；

（2）一个结点可以有多个双亲结点。

网状模型能更好地描述现实世界，但结构复杂，用户不容易掌握。图 1-12 所示为教师、学生
和课程 3 个实体之间的联系。由于教师要讲授课程，而学生要学习课程，所以教师和学生都与课
程有联系。

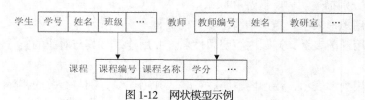

图 1-12　网状模型示例

3. 关系模型

关系模型是用二维表格来表示实体集以及实体之间联系的模型。二维表格由表头和若干行数
据组成。用二维表格表示实体集时，一行表示一个实体，一列表示实体的一个属性；用二维表格
表示实体之间联系时，一行表示一个联系，一列表示联系的一个属性。

例如，学生和课程两个实体集以及它们之间的多对多联系可以分别用 3 个二维表格表示，用
关系模式表示如下。

- ❑　学生实体集：学生表（学号，姓名，性别，出生日期，班级，照片，院系代码，…）
- ❑　课程实体集：课程表（课程编号，课程名称，学时，学分，开课状态）
- ❑　学生-课程的联系：选课成绩表（学号，课程编号，成绩，学年，学期）

表 1-1 所示为课程实体集的部分课程信息，表中一行表示一门课程，一列对应一个属性。其他实体集和联系的详细信息将在后续章节中详细介绍。

表 1-1　　　　　　　　　　　　　　　　　课程表

课程编号	课程名称	学　时	学　分	开课状态
00600611	数据库应用	56	3.5	True
00600610	大学英语 1 级	64	4	False
00600609	C 语言	56	3.5	True
00500501	高等数学	64	4	True
00800801	模拟电子技术基础	56	3.5	True
00700610	马克思主义原理	48	3	True
00800701	信息技术基础	40	2.5	True
00400104	电力生产技术概论	32	2	False
00200205	自动控制原理	56	3.5	True

关系模型建立在严格的数学概念基础上，自出现以后就发展迅速。基于关系模型建立的数据库系统称为关系数据库系统。目前，世界上许多计算机厂商都开发了各自的关系数据库管理系统，如美国甲骨文公司的 Oracle、美国微软公司的 SQL Server、美国 Sybase 公司的 Sybase 以及美国 IBM 公司的 DB2 等大型的关系数据库管理系统。除此之外，还有一些较为小型的关系数据库管理系统，如 dBase、Visual FoxPro、Access 等。本书主要介绍 Microsoft Office 2010 组件中的 Access 2010 关系数据库管理系统。

1.7　关系数据库

关系数据库是建立在关系模型基础上的数据库，是由若干张二维表格组成的集合。它借助于集合代数等概念和方法来处理数据库中的数据。

1.7.1　关系模型的基本术语

这里主要介绍关系模型中的几个基本术语，包括关系、属性（字段）、元组（记录）、分量、域、主关键字以及外部关键字等。

视频 1-6

1. 关系

关系是满足关系模型基本性质的二维表格，一个关系就是一张二维表格。对关系的描述称为关系模式，一个关系模式对应一个关系的结构，关系模式的一般格式为：关系名（属性名 1，属性名 2，…，属性名 n）。例如，表 1-1 课程表的关系模式为：课程表（课程编号，课程名称，学时，学分，开课状态）。

2. 属性（字段）

二维表格中的一列称为一个属性，每一列都有一个属性名。在 Access 中将一列称为一个字段，每个字段都有字段名称。例如，表 1-1 课程表中有 5 列，因此它有 5 个字段，字段名称分别为课程编号、课程名称、学时、学分和开课状态。

3. 元组（记录）

二维表格中的一行称为一个元组，在 Access 中称为一条记录。例如，表 1-1 课程表中有 9 行，因此它有 9 条记录，其中的一行（例如，00600611，数据库应用，56，3.5，True）为一条记录。

4. 分量

记录中的一个字段值称为一个分量。关系模型要求每一个分量必须是不可分的数据项，即不允许表中还有表。例如，表 1-1 课程表中记录的每一个字段值（例如，00600611，数据库应用，56，3.5，True）都是不能再分的数据。

5. 域

字段的取值范围称为域。例如，选课成绩表中成绩字段只能输入整数值，而且只能在[0，100]的范围。

6. 主关键字

关系中能够唯一标识一条记录的字段集（一个字段或几个字段）称为主关键字，也称为主键或主码。例如，在学生表中，学号可以唯一确定一个学生，因此"学号"字段就可以设置为主关键字。在课程表中，课程编号可以唯一确定一门课程，因此"课程编号"字段就可以设置为主关键字。在选课成绩表中，一个学生可以选修多门课程，就有可能出现多条学号相同、课程编号不同的记录，但是学号和课程编号可以唯一确定一个学生某门课程的成绩，因此可以将它们组合在一起成为主关键字。

7. 外部关键字

如果一个字段集（一个字段或几个字段）不是所在关系的主关键字，而是另一个关系的主关键字，则该字段集称为外部关键字，也称为外键或外码。例如，在选课成绩表中，"学号"字段就是一个外部关键字，"课程编号"字段也是一个外部关键字；在学生表中，"院系代码"字段也是一个外部关键字。

1.7.2 关系的基本性质

一个关系就是一张二维表格，但并不是所有的二维表格都是关系，关系应具有以下 7 个性质：

（1）元组个数有限；
（2）元组均各不相同；
（3）元组次序可以交换；
（4）元组的分量是不可分的基本数据项；
（5）属性名各不相同；
（6）属性次序无关；
（7）属性分量具有与该属性相同的值域。

由关系的基本性质可知，二维表格的每一行都是唯一的，而且每一列的数据类型都是相同的。

1.7.3 关系完整性约束

关系完整性约束是为了保证数据库中数据的正确性和相容性，对关系模型提出的某种约束条件或规则。完整性包括域完整性、实体完整性、参照完整性和用户定义完整性。其中域完整性、实体完整性和参照完整性是关系模型必须满足的完整性约束条件，而用户定义完整性是针对具体应用领域需要遵循的约束条件。

1. 域完整性

域完整性是保证关系中每个字段取值的合理性。例如，字段的数据类型、格式、值域范围、是否允许空值等。举例来说，如果字段类型是整数，那么它就不能取任何非整数的数值。

2. 实体完整性

实体完整性是指关系的主关键字不能重复也不能取空值，因此组成主关键字的每一个字段值都不能为空值。例如，学生表的主关键字"学号"字段的值既不能重复也不能为空值，课程表的主关键字"课程编号"字段的值同样也是既不能重复也不能为空值。

3. 参照完整性

参照完整性是建立在两个关系上的约束条件。关系数据库中通常都包含多个存在相互联系的关系，关系与关系之间的联系是通过一个关系中的主关键字和另一个关系中的外部关键字实现的。参照完整性要求一个关系中外部关键字的取值只能是与其关联的关系中主关键字的值或空值。例如，学生表中含有与院系代码表的主关键字"院系代码"相对应的列（外部关键字），则学生表中"院系代码"字段的取值只能是在院系代码表中已有院系代码的范围或取空值。

4. 用户定义完整性

用户定义完整性是根据应用环境的要求和实际需要，对某一具体应用所涉及的数据提出约束性条件。例如，学生表中性别字段的值只能是"男"或"女"其中之一；选课成绩表中成绩字段的值只能是[0,100]的范围。

1.7.4　关系规范化

在关系数据库中，如果关系模式没有设计好，就可能会出现数据冗余、记录的插入、删除和更新异常等问题。关系规范化的目的就是将结构复杂的关系模式分解为结构简单的关系模式，从而使一个关系模式只描述一个概念、一个实体或实体间的一种联系。因此，关系规范化的实质就是概念的单一化。

由于规范化的程度不同，就产生了不同的范式，目前主要有 6 种范式：第一范式（1NF）、第二范式（2NF）、第三范式（3NF）、BCNF 范式、第四范式（4NF）和第五范式（5NF）。在关系数据库中，1NF 是对关系模式的基本要求，不满足 1NF 的数据库就不是关系数据库。1NF 是最基本的规范形式，它要求关系中的每一个属性值都必须是不可再分割的数据项，即一个属性不能有多列值。其他范式的详细内容在此不做详述。

1.7.5　关系运算

关系运算有两类：一类是传统的集合运算（并、交、差、笛卡儿积等）；另一类是专门的关系运算（选择、投影、连接、除等），关系运算的结果也是一个关系。

1. 传统的集合运算

传统的集合运算包括并、交、差和广义笛卡儿积运算。参与并、交、差运算的两个关系必须具有相同的结构。假设"喜欢唱歌的学生 R"和"喜欢跳舞的学生 S"是两个结构相同的关系，分别如表 1-2 和表 1-3 所示，下面基于这两个关系介绍集合的并、交、差运算。

视频1-7

（1）并运算。R 和 S 是两个结构相同的关系，则 R 和 S 两个关系的并运算可以记作 R∪S，运算结果是将两个关系的所有元组组成一个新的关系，若有相同的元组只保留一个。喜欢唱歌的学生 R 和喜欢跳舞的学生 S 并运算的结果如表 1-4 所示。

表 1-2	喜欢唱歌的学生 R	
学 号	姓 名	班 级
1171000101	宋洪博	英语 1701
1171000102	刘向志	英语 1701
1171200102	唐明卿	行管 1701
1171210301	李 华	法学 1703
1171300110	王 琦	热能 1701

表 1-3	喜欢跳舞的学生 S	
学 号	姓 名	班 级
1171000101	宋洪博	英语 1701
1171000205	李媛媛	英语 1702
1171200101	张 函	行管 1701
1171200102	唐明卿	行管 1701
1171210301	李 华	法学 1703

表 1-4	喜欢唱歌或喜欢跳舞的学生（R∪S）	
学 号	姓 名	班 级
1171000101	宋洪博	英语 1701
1171000102	刘向志	英语 1701
1171200102	唐明卿	行管 1701
1171210301	李 华	法学 1703
1171300110	王 琦	热能 1701
1171000205	李媛媛	英语 1702
1171200101	张 函	行管 1701

（2）交运算。R 和 S 是两个结构相同的关系，则 R 和 S 两个关系的交运算可以记作 R∩S，运算结果是将两个关系中的公共元组组成一个新的关系。喜欢唱歌的学生 R 和喜欢跳舞的学生 S 交运算的结果如表 1-5 所示。

（3）差运算。R 和 S 是两个结构相同的关系，则 R 和 S 两个关系的差运算可以记作 R-S，运算结果是将属于 R 但不属于 S 的元组组成一个新的关系。喜欢唱歌的学生 R 和喜欢跳舞的学生 S 差运算的结果如表 1-6 所示。

表 1-5 既喜欢唱歌又喜欢跳舞的学生（R∩S）		
学 号	姓 名	班 级
1171000101	宋洪博	英语 1701
1171200102	唐明卿	行管 1701
1171210301	李 华	法学 1703

表 1-6 喜欢唱歌但不喜欢跳舞的学生（R-S）		
学 号	姓 名	班 级
1171000102	刘向志	英语 1701
1171300110	王 琦	热能 1701

（4）广义笛卡儿积运算。假设 R 和 S 是两个结构不同的关系，R 有 m 个属性，i 个元组；S 有 n 个属性，j 个元组。则两个关系的广义笛卡儿积可以记作 R×S，运算结果是一个具有 $m+n$ 个属性，$i*j$ 个元组的关系。

假定有两个关系学生 R 和课程 S 分别如表 1-7 和表 1-8 所示，则 R×S 的运算结果如表 1-9 所示。

表 1-7	学生 R	
学 号	姓 名	班 级
1171000101	宋洪博	英语 1701
1171000102	刘向志	英语 1701
1171200102	唐明卿	行管 1701

表 1-8	课程 S		
课程编号	课程名称	学 时	学 分
00600611	数据库应用	56	3.5
00500501	高等数学	64	4
00800701	信息技术基础	40	2.5

表 1-9			学生选修课程（R×S）			
学　号	姓　名	班　级	课程编号	课程名称	学　时	学　分
1171000101	宋洪博	英语1701	00600611	数据库应用	56	3.5
1171000101	宋洪博	英语1701	00500501	高等数学	64	4
1171000101	宋洪博	英语1701	00800701	信息技术基础	40	2.5
1171000102	刘向志	英语1701	00600611	数据库应用	56	3.5
1171000102	刘向志	英语1701	00500501	高等数学	64	4
1171000102	刘向志	英语1701	00800701	信息技术基础	40	2.5
1171200102	唐明卿	行管1701	00600611	数据库应用	56	3.5
1171200102	唐明卿	行管1701	00500501	高等数学	64	4
1171200102	唐明卿	行管1701	00800701	信息技术基础	40	2.5

2. 专门的关系运算

在关系代数中，有 4 种专门的关系运算：选择、投影、连接和除运算。

（1）选择运算。选择运算是指从指定关系中选择出满足给定条件的元组组成一个新的关系。选择运算是一元运算，通常记作：

视频 1-8

$$\sigma_{<条件表达式>}(R)$$

其中 σ 是选择运算符，R 是关系名。例如，在表 1-2 所示的"喜欢唱歌的学生 R"关系中，选出"英语 1701"班级的学生，可以写为：$\sigma_{班级="英语1701"}$（喜欢唱歌的学生 R），运算结果如表 1-10 所示。

表 1-10	英语 1701 喜欢唱歌的学生（σ运算）	
学　号	姓　名	班　级
1171000101	宋洪博	英语 1701
1171000102	刘向志	英语 1701

（2）投影运算。投影运算是指从指定关系中选择出某些属性组成一个新的关系。投影运算是一元运算，通常记作：

视频 1-9

$$\Pi_A(R)$$

其中 Π 是投影运算符，A 是投影的属性或属性组，R 是关系名。例如，在表 1-2 所示的"喜欢唱歌的学生 R"关系中，投影出所有学生的学号和姓名，可以写为：$\Pi_{学号,姓名}$（喜欢唱歌的学生 R），运算结果如表 1-11 所示。

表 1-11	学号和姓名（Π运算）
学　号	姓　名
1171000101	宋洪博
1171000102	刘向志
1171200102	唐明卿
1171210301	李　华
1171300110	王　琦

（3）连接运算。连接运算是关系的横向结合，它把两个关系中满足连接条件的元组组成一个

新的关系。连接运算是二元运算，通常记作：R⋈S。其中⋈是连接运算符，R 和 S 是关系名。

连接分为内连接和外连接。内连接的运算结果仅包含符合连接条件的元组，内连接有 3 种：等值连接、不等连接和自然连接。外连接的运算结果不仅包含符合连接条件的元组，同时也会包含不符合连接条件的元组，外链接有 3 种：左外连接、右外连接和全外连接。

视频 1-10

① 等值连接。等值连接就是从关系 R 和 S 的笛卡儿积中选取满足等值条件的元组组成一个新的关系。这个运算要求将两个关系的连接条件设置为比较两个连接属性的属性值相等，运算结果包含两个关系的所有属性，也包括重复的属性。

例如，将表 1-12 中的学生 R 与表 1-13 所示的选课成绩 S 两个关系进行等值连接运算，等值条件设置为关系 R 和 S 的学号属性值相等,则在关系 R 和 S 的笛卡儿积中只保留学号属性值相等的元组，运算结果如表 1-14 所示。

表 1-12　　　　学生 R

学　号	姓　名	班　级
1171600101	王晓红	电气 1701
1171600108	李　明	电气 1701
1171800104	王　刚	计算 1701

表 1-13　　　　选课成绩 S

学　号	课程编号	课程名称	成　绩
1171600101	00600611	数据库应用	98
1171600103	00500501	高等数学	80
1171800104	00800701	信息技术基础	91

表 1-14　　　　学生选课成绩单（R.学号=S.学号）

（R）学　号	姓　名	班　级	（S）学　号	课程编号	课程名称	成　绩
1171600101	王晓红	电气 1701	1171600101	00600611	数据库应用	98
1171800104	王　刚	计算 1701	1171800104	00800701	信息技术基础	91

② 不等连接。不等连接就是从关系 R 和 S 的笛卡儿积中选取满足不等条件的元组组成一个新的关系。这个运算要求将两个关系的连接条件设置为除了等号运算符（=）以外的其他比较运算符（>、>=、<=、<、<>）比较两个连接属性的属性值，同样，运算结果包含两个关系的所有属性，也包括重复的属性。

例如，将表 1-12 中的学生 R 与表 1-13 所示的选课成绩 S 两个关系进行不等连接运算，不等条件设置为关系 R 和 S 的学号属性值不相等（<>），则在关系 R 和 S 的笛卡尔积中只保留学号属性值不相等的元组，运算结果如表 1-15 所示。

表 1-15　　　　学生选课成绩单（R.学号<>S.学号）

（R）学　号	姓　名	班　级	（S）学　号	课程编号	课程名称	成　绩
1171600101	王晓红	电气 1701	1171600103	00500501	高等数学	80
1171600101	王晓红	电气 1701	1171800104	00800701	信息技术基础	91
1171600108	李　明	电气 1701	1171600101	00600611	数据库应用	98
1171600108	李　明	电气 1701	1171600103	00500501	高等数学	80
1171600108	李　明	电气 1701	1171800104	00800701	信息技术基础	91
1171800104	王　刚	计算 1701	1171600101	00600611	数据库应用	98
1171800104	王　刚	计算 1701	1171600103	00500501	高等数学	80

③ 自然连接。自然连接是按照公共属性值相等的条件进行连接，要求两个关系中必须有相同的属性，运算结果就是从关系 R 和 S 的笛卡儿积中选取公共属性满足等值条件的元组，并且在结果中消除重复的属性。

例如，将表 1-12 中的学生 R 与表 1-13 所示的选课成绩 S 两个关系进行自然连接运算，其运算的结果如表 1-16 所示。自然连接是在等值连接的基础上去掉重复的属性，结果中只有 1 个学号属性。

表 1-16　　　　　　　　　　　　　学生选课成绩单（自然连接）

学　号	姓　名	班　级	课程编号	课程名称	成　绩
1171600101	王晓红	电气 1701	00600611	数据库应用	98
1171800104	王 刚	计算 1701	00800701	信息技术基础	91

自然连接时会导致属性值不同的元组被舍弃，那如何能够不舍弃元组呢？外连接可以解决这个问题。外连接分为左外连接、右外连接和全外连接。

④ 左外连接。左外连接是在自然连接的基础上，保留左边关系 R 中要舍弃的元组，同时将右边关系 S 对应的属性值用 Null 代替。

视频 1-11

例如，将表 1-12 中的学生 R 与表 1-13 所示的选课成绩 S 两个关系进行左外连接运算，其运算结果如表 1-17 所示。左外连接能够保证全部包含左边关系 R 中的所有元组。

表 1-17　　　　　　　　　　　　　学生选课成绩单（左外连接）

学　号	姓　名	班　级	课程编号	课程名称	成　绩
1171600101	王晓红	电气 1701	00600611	数据库应用	98
1171600108	李 明	电气 1701	Null	Null	Null
1171800104	王 刚	计算 1701	00800701	信息技术基础	91

⑤ 右外连接。右外连接是在自然连接的基础上，保留右边关系 S 中要舍弃的元组，同时将左边关系 R 对应的属性值用 Null 代替。

例如，将表 1-12 中的学生 R 与表 1-13 所示的选课成绩 S 两个关系进行右外连接运算，其运算结果如表 1-18 所示。右外连接能够保证全部包含右边关系 S 中的所有元组。

表 1-18　　　　　　　　　　　　　学生选课成绩单（右外连接）

学　号	姓　名	班　级	课程编号	课程名称	成　绩
1171600101	王晓红	电气 1701	00600611	数据库应用	98
1171600103	Null	Null	00500501	高等数学	80
1171800104	王 刚	计算 1701	00800701	信息技术基础	91

⑥ 全外连接。全外连接是在自然连接的基础上，同时保留关系 R 和 S 中要舍弃的元组，但将其他属性值用 Null 代替。

例如，将表 1-12 中的学生 R 与表 1-13 所示的选课成绩 S 两个关系进行全外连接运算，其运算结果如表 1-19 所示。全外连接能够保证全部包含关系 R 和 S 中的所有元组。

（4）除运算。关系 R 和 S 的除运算应该满足的条件是：关系 S 的属性全部包含在关系 R 中，且关系 R 中存在关系 S 没有的属性。关系 R 和 S 的除运算表示为 R ÷ S。除运算的结果也是一个关系，该关系的属性由 R 中除去 S 中的属性之外的属性组成，元组由 R 与 S 中在所有相同属性上有相等值的那些元组组成。

表 1-19 　　　　　　　　　　学生选课成绩单（全外连接）

学 号	姓 名	班 级	课程编号	课程名称	成 绩
1171600101	王晓红	电气 1701	00600611	数据库应用	98
1171600108	李 明	电气 1701	Null	Null	Null
1171600103	Null	Null	00500501	高等数学	80
1171800104	王 刚	计算 1701	00800701	信息技术基础	91

　　　　例如，将表 1-20 所示的学生选课表 R 与表 1-21 所示的所有课程 S 进行除运算，目的是找出选修所有课程的学生，其运算结果如表 1-22 所示。

视频 1-12

表 1-20 　　　　　　　　　　　学生选课表 R

学 号	姓 名	班 级	课程编号	课程名称
1171600101	王晓红	电气 1701	00600611	数据库应用
1171600101	王晓红	电气 1701	00500501	高等数学
1171600101	王晓红	电气 1701	00800701	信息技术基础
1171800104	王 刚	计算 1701	00600611	数据库应用
1171800104	王 刚	计算 1701	00800701	信息技术基础
1171200102	唐明卿	行管 1701	00500501	高等数学

表 1-21 　　所有课程 S

课程编号	课程名称
00600611	数据库应用
00500501	高等数学
00800701	信息技术基础

表 1-22 　　选修所有课程的学生（R÷S）

学 号	姓 名	班 级
1171600101	王晓红	电气 1701

1.8　数据库设计步骤

　　设计一个满足用户需求、性能良好的数据库是数据库应用系统开发的核心问题之一。目前数据库应用系统的设计大多采用生命周期法，将整个数据库应用系统的开发分解为 6 个阶段。其中与数据库设计密切相关的主要有 4 个阶段，即需求分析、概念设计、逻辑设计和物理设计阶段，如图 1-13 所示。

1. 需求分析

　　需求分析的目的是分析用户的需求，包括数据、功能和性能需求。通过调查和分析用户的业务活动和数据使用情况，弄清所用数据的种类、范围、数量以及它们在业务活动中交流的

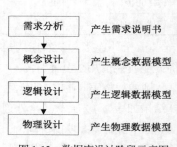

图 1-13　数据库设计阶段示意图

情况，确定用户对数据库系统的使用要求和各种约束条件等，最终形成用户需求说明书。

2. 概念设计

概念设计的目的是分析数据间内在的语义关联，在此基础上建立一个数据抽象模型——概念数据模型。概念数据模型是根据用户需求设计出来的，不依赖于任何的 DBMS。概念数据模型设计最常用的方法是实体联系法（E-R 图）。

3. 逻辑设计

逻辑设计的任务就是把概念数据模型转换为选用的 DBMS 所支持的数据模型的过程，即将 E-R 图转换为所选择的 DBMS 的数据模式。

4. 物理设计

物理设计的主要目标是为所设计的数据库选择合适的存储结构和存取路径，以提高数据库的访问速度和有效地利用存储空间。目前，在关系数据库中已大量屏蔽了数据库内部的物理存储结构，因此留给设计者参与物理设计的任务很少，一般只有索引设计、分区设计等。

数据库设计完成之后，就可以运用 DBMS 提供的数据语言、工具及宿主语言，根据逻辑设计和物理设计的结果建立数据库，编制与调试应用程序，组织数据入库，并进行试运行，即进入数据库实施阶段。数据库应用系统经过试运行后即可投入正式运行，并进入数据库运行管理阶段，在数据库系统运行过程中必须不断地对其进行评价、调整、修改以及备份。

习　　题

一、单项选择题

1. 以下软件（　　　）不是数据库管理系统。
   A. Excel　　　　　　　B. Access　　　　　　C. Visual FoxPro　　D. Oracle
2. 在数据管理技术发展的 3 个阶段中，数据共享最好的是（　　　）。
   A. 人工管理　　　　　B. 文件系统　　　　　C. 数据库系统　　　D. 3 个阶段相同
3. 数据库技术的根本目标是要解决数据的（　　　）。
   A. 存储问题　　　　　B. 共享问题　　　　　C. 安全问题　　　　D. 保护问题
4. 在数据库系统中，用户所见的数据模式为（　　　）。
   A. 概念模式　　　　　B. 外模式　　　　　　C. 内模式　　　　　D. 物理模式
5. 数据库（DB）、数据库系统（DBS）、数据库管理系统（DBMS）之间的关系是（　　　）。
   A. DB 包含 DBS 和 DBMS　　　　　　　　B. DBMS 包含 DB 和 DBS
   C. DBS 包含 DB 和 DBMS　　　　　　　　D. 没有任何关系
6. 数据库管理系统中实现对数据库中数据的查询、插入和删除的功能称为（　　　）。
   A. 数据定义　　　　　B. 数据控制　　　　　C. 数据操纵　　　　D. 数据维护
7. 用树形结构表示实体之间联系的模型是（　　　）。
   A. 关系模型　　　　　B. 网状模型　　　　　C. 层次模型　　　　D. E-R 模型
8. 用二维表格来表示实体及实体之间联系的数据模型是（　　　）。
   A. 关系模型　　　　　B. 层次模型　　　　　C. 网状模型　　　　D. E-R 模型
9. 在 E-R 图中，用来表示实体之间联系的图形是（　　　）。
   A. 椭圆形　　　　　　B. 矩形　　　　　　　C. 菱形　　　　　　D. 平行四边形
10. 将 E-R 图转换为关系模型时，实体和联系都可以表示为（　　　）。

A. 属性   B. 关系   C. 域   D. 主键

11. 在关系数据库中，一个关系对应一个（   ）。

    A. 二维表格   B. 字段   C. 记录   D. 域

12. 在学生管理的关系数据库中，存取一个学生信息的数据单位是（   ）。

    A. 文件   B. 域   C. 字段   D. 记录

13. 一间宿舍对应多个学生，则宿舍和学生之间的联系是（   ）。

    A. 一对一   B. 一对多   C. 多对一   D. 多对多

14. "商品"与"顾客"两个实体集之间的联系一般是（   ）。

    A. 一对一   B. 一对多   C. 多对一   D. 多对多

15. 下列说法中正确的是（   ）。

    A. 一个关系的元组个数是有限的

    B. 表示关系的二维表格中各元组的每一个分量还可以分成若干个数据项

    C. 一个关系的属性名称为关系模型

    D. 一个关系可以包含多张二维表格

16. 一个关系数据库文件中的各条记录（   ）。

    A. 前后顺序不能任意颠倒，一定要按照输入的顺序排列

    B. 前后顺序可以任意颠倒，不影响库中的数据关系

    C. 前后顺序可以任意颠倒，但会影响统计计算的结果

    D. 前后顺序不能任意颠倒，一定要按照主键字段值的顺序排列

17. Access 中表和数据库的关系是（   ）。

    A. 一个数据库可以包含多张表   B. 一张表只能包含两个数据库

    C. 一张表可以包含多个数据库   D. 一个数据库只能包含一张表

18. 在下面两个关系中，职工号和部门号分别为职工关系和部门关系的主关键字。

    职工（职工号，职工名，部门号，职务，工资）

    部门（部门号，部门名，部门人数，工资总额）

    在这两个关系的属性中，只有一个属性是外码，它是（   ）。

    A. 职工关系中的"职工号"   B. 职工关系中的"部门号"

    C. 部门关系中的"部门号"   D. 部门关系中的"部门名"

19. 实施参照完整性后，可以实现的关系约束是（   ）。

    A. 任何情况下都不允许在子表的相关字段中输入不存在于父表主键中的值

    B. 任何情况下都不允许删除父表中的记录

    C. 任何情况下都不允许修改父表中记录的主键值

    D. 任何情况下都不允许在子表中增加新记录

20. 有两个关系 R、S 如下：

R

A	B	C
a	3	2
b	0	1
c	2	1

S

A	B
a	3
b	0
c	2

由关系 R 得到关系 S，则所使用的运算为（   ）。

    A. 选择   B. 投影   C. 除   D. 差

21. 有 3 个关系 R、S 和 T 如下：

R		
A	B	C
a	1	2
b	2	1
c	3	1

S		
A	B	C
d	3	2

T		
A	B	C
a	1	2
b	2	1
c	3	1
d	3	2

其中关系 T 由关系 R 和 S 通过某种运算得到，该运算为（　　　）。

    A. 选择   B. 投影   C. 交   D. 并

22. 有 3 个关系 R、S 和 T 如下：

R	
A	B
m	1
n	2

S	
B	C
1	3
3	5

T		
A	B	C
m	1	3

由关系 R 和 S 得到 T，则使用的运算是（　　　）。

    A. 笛卡儿积   B. 交   C. 除   D. 自然连接

23. 在下列关系运算中，不改变关系表中的属性个数但能减少元组个数的是（　　　）。

    A. 笛卡儿积   B. 交   C. 投影   D. 并

24. 设关系 R 和关系 S 的属性数分别是 3 和 4，关系 T 是 R 和 S 的笛卡儿积，则关系 T 的属性数是（　　　）。

    A. 7   B. 9   C. 12   D. 16

25. 在数据库设计中，将 E-R 图转换成关系数据模型的过程属于（　　　）。

    A. 需求分析阶段   B. 概念设计阶段

    C. 逻辑设计阶段   D. 物理设计阶段

二、填空题

1. 在数据库系统中，实现各种数据管理功能的核心软件称为_____。

2. 把对数据的收集、整理、组织、存储、维护、检索和传送等一系列操作称为_____。

3. 数据独立性分为逻辑独立性与物理独立性。当数据的存储结构改变时，其逻辑结构可以不变，因此，基于逻辑结构的应用程序不必修改，这种独立性是_____。

4. 一个数据库有_____个内模式，_____个外模式。

5. 人员基本信息一般包括：身份证号、姓名、性别等，其中可以作为主键的是_____。

6. 在 E-R 图中，图形包括矩形、菱形和椭圆形，其中表示实体的是_____。

7. 实体完整性约束要求关系数据库中元组的_____属性值不能为空。

8. 在关系数据库中，用来表示实体之间联系的是_____。

9. 关系表中的行称为_____，列称为_____。

10. 数据库管理系统常见的数据模型有层次模型、网状模型和_____3 种。

11. 在关系模型中，把数据看成是二维表格，每一张二维表格称为一个_____。

12. 若关系 R 有 k1 个元组，关系 S 有 k2 个元组，则 R×S 有_____个元组。

13. 对两个关系进行"并"运算时，要求两个关系的_____必须相同。

14. 在关系数据库中，从关系中找出满足条件的元组应采用_____运算。

15. 对关系进行关系运算后，其结果也是一个_____。

第 2 章
Access 2010 数据库的设计与创建

Access 2010 是美国微软公司开发的一个基于 Windows 操作系统的关系数据库管理系统，是 Microsoft Office 2010 的组件之一，常用于小型数据库系统的开发。

2.1　Access 2010 的工作环境

Access 2010 的窗口主要分为两类：一类是 Backstage 视图窗口；另一类是含有功能区和导航窗格的数据库窗口。

1. Backstage 视图窗口

Access 2010 启动后首先显示的是 Backstage 视图窗口，并默认选定其中的"新建"命令，如图 2-1 所示。Backstage 视图其实就是 Access 2010 应用程序的文件菜单，在 Backstage 视图中，可以创建数据库、打开现有数据库、关闭数据库以及完成其他与文件相关的操作任务。

视频2-1

图 2-1　Backstage 视图窗口

2. 数据库窗口

创建或打开一个数据库后进入到数据库窗口，如图 2-2 所示。Access 2010 数据库窗口由标题栏、快速访问工具栏、选项卡、功能区、导航窗格、工作区和状态栏等部分组成。

（1）标题栏：位于 Access 2010 数据库窗口的顶端。标题栏中显示的是当前已经打开的数据库名称及 Access 的标识，标题栏左侧是控制菜单按钮和快速访问工具栏，右侧是窗口的最大化、最小化及关闭按钮。

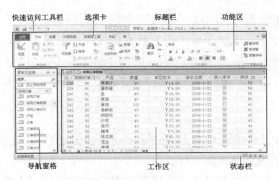

图 2-2　Access 2010 数据库窗口

（2）快速访问工具栏：位于 Access 2010 数据库窗口顶端标题栏的左侧。默认的命令包括"保存""撤销"和"恢复"，用户也可以自定义快速访问工具栏中包含的命令。

（3）选项卡：位于标题栏下方。除了标准的选项卡外，Access 2010 将根据当前进行操作的对象以及正在执行操作的上下文情况，在标准选项卡旁边自动添加一个或多个上下文选项卡。在图2-2 所示的 Access 2010 数据库窗口中包含了"文件""开始""创建""外部数据"和"数据库工具"5 个标准的选项卡，以及表格工具的"字段"和"表"上下文选项卡。

（4）功能区：包含了多个选项卡。单击不同的选项卡可以切换到不同的选项面板，选项面板中含有不同的选项组，各选项组中列出了相关的命令按钮。

（5）导航窗格：位于功能区下方的左侧，也可以隐藏起来。在导航窗格中可以查看和访问各种数据库对象。

（6）工作区：位于功能区下方的右侧。在工作区中，通常以选项卡的形式来显示所打开对象的相应视图。在 Access 2010 中，可以同时打开多个对象，并在工作区顶端显示出所有已打开对象的选项卡标题，但仅显示活动选项卡的内容。图 2-2 所示的工作区中显示出当前已经打开了两个对象，分别是"主页"和"采购订单明细"，但仅显示活动选项卡"采购订单明细"的内容。

（7）状态栏：位于 Access 2010 数据库窗口的底端。它反映 Access 2010 当前的运行状态、视图模式等，状态栏的右侧是与工作区活动对象相关的视图切换按钮。

2.2　Access 数据库设计

在利用 Access 2010 创建数据库之前，必须先进行数据库设计。对于 Access 数据库的设计，主要任务就是设计出合理的、符合一定规范化要求的表及表之间的联系。

2.2.1　Access 数据库设计步骤

Access 数据库设计的一般步骤如下。

1．需求分析

数据库开发人员要与数据库的最终用户进行交流，详细了解用户的需求并认真进行分析，确定本数据库应用系统的目标、功能以及所涉及的数据。

2．确定数据库需要建立的表和各表包含的字段及主键

首先，根据数据库概念设计的思想，遵循概念单一化的原则，对需求分析的结果进行抽象处理，以确定数据库中的基本实体，也就是确定数据库中有哪些表。

其次，确定每个实体所包含的属性，也就是确定每张表所包含的字段，并确定该表的主键以唯一标识表中的每一条记录。主键字段中不允许有重复值或空值。

3. 确定表之间的联系

表之间的联系也就是实体之间的联系，有 3 种类型：一对一联系（1∶1）、一对多联系（1∶n）和多对多联系（$m∶n$）。

4. 优化设计

应用规范化理论对表设计进行检查，以消除不必要的重复字段，减少冗余。

5. 在数据库中创建表及其他相关的对象

在 Access 数据库中，除了表对象之外，还可以根据实际需要创建查询、窗体、报表、宏和模块等数据库对象。

2.2.2 "学生成绩管理"数据库设计实例

这里以"学生成绩管理"为例，按照 Access 数据库设计的一般步骤逐步完成数据库的设计。

1. 需求分析

某校的在校学生有 2 万人左右，而且每个学生在校期间要修几十门课程，与学生相关的数据量非常大，特别是学生毕业时需要取成绩单的时候，如果由教务工作人员人工去查学生的学籍表，再为每个学生抄填成绩单，工作量是巨大的。因此，有必要建立"学生成绩管理"数据库应用系统，以实现学生成绩管理方面的计算机信息化。

"学生成绩管理"数据库系统的主要任务之一就是能够打印出学生的成绩单，所以学生成绩单中需要的各项数据（如学号、姓名、班级、院系名称、每门课程的名称、学分、成绩、学年、学期等）都必须能够从"学生成绩管理"数据库中获得。

2. 确定数据库需要建立的表和各表包含的字段及主键

要确定"学生成绩管理"数据库的表和各表中包含的字段，需要根据需求分析的结果进行数据库的概念设计和逻辑设计。

（1）概念设计——给出 E-R 图。根据需求分析，学生成绩管理系统中的实体应该包括院系、学生和课程 3 个实体。各个实体及其属性、实体之间的联系用 E-R 图进行描述。图 2-3 所示为院系实体及其属性的 E-R 图，图 2-4 所示为课程实体及其属性的 E-R 图，图 2-5 所示为学生实体及其属性的 E-R 图，图 2-6 所示为各实体之间的联系。一个院系可以有多个学生，所以院系与学生两个实体之间是一对多联系；一个学生可以选修多门课程，而一门课程也可以被多个学生选修，所以学生和课程之间是多对多的联系。

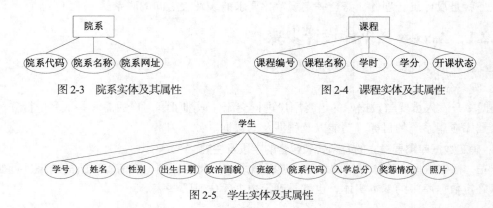

图 2-3　院系实体及其属性　　　　　　　　图 2-4　课程实体及其属性

图 2-5　学生实体及其属性

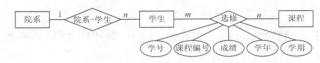

图 2-6　各实体之间的联系

（2）逻辑设计——将 E-R 图转换为关系模式。逻辑设计的实质就是将概念设计的 E-R 图转换为关系模式。对于 Access 数据库来说，关系就是二维表格，关系模式也就是表模式。格式为：

表名（字段名称 1，字段名称 2，字段名称 3，…，字段名称 n）

在 Access 关系数据库中可以直接表示一对一和一对多的联系，但不能直接描述多对多的联系，一般情况下将多对多的联系也用一张二维表格来表示。因此，"学生成绩管理"数据库有关的实体及实体之间的联系用表模式可表示为 4 张表。

- □　院系实体转化为院系代码表。表模式为：院系代码表（院系代码，院系名称，院系网址）。
- □　学生实体转化为学生表。表模式为：学生表（学号，姓名，性别，出生日期，政治面貌，班级，院系代码，入学总分，奖惩情况，照片）。
- □　课程实体转换为课程表。表模式为：课程表（课程编号，课程名称，学时，学分，开课状态）。
- □　学生实体与课程实体之间的多对多联系转换为选课成绩表。表模式为：选课成绩表（学号，课程编号，成绩，学年，学期）。

在院系代码表中，主键是"院系代码"字段。在学生表中，主键是"学号"字段，外键是"院系代码"字段。在课程表中，主键是"课程编号"字段。在选课成绩表中，主键是"学号+课程编号"字段，同时"学号"字段和"课程编号"字段分别是两个外键。

3. 确定表之间的联系

根据图 2-6 所示的实体联系图，可以确定 4 个表之间的联系。

（1）院系代码表与学生表之间是一对多联系，即一个院系可以有多个学生，而一个学生只能属于一个院系。两个表之间通过"院系代码"字段进行关联。

（2）学生表与选课成绩表之间是一对多联系，即一个学生可以有多门课程的修课成绩，而选课成绩表中的每一个修课成绩都只能是某一个学生的。两个表之间通过"学号"字段进行关联。

（3）课程表与选课成绩表之间是一对多联系，即一门课程可以有多个学生的修课成绩，而选课成绩表中每一个学生该门课程只能有一个成绩。两个表之间通过"课程编号"字段进行关联。

4. 优化设计

应用规范化理论对表模式进行检查，由于遵循了概念单一化的原则，从目前情况看，这 4 个表的设计是规范化的，满足第一范式（1NF）的要求，每一个属性值都是不可再分割的数据项。

2.3　Access 2010 数据库的创建

创建数据库是对数据库进行管理的基础，只有在建立数据库的基础上，才能根据实际需要创建表、查询、窗体、报表、宏和模块等数据库对象，以实现对数据的管理。

Access 2010 将一个数据库作为一个独立的文件存储在磁盘上，扩展名默认为是.accdb。Access 2010 提供了 3 种创建数据库的方法：创建空数据库，创建空白 Web 数据库，以及使用样本模板创建数据库，下面将分别加以介绍。

1. 创建空数据库

这里以创建"学生成绩管理.accdb"数据库文件为例来说明创建空数据库的具体操作步骤。

（1）启动 Access 2010 应用程序，在图 2-7 所示的 Backstage 视图窗口中，单击"可用模板"列表中的"空数据库"。

视频2-2

（2）在右下角的"文件名"框中输入新的数据库文件名"学生成绩管理"
（默认名为 Database1），扩展名为.accdb。在文本框下方显示的是数据库的存储路径，可以单击文本框右侧的 📁 按钮来重新选择数据库存放的位置。

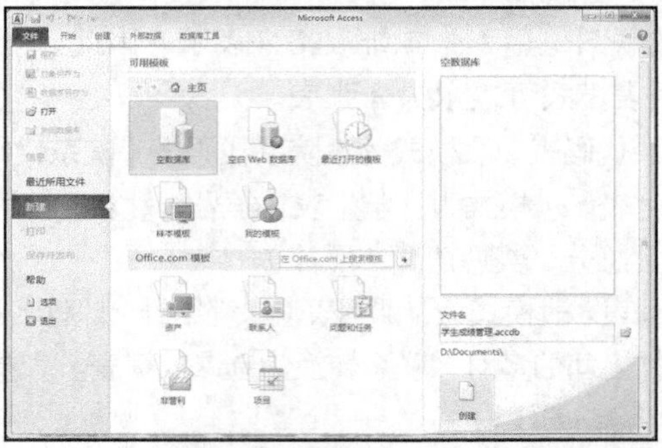

图 2-7　创建空白数据库的界面

（3）单击"创建"按钮，完成空数据库的创建。此时，新建的"学生成绩管理"数据库自动被打开，如图 2-8 所示。在空数据库中同时自动创建了一个名为"表 1"的空表，在工作区中显示出该表的数据表视图。

图 2-8　"学生成绩管理"空数据库

新建的空数据库中没有任何数据，只是创建好了一个能够容纳数据的容器。这时通过"创建"选项卡上相关的命令按钮就可以在数据库中创建表、查询、窗体、报表、宏和模块等数据库对象。

2. 创建空白 Web 数据库

创建空白 Web 数据库的方法与前面创建空数据库的方法没有区别，这里不再赘述。

提示　　Web 数据库是指在互联网中利用浏览器以 Web 查询接口方式访问的数据库资源，其他的都属于桌面数据库。

视频2-3

3. 使用样本模板创建数据库

创建数据库最快捷的方法是使用样本模板创建数据库。Access 2010 提供了很多模板，如"罗斯文""教职员""联系人 Web 数据库""任务""事件"等，也可以从 Office.com 下载更多的模板。Access 模板是预先设计的数据库，它们含有专业设计的表、窗体和报表，可以为创建新数据库提供极大的便利。下面以创建"罗斯文"模板数据库为例说明具体的操作步骤。

（1）在图 2-7 所示的 Access 2010 Backstage 视图窗口中，单击"可用模板"列表中的"样本模板"，在显示的"样本模板"列表中单击"罗斯文"，此时系统自动给出一个默认的文件名"罗斯文.accdb"，如图 2-9 所示。

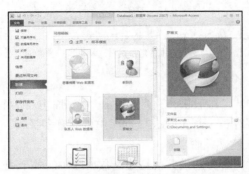

图 2-9　使用样本模板创建数据库的界面

（2）单击"创建"按钮，即完成数据库的创建。此时，新建的数据库"罗斯文"自动被打开，并显示"安全警告"提示信息，如图 2-10 所示。

（3）单击"安全警告"提示栏中的"启用内容"按钮，弹出罗斯文"登录对话框"，如图 2-11 所示，此时单击登录对话框中的"登录"按钮后即可看到数据库的详细内容。

图 2-10　"罗斯文"数据库

图 2-11　"罗斯文登录"对话框

2.4　Access 2010 数据库的对象

Access 2010 数据库包含表、查询、窗体、报表、宏和模块 6 类对象，利用这些对象可以完成对数据库中数据的管理。这里以"罗斯文"数据库为例来说明各类对象，使读者对 Access 2010 数据库的组成对象有一个基本的了解。

默认情况下"罗斯文"数据库是按照"罗斯文贸易"的方式组织对象的，这里需要将它改为按照"对象类型"的方式组织对象，以方便查看。单击导航窗格最上方"罗斯文贸易"右端的下拉按钮，从列表中选择"对象类型"即可，完成后如图 2-12 所示。在导航窗格中显示有 6 种对象类型，单击某种对象类型右端的 ✓ 展开按钮，可以查看该对象类型下的所有对象。

视频2-4

图 2-12　按对象类型查看"罗斯文"数据库

1. 表

表就是指关系数据库中的二维表格，它是 Access 数据库中最基本的对象。在 Access 数据库中所有数据都以表的形式保存，一个 Access 数据库中可能有多张表，但多张表并不是相互孤立存在的，可以通过相关的字段建立关联。

通常在建立数据库之后，首要的任务就是建立数据库中的各个表。例如，在"罗斯文"数据库中已经建立好的表对象包括"采购订单""采购订单明细""产品"和"供应商"等。展开"表"对象类型后，双击导航窗格中的某张表，在工作区中会打开该表的数据表视图。图 2-13 显示了"采购订单明细"表的内容。

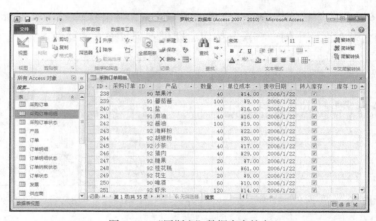

图 2-13　"罗斯文"数据库中的表

2. 查询

查询对象实际上是一个查询命令。创建查询的目的是从一张或多张表（或查询）中根据要求选择出一部分数据，供用户查看。查询是数据库的核心操作，查询作为数据库的一个对象保存后，还可以作为窗体、报表甚至另一个查询的数据源。

用户可以利用 Access 2010 提供的命令工具，以可视化的方式或直接编辑 SQL 语句的方式来建立查询对象。例如，在"罗斯文"数据库中已经建立好的查询对象包括"按类别产品销售""按日期产品分类销售""采购价格总计""采购摘要"和"产品订单数"等。展开"查询"对象类型后，双击导航窗格中的某个查询，在工作区中立即可以看到该查询的结果。图 2-14 显示了"产品订单数"的查询结果。

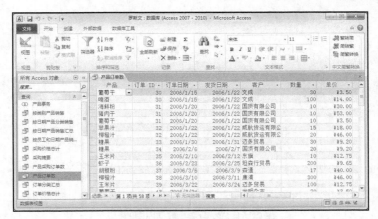

图 2-14　"罗斯文"数据库中的查询

3．窗体

窗体对象是用户与数据库之间的人机交互界面。窗体的数据源可以是表，也可以是查询。一个设计良好的窗体可以将表中的数据以更加友好的方式显示出来，从而方便用户对数据库进行浏览和编辑，也可以简化用户输入数据的操作。

例如，在"罗斯文"数据库中已经建立好的窗体对象包括"按类别产品销售图表""采购订单列表""采购订单明细"和"产品详细信息"等。展开"窗体"对象类型后，双击导航窗格中的某个窗体，在工作区中立即可以看到该窗体的内容。图 2-15 中显示了"采购订单列表"窗体的内容。

图 2-15　"罗斯文"数据库中的窗体

4．报表

报表是数据库管理中需要打印输出的内容。Access 中的报表与现实生活中的报表是一样的，即按指定的样式对数据进行格式化，可以浏览和打印。报表不仅可以简单地将一张或多张表（或查询）中的数据组织成报表，也可以在报表中对数据进行分组、排序或统计、计算等操作。

例如，在"罗斯文"数据库中已经建立好的报表对象包括"按类别产品销售""按员工产品销售量""季度销售报表"和"年度销售报表"等。展开"报表"对象类型后，双击导航窗格中的某个报表，在工作区中立即可以看到该报表的内容。图 2-16 所示为"按类别产品销售"报表的内容。

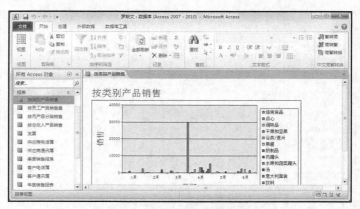

图 2-16　"罗斯文"数据库中的报表

5. 宏

宏是一系列操作命令的组合，可以用来简化一些经常性的操作。当数据库中有大量重复性的工作需要处理时，使用宏是最简便的一种方法。宏可以单独使用，也可以与窗体配合使用。在 Access 中，可以为宏定义各种类型的操作，每个操作实现特定的功能，如打开表、修改记录、预览或打印报表、统计信息等。

宏可分为独立宏、嵌入宏和数据宏。在 Access 的导航窗格中仅列出独立宏对象。例如，在"罗斯文"数据库中已经建立好的独立宏对象包括"AutoExec"和"删除所有数据"两个独立宏。展开"宏"对象类型后，右击导航窗格中的某个宏，选择快捷菜单中的"设计视图"，在工作区中立即可以看到该宏的内容。图 2-17 的工作区中显示了独立宏"AutoExec"所包含的操作。

图 2-17　"罗斯文"数据库中的宏

6. 模块

模块是 Access 数据库中用来保存程序代码的地方。在 Access 中允许用户编写自己的代码来实现数据库操作，使用的编程语言是 VBA（Visual Basic for Application）语言。

例如，在"罗斯文"数据库中已经建立好的模块包括"采购订单""客户订单"和"库存"等。展开"模块"对象类型后，双击导航窗格中的某个模块，可以查看该模块的内容。图 2-18 所示为"采购订单"模块的 VBA 程序代码。

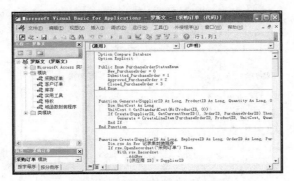

图 2-18　"罗斯文"数据库中的模块

2.5　Access 2010 数据库的视图模式

在 Access 2010 中,不同的数据库对象有不同的视图模式,打开一个数据库对象后,可以选择"开始"选项卡最左边的"视图"命令来切换视图模式。图 2-19 所示为"查询"对象的视图模式,这里仅介绍与查询对象有关的"数据表视图""数据透视表视图""数据透视图视图""设计视图"和"SQL 视图"5 种视图方式,其他对象的视图模式将在后面章节中详细介绍。

图 2-19　查询对象的视图模式

2.5.1　设计视图

图 2-20　表的设计视图

Access 数据库中的表、查询、窗体、报表、宏和模块 6 类对象都有设计视图。设计视图是在各种数据库对象进行设计时使用的,不同的数据库对象具有不同的设计视图。在表的设计视图中可以设计表所包含的字段名称、字段类型和字段属性等;在查询的设计视图中可以设置查询条件;在窗体的设

视频 2-5

计视图中可以加入各种控件;在报表的设计视图中可以设置报表的布局;在宏的设计视图中可以添加数据库操作的相关命令;在模块的设计视图中可以编写 VBA 程序代码。

图 2-20 所示为"罗斯文"数据库中"员工"表的设计视图,在该设计视图中可以输入字段名称、数据类型,并设置相应的字段属性。

2.5.2　数据表视图

在 Access 数据库中,只有表、查询和窗体 3 种对象具有数据表视图。数据表视图主要用于编辑和显示当前数据库中的数据,用户在录入数据、修改数据、删除数据的时候,大部分操作都是在数据表视图中进行的。

图 2-21 所示为"罗斯文"数据库中"员工"表的数据表视图,在该视图中可以对表中的记录进行录入、修改和删除等操作。

图 2-21　数据表视图

2.5.3　数据透视表视图

在 Access 数据库中，只有表、查询和窗体 3 种对象具有数据透视表视图。数据透视表是一种交互式的表，可以进行某些计算，如求和与计数等，计算的结果与数据在数据透视表中的排列位置有关。在数据透视表视图中可以对数据进行"行、列"合计，对数据进行分析等操作。

图 2-22 所示为"罗斯文"数据库中"产品采购订单数"查询的数据透视表视图，可以按照实际需要将列表中的字段拖放到窗口中的相应位置，实现数据的查看和"行、列"统计功能。

图 2-22　数据透视表视图

2.5.4　数据透视图视图

在 Access 数据库中，只有表、查询和窗体 3 种对象具有数据透视图视图。使用数据透视图视图可以直观地展示数据表或查询中的数据记录，它通过图形的方式将字段所记录的信息表示出来。与数据透视表相同，数据透视图也具有对数据库中的数据进行"行、列"合计以及分析等功能。

图 2-23 所示为"罗斯文"数据库中"产品采购订单数"查询的数据透视图视图，可以按照实际需要将列表中的字段拖放到窗口中的相应位置，实现数据的图形方式显示和统计功能。

图 2-23　数据透视图视图

2.5.5　SQL 视图

在 Access 数据库中，只有查询具有 SQL 视图。在 SQL 视图中用户可以直接输入查询命令来创建查询。图 2-24 所示为"罗斯文"数据库中"产品采购订单数"查询的 SQL 视图。

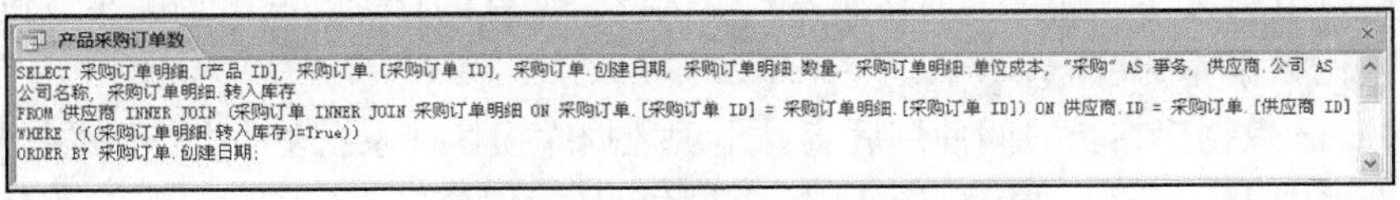

图 2-24　SQL 视图

2.6　Access 2010 数据库的操作

当一个 Access 数据库创建好之后，Access 2010 还提供了一些数据库的维护功能，主要包括打开和关闭数据库、压缩和修复数据库、备份数据库、设置数据库打开密码和生成 ACCDE 文件等。

2.6.1　打开和关闭数据库

要操作数据库，首先必须打开数据库。

1．打开数据库

在 Access 2010 中，打开一个已经存在的数据库的操作步骤如下。

（1）启动 Access 2010 数据库管理系统。

（2）在"文件"选项卡的 Backstage 视图中，单击"打开"命令，弹出"打开"对话框。

（3）在"打开"对话框中找到要打开的数据库文件，然后单击"打开"按钮便以默认的方式打开数据库。如果想以其他方式打开数据库，则单击"打开"按钮右端的下拉按钮，在下拉列表中选择相应的打开方式，如图 2-25 所示。

图 2-25　"打开"按钮下拉列表

在 Access 2010 中数据库的打开方式有以下 4 种。

（1）打开。这是默认的打开方式，是以共享方式打开数据库。网络上的其他用户也可以同时打开和使用这个数据库文件，并对数据库进行编辑。

（2）以只读方式打开。只能查看数据库中的对象，不可以对数据库进行修改。

（3）以独占方式打开。可以防止网络上其他用户同时访问这个数据库文件。

（4）以独占只读方式打开。可以防止网络上其他用户同时访问这个数据库文件，而且不可以对数据库进行修改。

2．关闭数据库

两种常用的关闭数据库的方法如下。

（1）在"文件"选项卡的 Backstage 视图中单击"关闭数据库"命令，关闭当前数据库。

（2）单击 Access 2010 数据库窗口右上角的"关闭"命令，关闭当前数据库并关闭 Access 2010 数据库管理系统。

2.6.2 压缩和修复数据库

使用数据库就是不断添加、删除、修改数据和各种对象的过程。所以，数据库文件的存储会变得支离破碎，导致磁盘的利用率降低、数据库的访问性能变差。压缩数据库文件实际上是复制该文件，并重新组织文件在磁盘上的存储方式。因此，文件的存储空间大为减少，读取效率大大提高，从而优化数据库的性能。

另外，Access 数据库在长时间使用后容易出现数据库损坏现象，这时就需要进行修复。Access 可以修复数据库中表、窗体、报表或模块中的损坏，还可以修复丢失的打开特定窗体、报表或模块所需的信息。

在 Access 2010 数据库中，压缩和修复是同时进行的，有自动执行和手动执行两种方式。

1. 关闭数据库时自动执行压缩和修复数据库

通过 Access 数据库的选项设置，可以实现在关闭数据库时自动执行压缩和修复操作，操作步骤如下。

（1）打开需要设置的数据库。

（2）在"文件"选项卡的 Backstage 视图中，单击左边的"选项"命令，弹出"Access 选项"对话框，如图 2-26 所示。

图 2-26　"Access 选项"对话框

（3）在"Access 选项"对话框的左侧单击"当前数据库"，并在右侧选中"关闭时压缩"复选框，然后单击"确定"按钮，以后每次关闭数据库时都会自动执行压缩和修复数据库的操作。

2. 手动压缩和修复数据库

手动压缩和修复数据库的操作步骤如下。

（1）打开需要手动压缩和修复的数据库。

（2）在"文件"选项卡的 Backstage 视图中，单击左边的"信息"命令，再单击右侧的"压缩和修复数据库"按钮，如图 2-27 所示。系统将完成数据库的压缩和修复工作。

在大多数情况下，当用户打开一个数据库文件时，Access 将检测数据库是否损坏。如果试图打开一个已经损坏的数据库，Access 2010 会提示用户数据库已被损坏，并弹出对话框，建议用户修复已经被损坏的数据库。

图 2-27　压缩和修复窗口

如果用户同意修复，Access 将自动检测并把损坏的数据库恢复到原来的状态。

2.6.3　设置数据库打开密码

为数据库设置打开密码是保障数据库安全最简单有效的方法。设置完密码后，只有知道密码的用户才可以打开数据库。对于在某个用户组中共享的数据库或是单独在某台计算机上使用的数据库，如果不希望其他用户查看数据库，设置数据库打开密码就特别重要。

为数据库设置打开密码的操作步骤如下。

（1）以独占方式打开需要设置打开密码的数据库。在"文件"选项卡的 Backstage 视图中，单击左边的"打开"命令，弹出"打开"对话框。在"打开"对话框中选定文件后，单击"打开"按钮右端的下拉按钮，在下拉列表中选择"以独占方式打开"。

（2）在"文件"选项卡的 Backstage 视图中，单击左边的"信息"命令，然后再单击右侧的"用密码进行加密"按钮。

（3）弹出"设置数据库密码"对话框后，在"密码"文本框中输入密码，在"验证"文本框中再输入同一密码，如图 2-28 所示。

图 2-28　"设置数据库密码"对话框

（4）单击"确定"按钮完成设置。

打开设置了密码的数据库时，会要求用户输入密码，只有输入正确的密码后才能打开数据库。

2.6.4　备份数据库

备份数据库是最常用的安全措施之一。所有的数据库都是存放在计算机上的，即使是最可靠的计算机硬件和软件，也可能会出现系统故障。所以，应该在意外发生之前做好充分的准备工作，以便在意外发生之后有相应的措施能快速地恢复数据库的运行，并使丢失的数据量减少到最小。如果正在运行的数据库受到损坏导致不可读，那么用户可以通过备份数据库进行数据库的重建，从而恢复数据库。

打开一个 Access 2010 数据库后，对数据库进行备份主要使用两种方法。

方法一：使用"保存并发布"命令。操作步骤如下。

（1）在"文件"选项卡 Backstage 视图窗口的左侧单击"保存并发布"命令，随即在窗口的右侧列出"数据库另存为"的各种数据库文件类型，如图 2-29 所示。

图 2-29　备份数据库窗口

（2）选定窗口中的"备份数据库"选项，然后单击下方的"另存为"按钮，弹出"另存为"对话框，如图 2-30 所示。

图 2-30　"另存为"对话框

（3）在"另存为"对话框中确定要保存的文件夹位置后，单击"保存"按钮即可。

方法二：使用"数据库另存为"命令。具体操作步骤如下。

（1）在"文件"选项卡 Backstage 视图窗口的左侧单击"数据库另存为"命令，弹出"另存为"对话框。

（2）在"另存为"对话框中确定要保存的文件夹及文件名后，单击"保存"按钮即可。

此外，在 Windows 操作系统的资源管理器中，也可以通过文件的"复制"和"粘贴"操作来实现数据库文件的备份。

2.6.5　生成 ACCDE 文件

将数据库生成为 ACCDE 文件是保护数据库的一个好方法。生成 ACCDE 文件的目的是把原数据库以.accdb 为扩展名的文件编译为可执行的.accde 文件。如果以.accdb 为扩展名的数据库文件中包含了任何 VBA 代码，那么在.accde 文件中将只包含编译后的代码，即删除了所有可编辑的源代码，使他人不能查看或修改 VBA 代码，同样也不能更改窗体和报表的设计，从而提高数据库系统的安全性能。

具体来说，生成的 ACCDE 文件能防止他人进行以下操作。

（1）在设计视图中查看、修改或创建窗体、报表和模块。

（2）添加、删除或更改对对象或数据库的引用。

（3）更改程序代码。

（4）导入或导出窗体、报表或模块。

从.accdb 文件生成.accde 文件的操作步骤如下。

（1）打开需要生成.accde 文件的数据库。

（2）在"文件"选项卡的 Backstage 视图中，单击左侧的"保存并发布"命令，随即在窗口的右侧选定"生成 ACCDE"选项，如图 2-31 所示。

图 2-31　生成 ACCDE 文件窗口

（3）单击下方的"另存为"按钮，弹出"另存为"对话框。在"另存为"对话框中确定要保存的文件夹后，单击"保存"按钮即可。

习　题

一、单项选择题

1. Access 2010 是一种（　　）。
   A. 数据库　　　　　　B. 数据库系统　　　C. 数据库管理系统 D. 数据库应用系统

2. Access 2010 是（　　）型数据库。
   A. 关系　　　　　　　B. 层次　　　　　　C. 网状　　　　　　D. 记录

3. 用 Access 2010 创建的数据库文件，其扩展名默认是（　　）。
   A. .accdb　　　　　　B. .accde　　　　　C. .dba　　　　　　D. .mdb

4. 下列（　　）不是 Access 2010 数据库的对象。
   A. 表　　　　　　　　B. 模板　　　　　　C. 窗体　　　　　　D. 报表

5. 在 Access 2010 数据库中，数据保存在（　　）对象中。
   A. 窗体　　　　　　　B. 模块　　　　　　C. 报表　　　　　　D. 表

6. 在 Access 2010 数据库中，窗体是（　　）之间的接口。
   A. 用户和用户　　　　　　　　　　　B. 数据库和数据库
   C. 用户和数据库　　　　　　　　　　D. 操作系统和数据库

7. 在 Access 2010 数据库中，若使打开的数据库文件可以与网上其他用户共享，并可维护其中的数据库对象，要选择打开数据库文件的方式是（　　）。
   A. 以只读方式打开　　　　　　　　　B. 以独占方式打开
   C. 以独占只读方式打开　　　　　　　D. 打开

8. 在 Access 2010 数据库中，使用表的（　　）可以直观地通过图形方式将字段所记录的信息表示出来。
   A. 设计视图　　　　B. SQL 视图　　　C. 数据表视图　　　D. 数据透视图视图

9. 可以在 Access 2010 数据库表对象的（　　）中修改字段类型。
   A. 设计视图　　　　B. SQL 视图　　　C. 数据表视图　　　D. 数据透视图视图

10. 将 Access 2010 数据库文件生成 ACCDE 文件后，不能防止用户进行的操作是（　　）。
    A. 在设计视图中查看、修改或创建窗体、报表和模块
    B. 添加、删除或更改对对象或数据库的引用
    C. 更改程序代码
    D. 插入、修改或删除表中的记录

二、填空题

1. Acces 2010 是_____的组件之一。

2. Access 2010 应用程序的文件菜单又称为_____窗口。

3. 一个 Access 2010 数据库对应于一个文件，其文件扩展名默认为_____。

4. 在同一个 Access 数据库窗口中，可以打开_____个数据库。

5. Access 数据库的常用对象有_____、_____、_____、_____、宏和模块 6 类。

第3章

表

表是 Access 数据库中最重要和最基本的对象，是数据库中组织和存储数据的容器。建立了数据库后，需要在数据库中首先创建表。只有建立表后，才能建立查询、窗体和报表等其他数据库对象。

本章主要介绍表和表之间关联关系的创建、表数据的输入、导入和导出等基本操作。

3.1   表结构的设计

Access 数据库中的表与我们日常生活中使用的二维表格类似，由行和列组成。如表 3-1 所示，表中列出了部分学生的信息。其中列标题所在行称为表头，每列称为一个字段，列的标题称为字段名，同一个字段中数据的类型相同。一行数据称为一条记录，每条记录都包括若干个字段。每张表中通常都有一个主键，用来唯一地确定一条记录。

表 3-1   学生表部分学生信息

学　号	姓　名	性别	出生日期	政治面貌	班　级	院系代码	入学总分	奖惩情况	照片
1171000101	宋洪博	男	1998/05/15	党员	英语 1701	100	620	2017 年三好学生	
1171000102	刘向志	男	1997/10/08	团员	英语 1701	100	580		
1171000205	李媛媛	女	1999/09/02	团员	英语 1702	100	575		
1171200101	张　函	女	1998/11/07	团员	行管 1701	120	563		
1171200102	唐明卿	女	1997/04/05	群众	行管 1701	120	548	国家二级运动员	
1171210301	李　华	女	1999/01/01	团员	法学 1703	120	538		

从表 3-1 可以看出，学生表由表头和多行数据组成，表头就是表的结构，学生表的结构共包含 10 个字段，"学号"字段可以作为表的主键来唯一标识每条记录。

要创建表，首先必须确定表的结构，即确定表中各字段的字段名称、数据类型和字段大小等。

3.1.1   字段名称的命名规定

字段名称是表中一列的标识，在同一张表中的字段名称不可重复，通常将表头中的文字作为字段名称。在 Access 数据库中，字段名称的命名有如下规定。

（1）字段名称最长 64 个字符。

（2）字段名称中不允许使用的字符有：惊叹号（！）、句点（.）、方括号（[ ]）、单引号（'），除此之外的所有字符（包括汉字和特殊字符）都可以使用。

（3）字段名称不能以空格开头。

3.1.2　字段的数据类型

字段的数据类型决定了该字段所要保存数据的类型。不同的数据类型，其存储方式、数据范围、占用计算机内存空间的大小都各不相同。Access 2010 提供了 12 种数据类型，针对不同的记录数据，应采用适当的数据类型，这样既便于数据的输入与处理，也可以节约磁盘存储空间。

视频 3-1

1. 文本

文本类型字段用于保存字符数据。例如，学生的姓名、班级等。一些只作为字符用途的数字数据也可以使用文本类型，如学生的学号、身份证号、电话号码和邮政编码等。文本类型字段最大为 255 个字符，可以根据实际情况设置 1 ~ 255 之间的值。

提示 在 Access 数据库中，一个英文字符或一个中文的汉字都同样被认为是一个字符。

2. 备注

备注类型字段一般用于保存较长（超过 255 个字符）的文本信息。例如，学生的奖惩情况、个人简历等，最多可以保存 65535 个字符。

3. 数字

数字类型字段用于保存需要进行数值计算的数据。例如，学生的入学总分、考试成绩等。当把字段设置为数字类型时，可以通过"字段大小"属性将其指定为字节、整型、长整型、单精度型、双精度型、同步复制 ID 和小数 7 种类型之一，不同类型所占用的存储空间和表示的数据范围是不同的。

（1）字节：字段大小为 1 字节，可以保存 0 ~ 255 之间的整数。

（2）整型：字段大小为 2 字节，可以保存 -32768 ~ 32767 之间的整数。

（3）长整型：字段大小为 4 字节，可以保存 -2147483648 ~ 2147483647 之间的整数。

（4）单精度型：字段大小为 4 字节，可以保存 -3.4×10^{38} ~ 3.4×10^{38} 之间且最多具有 7 位有效数字的浮点数。

（5）双精度型：字段大小为 8 字节，可以保存 -1.797×10^{308} ~ 1.797×10^{308} 之间且最多具有 15 位有效数字的浮点数。

（6）同步复制 ID：字段大小为 16 字节，用于存储同步复制所需的全局唯一标识。

（7）小数：字段大小为 12 字节，可以保存 $-9.999\cdots \times 10^{27}$ ~ $9.999\cdots \times 10^{27}$ 之间的数值。

4. 日期/时间

日期/时间类型用于保存 100~9999 年份之间任意的日期和时间数据，字段大小固定为 8 字节，如学生的出生日期、考试时间等。

5. 货币

货币类型主要保存货币值或用于科学计算的数值数据，字段大小固定为 8 字节，其精度为整数部分最多 15 位，小数部分不超过 4 位。一般情况下，在输入数据后系统会自动在前面加上货币符号"¥"。

6. 自动编号

自动编号类型默认字段大小为长整型，即 4 字节；用于"同步复制 ID"时，字段大小为 16 字节。当向表中添加新记录时，自动编号类型会自动为每条记录存储一个唯一的编号（每次递增 1 或随机编号），因此可以将这种数据类型的字段设置为主键。但自动编号类型的字段值不会自动调整，因此删除记录后自动编号类型的字段值有可能会变得不连续。

7. 是/否

是/否类型实际上就是布尔型，用于表示只可能取两个逻辑值中的一个。例如，是/否（Yes/No）、真/假（True/False）、开/关（On/Off）等。是/否类型字段的取值有 4 种，"是"的取值可以是 True、Yes、On 或−1；"否"的取值可以是 False、No、Off、0。但通常情况下，其取值是 True 或 False。

8. OLE 对象

OLE 对象类型用于存储其他应用程序所创建的文件（例如，Word 文档、Excel 电子表格、图片等），只能存储一个文件，最大 1GB。

9. 超链接

超链接类型用于存放链接到本地或网络上资源的地址，最多 64000 个字符。超链接地址可以是 URL（网页地址），也可以是 UNC 路径（局域网上的文件地址）。

UNC（Universal Naming Convention，通用命名规则）路径提供了局域网上文件的定位方式，一般格式为：\\servername\sharename\path\filename。其中 servername 为服务器名，sharename 为共享名，path 为文件路径，filename 为文件名。例如，在 softer 计算机中设置了一个共享，共享名为"picture"，在其中的"班级照片"文件夹中有一个图片文件 t1.jpg，用 UNC 路径表示就是"\\softer\picture\班级照片\t1.jpg"。

URL（Uniform Resource Locator，统一资源定位器）也称为网页地址，它指定了 Internet 上资源的访问方法（使用的协议）和位置。例如，"http://www.ncepu.edu.cn"就是一个典型的 URL 地址，它指定了使用协议 http 访问 Internet 上的网站 www.ncepu.edu.cn。

超链接地址最多可以包含显示文本、地址和子地址 3 个部分（也可以只有前两个部分），以"#"符号隔开，一般格式为：显示文本#地址#子地址#。其中，显示文本是在字段中显示的内容；地址可以是一个文件的 UNC 路径或一个网页的 URL 地址；子地址是文件或网页中的地址（如锚地址）。

10. 附件

附件类型用于存储其他应用程序所创建的文件（例如，Word 文档、Excel 电子表格、图片等），可以在一条记录的单个字段中同时存储多个文件，类似于在电子邮件中添加附件。它是存储二进制文件的首选数据类型。Access 会在添加附件时自动对某些类型的文件进行压缩，压缩后的附件最大可存储 2GB，未压缩最大可存储 700KB。

11. 计算

计算类型用于存放根据同一表中的其他字段计算而来的结果值，字段大小固定为 8 字节。计算不能引用其他表中的字段。计算字段存储的结果值的数据类型可以是文本、数字、日期/时间、货币或是/否。

12. 查阅向导

查阅向导类型提供了一个建立字段内容的列表，允许用户从列表中选择该字段的值，从而提高输入数据的效率。当某一个字段的内容是已经创建好的表（或查询）中的值，或者是固定的几个值时,可以设置为查阅向导。例如,可以为学生表中的"政治面貌"字段建立"查阅向导",在列表中定义"党员"、"团员"和"群众"3 个选项,则在输入学生的政治面貌时可以直接选择,效果如图 3-1 所示。

图 3-1　查阅向导

查阅向导字段没有固定的数据类型,其最终的数据类型取决于列表中的数据来源。如果列表中的数据来源于另一张表中的某个字段值,那么该查阅向导字段的数据类型就是源表中对应字段的类型;如果列表中的数据来源是"自行键入所需要的值",那么该查阅向导列的数据类型就是文本类型。

3.1.3　"学生成绩管理"数据库中各表结构设计实例

在 2.2.2 小节的"学生成绩管理"数据库设计中已经设计了院系代码表、学生表、课程表和选课成绩表 4 张表的关系模式。在创建表之前,要根据各表的关系模式及对数据的具体要求详细地设计出表的结构。

视频 3-2

1. 院系代码表的结构

院系代码表的表模式为:院系代码表(院系代码,院系名称,院系网址)。根据院系代码表的实际情况可以确定它的表结构如表 3-2 所示,其中主键是"院系代码"字段。

表 3-2　　　　　　　　　　　　　　　　　院系代码表的结构

字段名称	数据类型	字段大小	说　明
院系代码	文本	3 个字符	主键
院系名称	文本	20 个字符	
院系网址	超链接	默认值	

2. 学生表的结构

学生表的表模式为:学生表(学号,姓名,性别,出生日期,政治面貌,班级,院系代码,入学总分,奖惩情况,照片)。根据学生表的实际情况可以确定它的表结构如表 3-3 所示,其中主键是"学号"字段,外键是"院系代码"字段。学生表与院系代码表之间通过"院系代码"字段建立关联关系。

表 3-3　　　　　　　　　　　　　　　　　学生表的结构

字段名称	数据类型	字段大小	说　明
学号	文本	10 个字符	主键
姓名	文本	4 个字符	
性别	文本	1 个字符	
出生日期	日期/时间	默认值	
政治面貌	文本	2 个字符	
班级	文本	6 个字符	
院系代码	文本	3 个字符	外键
入学总分	数字	整型	
奖惩情况	备注	默认值	
照片	OLE 对象	默认值	

3. 课程表的结构

课程表的表模式为：课程表（课程编号，课程名称，学时，学分，开课状态）。根据课程表的实际情况可以确定它的表结构如表 3-4 所示，其中主键是"课程编号"字段。

表 3-4 课程表的结构

字段名称	数据类型	字段大小	说　明
课程编号	文本	8 个字符	主键
课程名称	文本	20 个字符	
学时	数字	整型	
学分	数字	单精度（1 位小数）	
开课状态	是/否	默认值	

4. 选课成绩表的结构

选课成绩表的表模式为：选课成绩表（学号，课程编号，成绩，学年，学期）。根据选课成绩表的实际情况可以确定它的表结构如表 3-5 所示，其中主键是"学号+课程编号"字段，两个外键分别是"学号"和"课程编号"字段。学生表与选课成绩表之间通过"学号"字段建立关联关系，课程表与选课成绩表之间通过"课程编号"字段建立关联关系。

表 3-5 选课成绩表的结构

字段名称	数据类型	字段大小	说　明	
学号	文本	10 个字符	外键	主键
课程编号	文本	8 个字符	外键	
成绩	数字	整型		
学年	文本	9 个字符		
学期	文本	1 个字符		

3.2　创建表

在 Access 2010 中创建表有 4 种方法：

❑　使用数据表视图创建表；

❑　使用设计视图创建表；

❑　使用 SharePoint 列表创建表；

❑　通过导入的方法创建表（可以从 Excel 文件、文本文件或其他数据库文件中导入表）。

下面具体介绍使用数据表视图创建表和使用设计视图创建表两种方法，它们也是创建表最常用的方法。

3.2.1　使用数据表视图创建表

在数据表视图下创建表是一种方便简单的方式，能够迅速地构造一个较简单的数据表。在 2.3 节中创建空数据库文件"学生成绩管理.accdb"时，同时自动创建了一个空表"表 1"，并显示了其数据表视图（见图 2-8），在该数据表视图中就可以创建新表。下面通过例子来说明具体的操作步骤。

【例 3-1】 在"学生成绩管理"数据库中使用数据表视图创建"院系代码表",表结构如表 3-2 所示。具体操作步骤如下。

(1)打开"学生成绩管理"数据库。

(2)如果不存在"表 1",单击"创建"选项卡"表格"选项组中的"表"按钮,系统自动创建一个默认名为"表 1"的新表,并以数据表视图显示,如图 3-2 所示。

图 3-2　使用数据表视图创建表

(3)单击"单击以添加"列标题,在下拉列表中选择"文本",则添加一个文本型的字段,字段名称默认为"字段 1"。

(4)修改"字段 1"名称,输入"院系代码",并在表格工具"字段"选项卡的"属性"组中将"字段大小"修改为 3,如图 3-3 所示。

图 3-3　添加字段

(5)重复步骤 3 ~ 步骤 4,添加"院系名称"字段,并设置字段大小为 20。

(6)再次单击"单击以添加",在下拉列表中选择"超链接",则添加一个超链接型的字段,修改字段名称为"院系网址"。

(7)单击快速访问工具栏中的"🖫保存"按钮,弹出"另存为"对话框,在对话框中输入表的名称"院系代码表",单击"确定"按钮完成表的创建,此时导航窗格中可以看到一个名为"院系代码表"的表对象,如图 3-4 所示。

图 3-4　院系代码表的数据表视图

创建完表结构之后，在数据表视图中就可以直接输入表的数据。输入时，在字段名称下面的单元格中依次录入即可。

　　　　使用数据表视图创建表后，会有一个 ID 字段，并且被自动设置为表的主键，这是 Access 2010 自带的，其默认数据类型为自动编号，可以更改此字段的名称及数据类型等属性，也可以删除该字段。

使用数据表视图创建表，可以在字段名称处直接输入字段名称（或更改字段名称），也可以对表中的数据进行编辑、添加、删除等操作。但对于字段的属性设置有一定的局限性。例如，不能选择数字型字段的字段大小（字节、整型、长整型、单精度型和双精度型等）。因此，还需要在"设计视图"中对表结构做进一步的设置。

3.2.2　使用设计视图创建表

虽然在数据表视图下可以直观地创建表，但使用设计视图可以根据用户需要灵活地创建表。对于较复杂的表，通常在设计视图下创建，下面通过例子来说明具体的操作步骤。

【例 3-2】　在"学生成绩管理"数据库中使用设计视图创建"学生表"，学生表的结构见表 3-3。具体操作步骤如下。

（1）打开"学生成绩管理"数据库。

（2）在"创建"选项卡的"表格"选项组中，单击"　表设计"按钮，系统自动创建一个默认名为"表 1"（或其他有序编号）的新表，并显示表的设计视图。

视频 3-4

（3）按照表 3-3 中学生表结构的内容，在"字段名称"列中输入各个字段名称，在"数据类型"列中选择相应的数据类型，并按要求设置相应的字段大小。图 3-5 所示为"学号"的字段大小为 10 个字符；图 3-6 所示为"性别"的字段大小为 1 个字符。

图 3-5　　"学号"的字段属性

图 3-6　　"性别"的字段属性

（4）创建"政治面貌"查阅向导字段。选中"政治面貌"字段，在"数据类型"列中选择"查阅向导"，弹出"查阅向导"对话框，如图 3-7 所示。选择"自行键入所需的值"，单击"下一步"按钮。

（5）确定查阅字段中显示的值。在列表中输入"党员""团员""群众"，如图 3-8 所示，单击"完成"按钮结束查阅向导的创建。

（6）设置表的主键。选中"学号"字段，在表格工具"设计"选项卡"工具"选项组中，单击"　主键"按钮，将"学号"字段设置为主键。设置完成后，"学号"字段的左边出现一个钥匙图形，表示已经将它设置为主键。

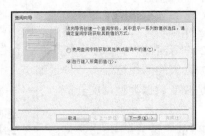 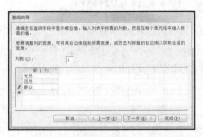

图 3-7　"查阅向导"对话框　　　　　　　　图 3-8　确定查阅字段中显示的值

（7）保存表。单击"快速访问工具栏"中的"■保存"按钮，弹出"另存为"对话框，在对话框中输入表的名称"学生表"，单击"确定"按钮后完成表的创建，此时数据库的导航窗格中添加了一个名为"学生表"的表对象。

在"学生成绩管理"数据库中共设计了 4 张表，其他表的创建可以参照创建学生表的过程来完成，这里不再赘述。

3.2.3　设置表的主键

主键是表中能够唯一标识一条记录的字段集（一个字段或几个字段）。在使用设计视图创建"学生表"时，将该表的主键设置为"学号"字段。在 Access 2010 中，设置表的主键有 3 种方法。

1. 单字段主键

单字段主键是指主键仅由一个字段组成。如院系代码表的主键是"院系代码"字段，学生表的主键是"学号"字段，课程表的主键是"课程编号"字段。

设置单字段主键的方法是在表的设计视图中选定相应的字段后，直接单击表格工具"设计"选项卡"工具"选项组中的"▼主键"按钮。在 Access 2010 数据库中，如果一张表的主键只包含一个字段，则该字段的"索引"属性自动被设置为"有（无重复）"。

2. 多字段主键

多字段主键是指主键由两个或两个以上的字段组成。如选课成绩表的主键是由"学号+课程编号"两个字段组成。

设置多字段主键的方法是在表的设计视图中按住 Ctrl 键，依次选定需要的多个字段后，单击表格工具"设计"选项卡"工具"选项组中的"▼主键"按钮。

3. 自动编号类型字段主键

在 Access 2010 数据库中使用数据表视图创建表时，系统会自动创建一个类型为自动编号的"ID"字段，并把它默认为新表的主键。例如，在使用数据表视图创建院系代码表时，该表的结构并不完全符合表 3-2 的要求，因为其中多了一个名为"ID"的字段，并且被自动设置为该表的主键。

此外，在表设计视图中保存创建的新表时，如果之前没有设置主键，系统将会提示尚未定义主键，并询问"是否要创建主键？"，若选择"是"，则系统将自动创建一个类型为自动编号的"ID"字段，并把它设置为表的主键。

　　　　　　要取消已经设置的主键，只需要按照设置主键的方法再操作一次即可。

3.2.4　修改表的结构

如果对已经创建的表结构不满意，可以在表的设计视图中进行适当的修改。例如，在前面使用数据表视图创建的院系代码表并不完全符合表 3-2 的结构要求，因为其中多了一个"ID"字段。

在对表结构进行修改时，应注意可能会导致数据丢失的两种情形：一种是缩小"字段大小"的值可能会导致该字段原有数据部分丢失；另一种是改变数据类型可能会造成该字段原有数据全部丢失。

【例 3-3】　修改"院系代码表"的结构，删除其中的主键 ID 字段，并将院系代码字段设置为主键，使其符合表 3-2 的结构要求。具体操作步骤如下。

（1）在"学生成绩管理"数据库的导航窗格中右击"院系代码表"，选择"设计视图"命令打开院系代码表的设计视图。

视频3-5

（2）取消主键。选定"ID"字段，在表格工具"设计"选项卡上的"工具"选项组中，单击"🗝主键"按钮，"ID"字段左边的钥匙图形消失，表明已经取消主键。

（3）删除 ID 字段。选定"ID"字段，在表格工具"设计"选项卡上的"工具"选项组中，单击"➡️删除行"按钮删除该字段。

（4）将"院系代码"设置为主键。选定"院系代码"字段，在表格工具"设计"选项卡上的"工具"选项组中，单击"🗝主键"按钮，"院系代码"字段的左边出现钥匙图形，表明已经将该字段设置为主键。

（5）保存表。

3.2.5　设置字段的属性

不同数据类型的字段有着不同的属性，常见的属性有以下几种。

视频3-6

1．字段大小

字段大小属性用于指定文本型字段的长度（1～255）或数字型字段的种类（如字节、整型、长整型、单精度型、双精度型、同步复制 ID、小数等）。例如，学生的班级由两个汉字和 4 位数字组成，则文本型字段"班级"的大小应该为 6；学生的入学总分都是整数，则数字型字段"入学总分"的大小应该选择整型。

2．格式

格式属性用于指定字段的显示方式和打印方式，不会影响数据的存储方式。例如，数字型字段的格式有常规数字、货币、欧元、固定、标准、百分比和科学记数等，如图 3-9 所示；日期/时间型字段的格式有常规日期、长日期、中日期、短日期、长时间、中时间和短时间等格式，如图 3-10 所示；是/否型字段的格式有是/否、真/假和开/关等，如图 3-11 所示。

图 3-9　数字类型的格式

图 3-10　日期/时间类型的格式

图 3-11　是/否类型的格式

3. 小数位数

小数位数用于指定数字型或货币型数据的小数位数。对于字节、整型和长整型，小数位数为 0；对于单精度型，小数位数可以是 0 ~ 7 位；对于双精度型，小数位数可以是 0 ~ 15 位。在 Access 2010 数据库中，小数位数默认是"自动"，即小数位数由字段的格式决定。

4. 输入掩码

输入掩码用于定义数据的输入格式。在创建输入掩码时，可以使用特殊字符来要求某些数据是必须输入的（例如，学生表中的"学号"）或某些数据是非必须输入的（例如，可以规定"班级"字段的前两个汉字必须输入，但后面的 4 个数字可以不输入）。表 3-6 所示为可用于定义输入掩码的字符。

表 3-6　　　　　　　　　　　　　　用于定义输入掩码的字符

字　符	说　明
0	数字 0 ~ 9（必须输入，不允许输入正号+和负号–）
9	数字 0 ~ 9 或空格（非必须输入，不允许输入正号+和负号–）
#	数字 0 ~ 9 或空格（非必须输入，允许输入正号+和负号–）
L	字母 A ~ Z（必须输入）
?	字母 A ~ Z（非必须输入）
A	字母 A ~ Z 或数字 0 ~ 9（必须输入）
a	字母 A ~ Z 或数字 0 ~ 9（非必须输入）
&	任意一个字符或空格（必须输入）
C	任意一个字符或空格（非必须输入）
<	将所有字符转换为小写
>	将所有字符转换为大写
!	默认输入的数据是从左到右排列，！ 使得输入的数据将从右到左显示
\	使 "\" 之后的字符按原意字符显示（如\A 显示为 A）
. , : ; - /	分别为小数点占位符、千位、日期与时间分隔符等

例如，学生表的"学号"字段要求是 10 位的数字字符，则可将文本类型字段"学号"的输入掩码设置为：0000000000，以确保必须输入 10 位数字字符，如图 3-12 所示；输入"班级"字段时，规定前两个汉字必须输入，但后面的 4 个数字可以不输入，则应将"班级"字段的输入掩码设置为：&&9999，如图 3-13 所示。

图 3-12　学号的输入掩码

图 3-13　班级的输入掩码

5. 标题

标题属性值用于在数据表视图、窗体和报表中取代字段的显示名称，但不改变表结构中的字段名称。在设计表结构时，字段名称应当简明扼要，这样便于对表的管理和使用。但是在数据表视图、报表和窗体中为了表示出字段的明确含义，反而希望用比较详细的名称来代替。例如，在学生表中可以将学生姓名的字段名称定义为"姓名"，但是在标题中明确写出"学生姓名"，如图3-14 所示，这样在数据表视图、窗体和报表中该列的列名称将显示"学生姓名"而不是"姓名"，如图 3-15 所示。如果不设置标题，则默认显示字段名称。

图 3-14　姓名字段的标题　　　　　　　图 3-15　标题在数据表视图中的显示效果

6. 默认值

默认值是指添加新记录时，自动加入到字段中的值。设置默认值可以减少输入重复数据的工作量。例如，可以将学生表中"性别"字段的默认值设置为"男"。当用户添加新学生记录时，该字段的值会自动设置为"男"，当然也可以输入"女"去替换掉默认值"男"。

7. 有效性规则和有效性文本

字段的有效性规则用来检查字段中的输入值是否符合要求。设置了有效性规则后，当用户输入的数据违反了有效性规则就会弹出有效性文本中设置的提示信息。例如，将学生表"性别"字段的有效性规则设置为："男" or "女"，即只能输入"男"或"女"两个汉字之一；并在有效性文本中输入：性别只能是"男"或"女"，如图 3-16 所示。当性别字段中输入了其他字符时，立即弹出图 3-17 所示的消息框进行提示。

图 3-16　性别的有效性规则和有效性文本　　　　图 3-17　提示输入错误的消息框

8. 必需

必需属性可以确定字段中是否必须有值。如果该属性设置为"是",则在添加新记录时必须在该字段中输入数据,而且数据不能为空值。

9. 索引

索引属性用来确定某字段是否作为索引,索引是将表中的记录按索引字段值排序的技术。索引可以加快对索引字段的查询、排序和分组等操作。索引虽然是一种记录顺序的重新排序,但不改变表中数据的物理顺序。一张表可以建立多个索引,每一个索引确定表中记录的一种逻辑顺序。

在 Access 2010 中,可以对文本、备注、数字、货币、日期/时间、自动编号、是/否和超链接等类型的字段进行索引设置。Access 提供了 3 个索引选项,如表 3-7 所示。

表 3-7　　　　　　　　　　　　　　　　索引选项

索引选项	说 明
无	该字段没有被索引
有(有重复)	该字段被索引,并且索引字段的值是可重复的
有(无重复)	该字段被索引,并且索引字段的值是不可重复的

例如,对于学生表来说,学号可以唯一确定一个学生记录,但出生日期可能有多个学生相同,则"学号"字段可以设置为"有(无重复)"的索引,而"出生日期"字段只能设置为"有(有重复)"的索引。

索引将加速字段中搜索及排序的速度,但可能会使更新变慢。

在 Access 2010 中,不能对"附件"和"OLE 对象"类型的字段使用索引。

3.3　表数据的录入

在 Access 2010 数据库中,只有创建好表结构之后,才可以在数据表视图中输入表的数据。输入时,在字段名称下面的单元格中依次录入即可。

1. 不同数据类型对输入数据的要求

默认情况下,在表中输入的数据类型必须是该字段接受的数据类型,否则 Access 会显示错误提示信息。

(1)文本:可以接受任意的文本或数字字符,但如果设置了输入掩码,则必须按照输入掩码规定的格式输入数据,输入字符的个数受字段大小限制。

(2)备注:可以接受任意的文本字符,最多 65535 个字符。

(3)数字:只能输入合法的数值数据,Access 会自动校验输入的合法性。

(4)日期/时间:只能输入 100~9999 年份之间任意的日期和时间。如果设置了输入掩码,则必须按照掩码规定的格式输入数据,如果未设置输入掩码,则可以采用任意有效的日期或时间格式,但无论采用哪一种格式输入,Access 都将按照统一的格式显示。

例如,可以键入 11 Mar. 2018、18/3/11、2018-3-11、March 11, 2018 等,但默认都显示为2018/3/11。

(5)货币:只能输入合法的货币值,但不需要手动输入货币符号,默认情况下,Access 会自动使用在 Windows 区域设置中指定的货币符号(¥、£、$等),而且 Access 会自动校验输入的合法性。

（6）自动编号：任何时候都无法在此类型字段中输入或更改数据。只要向表添加了新记录，Access 就会自动填入“自动编号”字段的值。

（7）是/否：默认情况下是通过一个复选框来输入，选中（打√）表示“是”，未选中（空白）表示“否”，因此不会出现输入错误。如果有必要，也可以在字段属性中将“显示控件”更改为文本框或组合框。

（8）OLE 对象：可以链接或嵌入一个其他应用程序所创建的文件（例如，图片、Word 文档、Excel 图表或 PowerPoint 幻灯片等），在该字段单元格位置右击鼠标后选择快捷菜单中的“插入对象”命令来输入。

（9）超链接：可以输入任何文本数据，Access 会自动向文本中添加 http://。

（10）附件：可以将多个其他应用程序所创建的文件附加到该类型字段中，在该字段单元格位置双击鼠标，然后在对话框中添加附件。

（11）计算：任何时候都无法在此类型字段中输入或更改数据，该字段只保存计算结果。

（12）查阅向导：从下拉列表中选择字段的值。查阅向导有两种类型的下拉列表：值列表和查阅字段。值列表是通过手动输入值创建的；查阅字段是使用来源于其他表或查询中的值创建的。

提示

如果对字段设置了输入掩码，则必须输入特定格式的数据。

2. 学生表数据的录入

在学生表的数据表视图中可以直接输入记录数据，图 3-18 所示为学生表的记录数据。

视频3-7

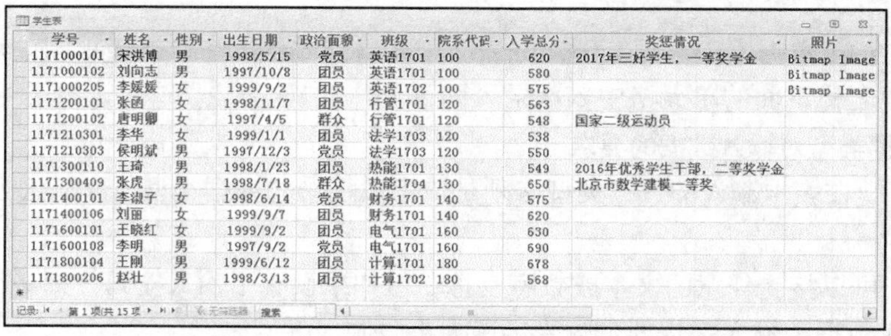

学生表

学号	姓名	性别	出生日期	政治面貌	班级	院系代码	入学总分	奖惩情况	照片
1171000101	宋洪博	男	1998/5/15	党员	英语1701	100	620	2017年三好学生，一等奖学金	Bitmap Image
1171000102	刘向志	男	1997/10/8	团员	英语1701	100	580		Bitmap Image
1171000205	李媛媛	女	1999/9/2	团员	英语1702	100	575		Bitmap Image
1171200101	张函	女	1998/11/7	团员	行管1701	120	563		
1171200102	唐明卿	女	1997/4/5	群众	行管1701	120	548	国家二级运动员	
1171210301	李华	女	1999/1/1	团员	法学1703	120	538		
1171210303	侯明斌	男	1997/12/3	党员	法学1703	120	550		
1171300110	王琦	男	1998/1/23	团员	热能1701	130	549	2016年优秀学生干部，二等奖学金	
1171300409	张虎	男	1998/7/18	群众	热能1704	130	650	北京市数学建模一等奖	
1171400101	李淑子	女	1998/6/14	党员	财务1701	140	575		
1171400106	刘丽	女	1999/9/7	团员	财务1701	140	620		
1171600101	王晓红	女	1999/9/2	团员	电气1701	160	630		
1171600108	李明	男	1997/9/2	党员	电气1701	160	690		
1171800104	王刚	男	1999/6/12	团员	计算1701	180	678		
1171800206	赵壮	男	1998/3/13	团员	计算1702	180	568		
*									

记录：第 1 项(共 15 项 无筛选器 搜索

图 3-18　学生表的记录

说明：

（1）在录入学生表的记录时，*所在行表示可以在该行输入新的记录。

（2）“学号”字段由于设置了输入掩码“0000000000”，所以只能输入 10 位数字，当输入其他字符时不做处理。

（3）录入“政治面貌”（查阅向导）时，直接单击单元格右端的下拉按钮，从下拉列表中选择值输入。

（4）“班级”字段由于设置了输入掩码“&&9999”，所以输入数据时前两个可以输入任意的字母、数字、空格或汉字，后面 4 位只能输入数字。

（5）录入“照片”（OLE 对象）时，在对应单元格位置右击后选择快捷菜单中的“插入对象”命令，按提示找到相应的照片文件插入。数据表视图中不能直接显示插入的图片（但在窗体和报表中可以直接显示），该字段中仅显示所插入对象的文件类型。

（6）录入“奖惩情况”时，如果该记录这个字段的数据不存在，则可以使用空值。

Access 有两种类型的空值：Null 值和零长度字符串。Null 值表示未知的值，而零长度字符串表示该字段确实没有值。例如，如果第二条记录的奖惩情况为未知，则不输入任何数据，Access 会自动保存为 Null 值；如果第二条记录的奖惩情况确实没有值，则在对应的单元格中输入中间没有空格的两个双引号（""），Access 会自动保存为零长度字符串。无论哪种类型的空值，在数据表视图中显示效果都一样。

3. 院系代码表数据的录入

在院系代码表的数据表视图中可以直接输入记录数据，图 3-19 所示为院系代码表的记录数据。

在录入“院系网址”（超链接类型）时，可以在对应数据项位置直接输入地址或右击后选择快捷菜单中的“超链接|编辑超链接”命令，在图 3-20 所示的“插入超链接”对话框中完成录入。超链接地址由显示文本和地址组成，用“#”符号隔开。

视频3-8

院系代码	院系名称	院系网址
100	外国语学院	外国语学院
110	可再生能源学院	http://kzsxy.ncepu.edu.cn/
120	人文与社会科学学院	http://law.ncepu.edu.cn/
130	能源动力与机械工程学院	http://thermal.ncepu.edu.cn/
140	经济与管理学院	http://business.ncepu.edu.cn/
150	核科学与工程学院	http://snse.ncepu.edu.cn/
160	电气与电子工程学院	http://electric.ncepu.edu.cn/
170	数理学院	http://slx.ncepu.edu.cn/
180	控制与计算机工程学院	http://cce.ncepu.edu.cn/

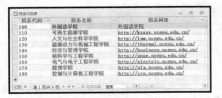

图 3-19　院系代码表的记录

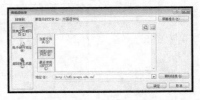

图 3-20　“插入超链接”对话框

4. 课程表数据的录入

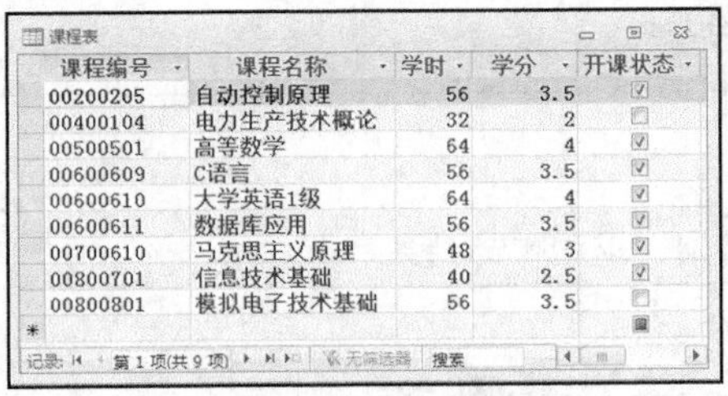

课程编号	课程名称	学时	学分	开课状态
00200205	自动控制原理	56	3.5	√
00400104	电力生产技术概论	32	2	
00500501	高等数学	64	4	√
00600609	C语言	56	3.5	√
00600610	大学英语1级	64	4	√
00600611	数据库应用	56	3.5	√
00700610	马克思主义原理	48	3	√
00800701	信息技术基础	40	2.5	√
00800801	模拟电子技术基础	56	3.5	

图 3-21　课程表的记录

在课程表的数据表视图中可以直接输入记录数据，图 3-21 所示为课程表的记录数据。在录入“开课状态”（是/否类型）时在复选框上打√表示 True，空白表示 False。

视频3-9

5. 选课成绩表数据的录入

在选课成绩表的数据表视图中可以直接输入记录数据，图 3-22 所示为选课成绩表的记录数据。

【例 3-4】 在选课成绩表中只有“成绩”字段，没有“等级”字段来说明该成绩的等级是“通过”（60 及以上）或“未通过”（低于 60 分），可以向表中添加计算字段来获得成绩的等级，效果如图 3-23 所示。具体操作步骤如下。

视频3-10

图 3-22　选课成绩表的记录

图 3-23　添加计算字段"等级"后的选课成绩表

（1）在选课成绩表的数据表视图中，单击最右边的"单击以添加"列标题，在下拉列表中选择"计算字段|文本"，弹出"表达式生成器"对话框。

（2）在对话框中输入完成计算的表达式：IIf([成绩]>=60,"通过","未通过")，如图 3-24 所示。

（3）单击"确定"按钮，这时在选课成绩表中添加了一个计算字段，字段名称默认为"字段1"。

（4）修改"字段1"名称，输入"等级"，得到最终效果。

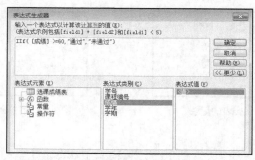

图 3-24　计算等级的表达式生成器

IIf 是一个函数，语法格式为：

IIf（条件表达式，真的结果，假的结果）

如果条件表达式的值为真，返回真的结果；否则，返回假的结果。

3.4　建立表之间的关联关系

数据库中可以有多张表，但这些表不是独立存在的，它们之间存在着联系。在 Access 数据库中，表之间的关联关系主要是一对一和一对多两种，通过一张表的主键和另一张表的外键来创建两张表之间的联系。

视频 3-11

1. 对主键和外键的要求

通过一张表的主键和另一张表的外键来创建两张表之间的联系时，这两个相关联的字段必须满足以下条件：

（1）字段名称可以不同，但是必须有相同的数据类型（除非主键是"自动编号"类型）；

（2）当主键是"自动编号"类型时，可以与"数字"类型并且字段大小为"长整型"的字段关联；

（3）如果相关联的两个字段都是"数字"类型，那么这两个字段的字段大小必须相同。

2. 建立表之间的关联关系

在 2.2.2 小节"学生成绩管理"数据库设计中已经确定了数据库中 4 张表之间的联系。

（1）院系代码表与学生表之间是一对多联系。院系代码表的主键是"院系代码"字段，学生表的外键是"院系代码"字段。

（2）学生表与选课成绩表之间是一对多联系。学生表的主键是"学号"字段，选课成绩表的外键是"学号"字段。

（3）课程表与选课成绩表之间是一对多联系。课程表的主键是"课程编号"字段，选课成绩表的外键是"课程编号"字段。

下面的主要任务就是创建这 4 张表之间的关联关系，具体操作步骤如下。

（1）打开"学生成绩管理"数据库。

（2）在"数据库工具"选项卡中，单击"关系"选项组中的"关系"按钮，打开关系布局窗口。如果数据库中尚未定义任何关系，则会弹出"显示表"对话框。如果没有弹出该对话框，可以在关系布局窗口中右击鼠标，选择快捷菜单中的"显示表"命令打开该对话框。

（3）将"显示表"对话框中的院系代码表、学生表、课程表和选课成绩表添加到关系布局窗口中，如图 3-25 所示。

图 3-25　关系布局窗口中添加的表

（4）关闭"显示表"对话框。

（5）在关系布局窗口中，将一张表中的主键（字段名左边有钥匙图形）拖曳到另一张表中相应的外键字段上，系统将弹出"编辑关系"对话框。例如，建立院系代码表与学生表之间的一对多关系时，将院系代码表中的主键字段"院系代码"拖曳到学生表的外键字段"院系代码"上后，立即显示图 3-26 所示的"编辑关系"对话框。

（6）在"编辑关系"对话框中，根据需要设置关系选项。例如，可以选择"实施参照完整性"选项，然后单击"创建"按钮，完成关系的创建。此时在两张表的关联字段之间会出现一条连线，并在连线的两端分别标注了"1"和"∞"，表明两张表之间建立了一对多联系，如图 3-27 所示。

图 3-26　"编辑关系"对话框

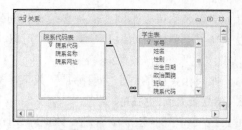

图 3-27　院系代码表与学生表之间的一对多联系

（7）对要建立关联关系的每两张表都重复步骤 5～步骤 6 的操作，创建学生表、课程表和选课成绩表之间的关联关系，结果如图 3-28 所示。

图 3-28　"学生成绩管理"数据库 4 张表的关系

（8）关闭关系布局窗口，弹出"是否保存对'关系'布局的更改"对话框，选择"是"以保存该关系布局。

　　　　如果在创建关联关系时未实施参照完整性，则在表间的连线上不会出现"1"和"∞"。如果要修改关联关系，双击相应的关联关系连接线即可弹出"编辑关系"对话框进行修改。

3.　实施参照完整性

参照完整性是对相关联的两张表之间的约束。当更新、删除、插入一张表中的数据时，通过参照引用相互关联的另一张表中的数据，来检查对表的数据操作是否正确。简单来说，就是要求子表（一对多关系中两个相关表的"多"端）中每条记录的外键值必须是父表（一对多关系中两个相关表的"一"端）中存在的主键值。

视频 3-12

在 Access 数据库中实施参照完整性后会产生以下作用。

（1）不能在子表的外键字段中输入父表的主键中不存在的值。例如，对于院系代码表和学生表之间的关系，实施参照完整性后，学生表中"院系代码"字段的值必须是院系代码表中存在的值。避免出现没有这样的学院，可是却存在该学院学生的情况。

（2）如果子表中存在匹配的记录，则不能从父表中删除该记录。例如，在学生表中有某个"院系代码"的学生记录，就不能在院系代码表中删除该"院系代码"的记录。

（3）如果子表中存在匹配的记录，则不能在父表中更改该主键值。例如，在学生表中有某个"院系代码"的学生记录，就不能在院系代码表中修改该"院系代码"字段的值。

因此，如果在两张表之间建立了关联关系并实施了参照完整性，则对一张表进行的操作会影响到另一张表中的记录。

参照完整性的两个选项。

（1）级联更新相关字段。在"编辑关系"对话框中选择了"级联更新相关字段"选项后，当修改父表中记录的主键值时，将自动更新子表中相关记录的外键值，使它们保持一致。

对于院系代码表和学生表之间的关系，实施参照完整性并选择级联更新相关字段后，如果改变了院系代码表中某个主键值，则学生表中与该院系代码相关的所有学生记录的外键值都将自动更新为新值。例如，在"院系代码表"中将院系代码 120 更改为 820，则在学生表中该院系所有学生的"院系代码"字段会自动更新为 820。

（2）级联删除相关记录。在"编辑关系"对话框中选择了"级联删除相关记录"选项后，当删除父表中某条记录时，将自动删除子表中的相关记录。

对于院系代码表和学生表之间的关系，实施参照完整性并选择级联删除相关记录后，如果删除了院系代码表中某条记录，则学生表中与该记录相关的所有学生记录都将同时被删除。例如，在"院系代码表"中删除院系代码为 120 的记录，则在学生表中该院系的所有学生记录会同时被删除。

4．子表

当两张表之间创建了一对多关系后，这两张表之间就形成了父表和子表的关系。将"一"端的表称为父表，将"多"端的表称为子表。在父表的数据表视图中，通过单击记录左侧的折叠按钮（+或−）可以展开或关闭子表。

例如，为院系代码表和学生表创建一对多关系后，父表是院系代码表，子表是学生表。在院系代码表的数据表视图中，单击院系代码 100 记录左侧的"+"按钮，"+"即刻变为"−"并同时显示出子表"学生表"中院系代码为 100 的所有学生记录，如图 3-29 所示；这时再单击院系代码100 记录左侧的"−"按钮，可关闭显示的子表。

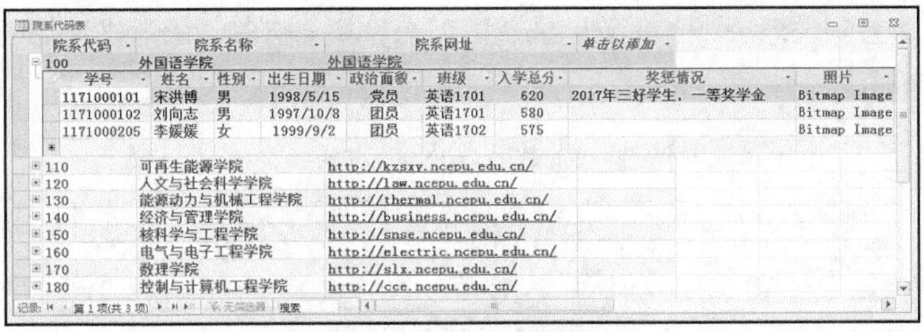

图 3-29　"院系代码表"中展开的子表"学生表"

3.5　表的基本操作

创建表之后，就可以打开表的"数据表视图"，对表中的记录进行定位、添加、删除、修改、排序和筛选等操作，以及对表的外观显示进行设置。

3.5.1　打开和关闭表

打开表是指打开表的"数据表视图"；关闭表是指关闭表的所有视图。

1．打开表

在 Access 2010 中打开一个数据库后，在导航窗格中会列出各种数据库对象，在这些对象中找到要打开的表，再使用下面两种方法之一来打开表的"数据表视图"。

（1）用鼠标双击表名称。

（2）用鼠标右击表名称，在快捷菜单中选择"打开"命令。

图 3-30 所示为学生表（还没有输入任何记录时）打开后的数据表视图。

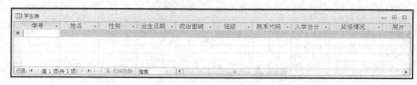

图 3-30　学生表的"数据表视图"

2. 关闭表

关闭表主要有两种方法。

（1）用鼠标单击表窗口右上角的"关闭"按钮。

（2）用鼠标右击表窗口的标题栏，在快捷菜单中选择"关闭"命令。

3.5.2　记录的定位

用户对数据表操作时，需要定位到表中某一条指定的记录。在 Access 2010 中，实现记录定位的方法有数据表视图底部的记录导航按钮、"开始"选项卡"查找"选项组中的" ➡ 转至"按钮和" 🔎 查找"按钮。

1. 记录导航按钮

在数据表视图底部的记录导航按钮可以实现记录定位。根据所单击的导航按钮不同，可以定位到第一条记录、上一条记录、下一条记录、尾记录、新（空白）记录或某条记录。记录导航按钮如图 3-31 所示。

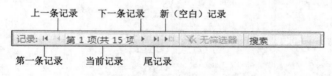

图 3-31　记录导航按钮

说明：

（1）第一条记录：将表中的第一条记录确定为当前记录。

（2）上一条记录：将表中当前记录的上一条记录确定为当前记录。

（3）当前记录：显示当前记录号。记录号从开头按顺序计数。在"当前记录"框中键入一个记录号，然后按"回车键"也可定位到该记录。

（4）下一条记录：将表中当前记录的下一条记录确定为当前记录。

（5）尾记录：将表中的最后一条记录确定为当前记录。

（6）新（空白）记录：添加一条新记录，并将新记录确定为当前记录。

（7）搜索：在"搜索"框中输入文本时，随着输入每个字符，将实时突出显示第一个匹配值。用户可以使用此功能迅速搜索具有匹配值的记录。

2. " ➡ 转至"按钮

单击"开始"选项卡"查找"选项组中的" ➡ 转至"按钮，会弹

图 3-32　转至按钮的下拉菜单

出图 3-32 所示的下拉菜单，在下拉菜单中选择不同的命令可以定位到相应的记录。

（1）首记录：将表中的第一条记录确定为当前记录。

（2）上一条记录：将表中当前记录的上一条记录确定为当前记录。

（3）下一条记录：将表中当前记录的下一条记录确定为当前记录。

（4）尾记录：将表中的最后一条记录确定为当前记录。

（5）新建：添加一条新记录，并将新记录确定为当前记录。

3.“🔍查找”按钮

单击“开始”选项卡“查找”选项组中的“🔍查找”按钮，会弹出“查找和替换”对话框，该对话框可以根据输入的查找内容定位到相应的记录上。

【例 3-5】 在学生表中查找“英语 1701”班级的学生记录。具体操作步骤如下。

（1）打开学生表的“数据表视图”，把光标定位到所要查找的字段上，即“班级”字段。

（2）单击“开始”选项卡“查找”选项组中的“🔍查找”按钮，弹出“查找和替换”对话框，在对话框的“查找内容”文本框中输入“英语 1701”，如图 3-33 所示。

（3）单击“查找下一个”按钮，若找到班级为“英语 1701”的字段值，便定位到找到的字段值上。如果有多条相关的记录存在，则逐次单击对话框中的“查找下一个”按钮，可以逐个定位到每条记录，直至查完。

图 3-33　“查找和替换”对话框

　用户可以使用“查找和替换”对话框中的“替换”选项卡来实现查找并替换表中数据的功能。

在指定查找内容时，如果仅知道要查找的部分内容，可以使用通配符作为占位符。表 3-8 所示为查找时可以使用的通配符。

表 3-8　　　　　　　　查找时可以使用的通配符

通配符	说　明	示　例	查询结果
*	匹配任意多个字符	李*	可以找到李淑子、李华、李明、李媛媛等以“李”开头的字段值
?	匹配任意一个字符	b?ll	可以找到 ball、bell、bill 等第 2 个字符任意的字段值
[]	与方括号内的任意一个字符匹配	b[ae]ll	可以找到 ball、bell，但找不到 bill
!	匹配任何不在方括号内的字符	b[!ae]ll	可以找到 bill、bull 等，但找不到 ball、bell
-	与某个范围内任意一个字符匹配，必须按升序（从 A 到 Z）指定范围	b[a-c]ll	可以找到 ball、bbll、bcll
#	匹配任意一个数字字符	3#1	可以找到 301、311、321、331、341、351、361、371、381、391 等

3.5.3　记录的操作

记录的操作包括记录的添加、编辑和删除。

视频 3-13

1. 添加记录

在表的数据表视图中，有两种方法可以添加一条新记录。

（1）单击"开始"选项卡"记录"选项组中的"📑 新建"按钮，立即
在表尾添加一条新记录，同时将新记录确定为当前记录，按字段要求输入数据即可。

（2）直接在表尾 ✳ 所在行输入新记录。

添加记录后关闭该表的"数据表视图"时会自动保存。如果实施了参照完整性，则在子表中
添加记录时，外键字段输入的值必须是父表中已经存在的主键值。

2. 编辑记录

表中的记录数据输入完毕后，需要对数据进行修改时，可以在数据表视图中直接对记录数据
进行修改，修改完成后关闭该表的"数据表视图"时会自动保存。

如果实施参照完整性时选中了"级联更新相关字段"选项，则修改父表中记录的主键值时，
将自动更新子表中相关记录的外键值。否则，如果仅实施了参照完整性但并未选中级联更新相关
字段选项，而且子表中存在匹配的记录，则不能在父表中修改该主键值。

3. 删除记录

表中的记录数据输入完毕后，需要删除某些记录时，一般操作步骤如下。

（1）打开数据表视图，单击要删除记录的记录选定器（记录行最左侧的区域），选定要删除的
记录，如图 3-34 所示。通过拖曳鼠标的方法可以选择多个连续的记录选定器，从而同时选定要删
除的多个连续的记录。

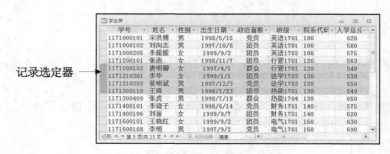

图 3-34　删除记录

（2）单击"开始"选项卡上"记录"选项组中的"✕ 删除"按钮或按 Delete 键。

（3）在确认删除对话框中单击"是"按钮，删除所选定的记录。

如果实施参照完整性时选中了"级联删除相关记录"选项，则删除父表中某条记录时，将自
动删除子表中的相关记录。否则，如果仅实施了参照完整性但并未选中级联删除相关记录选项，
而且子表中存在匹配的记录，则不能从父表中删除该记录。

3.5.4　记录的排序

Access 默认是以表中定义的主关键字段值排序显示记录的。如果在表中没有定义主关键字，
那么将按照记录在表中的物理位置显示记录。用户可以根据需要按表中的一个或多个字段的值，
对整张表中的全部记录按升序（从小到大）或降序（从大到小）重新排列记录的次序，排序的结

果可与表一起保存，并在重新打开该表时，自动重新应用排序。

1. 排序规则

不同的字段类型排序规则有所不同，具体规则如下。

（1）英文按字母顺序排序，不区分大小写，升序按 A ~ Z 排序，降序按 Z ~ A 排序。

（2）中文按拼音字母的顺序排序，升序按 A ~ Z 排序，降序按 Z ~ A 排序。

（3）数字按数值的大小排序，升序按从小到大排序，降序按从大到小排序。

（4）日期和时间按日期的先后顺序排序，升序按从前到后的顺序排序，降序按从后向前的顺序排序。

2. 单个字段排序

在数据表视图中浏览数据时，只需选定要排序的字段，单击"开始"选项卡上的"排序和筛选"选项组中的"↑↓升序"或"↓↑降序"按钮，就可以实现单个字段的排序。例如，将学生表按照出生日期升序进行排序后的结果如图 3-35 所示。

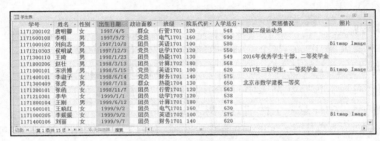

图 3-35　学生表按出生日期升序排序后的结果

 关闭学生表的"数据表视图"时，可以选择是否将排序结果与表一起保存。

3. 多个字段排序

要对多个字段进行复杂的排序，则要使用"高级筛选/排序"命令。

视频 3-14

【例 3-6】 将学生表按照班级升序和入学总分的降序排序。具体操作步骤如下。

（1）在"学生成绩管理"数据库中打开学生表的"数据表视图"。

（2）在"开始"选项卡上的"排序和筛选"选项组中，单击"▽·高级"按钮，在弹出的下拉菜单中选择"高级筛选/排序"命令，打开排序筛选设计窗口。窗口的上半部分显示了学生表的字段列表，下半部分是设计网格，如图 3-36 所示。

（3）在排序筛选设计窗口的设计网格中，"字段"行分别选择"班级"作为第一排序字段，"入学总分"作为第二排序字段；"排序"行分别选择对应的排序方式（升序或降序）。

（4）单击"开始"选项卡上"排序和筛选"选项组中的"▽·高级"按钮，在弹出的下拉菜单中选择"应用筛选/排序"命令，排序结果如图 3-37 所示。

 要取消排序，可以单击"开始"选项卡"排序和筛选"选项组中的"↓取消排序"按钮，从而恢复表的原始状态。

图 3-36　多字段排序的设计窗口　　图 3-37　学生表按班级升序、入学总分降序排序后的结果

3.5.5　记录的筛选

记录的筛选是将符合筛选条件的记录显示出来，而其他记录被暂时隐藏起来，方便用户查看。Access 2010 提供了 4 种筛选方法，分别是按选定内容筛选、使用筛选器筛选、按窗体筛选和高级筛选。

1．按选定内容筛选

按选定内容筛选就是用表中某个字段的值作为筛选条件来快速筛选记录。

【例 3-7】　在学生表中快速筛选出所有男生。具体操作步骤如下。

（1）在"学生成绩管理"数据库中打开学生表的"数据表视图"。

（2）单击性别字段中任意一个性别为"男"的单元格。

（3）单击"开始"选项卡上"排序和筛选"选项组中的"选择"按钮，在弹出的下拉菜单中选择命令：等于"男'"，筛选结果如图 3-38 所示。

图 3-38　学生表筛选出的所有男生记录

如果需要进一步筛选，则可重复执行按选定内容筛选，但每次只能给出一个筛选条件。此外，不同数据类型下"选择"按钮提供的筛选条件也不同。例如，文本类型的筛选条件中会出现"包含""不包含"等条件设置，而数字类型的筛选条件中会出现"不等于""大于或等于""小于或等于"等条件设置。

2．使用筛选器筛选

在数据表视图中，选定要筛选的字段，然后单击"开始"选项卡"排序和筛选"选项组中的"筛选器"按钮，可以筛选记录。图 3-39 所示为学生表中"性别"字段筛选器，这里只选中了"男"，即只显示所有男生的记录，其他记录将被隐藏起来。

3．按窗体筛选

使用按窗体筛选可以方便地实现较为复杂的筛选。在"按窗体筛选"的设计窗口中，默认有两张选项卡，选项卡标签分别是"查找"

图 3-39　"性别"筛选器

和"或"（位于窗口下方），其中"或"选项卡可以插入多张。每张选项卡中均可指定多个筛选条件，同一张选项卡上的多个筛选条件之间是"与"（And）的关系，不同选项卡之间是"或"（Or）的关系。

【例 3-8】在学生表中，使用按窗体筛选功能筛选出男生党员和入学成绩在 620 以上（含 620）的女生记录。具体操作步骤如下。

（1）在"学生成绩管理"数据库中打开学生表的"数据表视图"。

（2）单击"开始"选项卡上"排序和筛选"选项组中的" 高级"
按钮，在弹出的下拉菜单中选择"按窗体筛选"命令，打开按窗体筛选设
计窗口。

视频 3-15

（3）在性别字段下方选择"男"，政治面貌字段下方选择"党员"。如图
3-40 所示，表示要查找男生党员。

图 3-40　指定男生党员筛选条件

（4）单击选项卡标签"或"，然后在性别字段下方选择"女"，入学成绩字段下方输入：>=620，
如图 3-41 所示，表示要查找入学成绩在 620 分以上（含 620 分）的女生记录。

图 3-41　指定女生入学成绩筛选条件

　　　　　　在指定筛选条件时，如果是在某个字段下方直接输入或选择一个值，则表示选定字段等于该值，实际上是省略了"="（等于比较运算符）。

（5）单击"开始"选项卡上"排序和筛选"选项组中的" 切换筛选"命令，筛选结果如图
3-42 所示。

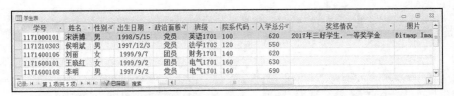

图 3-42　学生表筛选出的男生党员和入学成绩在 620 分以上的女生记录

　　　　　　所有的筛选命令都可以通过"开始"选项卡"排序和筛选"选项组中的" 切换筛选"命令来取消，从而恢复表的原貌。

4. 高级筛选

如果对筛选的结果有排序要求，则只能通过高级筛选功能来实现。在高级筛选窗口的设计网
格中，同一"条件"行中各个条件之间是"与"（And）的关系，不同条件行之间是"或"（Or）

的关系。

【例 3-9】 在学生表中，使用高级筛选功能筛选出男生党员和入学成绩在 620 分以上（含 620 分）的女生记录，并按入学总分的降序排序。具体操作步骤如下。

视频3-16

（1）在"学生成绩管理"数据库中打开学生表的"数据表视图"。

（2）单击"开始"选项卡上"排序和筛选"选项组中的" 🔲·高级"按钮，在弹出的下拉菜单中选择"高级筛选/排序"命令，打开高级筛选设计窗口，如图 3-43 所示。

（3）在窗口的设计网格中，第一列的字段行选择"性别"，条件行输入"男"，或行输入"女"；第二列的字段行选择"政治面貌"，条件行输入"党员"；第三列的字段行选择"入学总分"，排序行选择"降序"，或行输入：>=620。

（4）单击"开始"选项卡上"排序和筛选"选项组中的" 🔽切换筛选"命令，筛选结果如图 3-44 所示。

图 3-43　高级筛选设计窗口

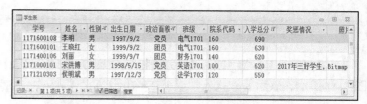

图 3-44　学生表筛选出的男生和女生记录并按入学总分降序排序的结果

3.5.6　表的外观设置

表的外观设置实际上是指设置"数据表视图"中显示的二维表格的外观。

1. 调整字段的显示次序

在数据表视图中打开表时，Access 默认的字段次序与表设计视图中的次序相同，可以重新设置字段的显示次序来满足不同的查看要求。

【例 3-10】 交换"课程表"中"学分"和"学时"字段的位置。具体操作步骤如下。

（1）在"课程表"的数据表视图中，用鼠标单击字段名称"学分"，选定"学分"列，如图 3-45 所示。

（2）把鼠标放在字段名称"学分"上，按下左键并拖曳到"学时"字段之前的位置，结果如图 3-46 所示。

图 3-45　交换前

图 3-46　交换后

关闭表的"数据表视图"时，可以选择是否将表的外观设置更改与表一起保存。

2. 设置数据表格式

在数据表视图中打开表时，Access 按默认的格式显示二维表格，如显示的网格线为银色，背景色为白色。设置数据表的格式就是设置单元格效果、网格线和背景色等。

【例 3-11】 将"课程表"数据表视图的单元格效果设置为"凸起"。具体操作步骤如下。

（1）打开"课程表"的数据表视图。

（2）单击"开始"选项卡"文本格式"选项组右下角的对话框启动器"⬚"按钮，打开"设置数据表格式"对话框，如图 3-47 所示。

（3）在对话框中将"单元格效果"设置为"凸起"，单击"确定"按钮，凸起效果如图 3-48 所示。

图 3-47 "设置数据表格式"对话框

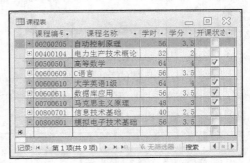

图 3-48 课程表的"凸起"效果

3. 隐藏或显示数据表中的列

隐藏数据表中的列就是把数据表中暂时不想看到的列隐藏起来，不显示，当需要的时候再显示出来。

【例 3-12】 将"课程表"中的"开课状态"列隐藏起来。具体操作步骤如下。

（1）在"课程表"的数据表视图中，用鼠标单击字段名称"开课状态"，选定开课状态列，如图 3-49 所示。若要选定相邻的多列，单击第一个字段名称，并拖曳鼠标到选定范围的最后一个字段名称。

（2）右击选定的字段列，在弹出的快捷菜单中选择"隐藏字段"命令，隐藏后的效果如图 3-50 所示。

图 3-49 隐藏字段前

图 3-50 隐藏字段后

要想显示数据表中掩藏的列，需执行"取消隐藏字段"命令。

【例 3-13】将"课程表"中隐藏的"开课状态"列显示出来。具体操作步骤如下。

（1）在"课程表"的数据表视图中，用鼠标右击任意一个字段名称，在弹出的快捷菜单中选择"取消隐藏字段"命令，弹出"取消隐藏列"对话框，如图 3-51 所示。

（2）在对话框中，每个字段前面都有一个复选框，选中（打√）的字段都是没有隐藏的列，未选中（空白）的字段都是隐藏的列。要取消对"开课状态"的隐藏，则要选中该字段。

图 3-51 "取消隐藏列"对话框

（3）单击"关闭"按钮，此时在数据表视图中重新显示出"开课状态"列。

4. 冻结数据表中的列

为了让表中的某些列一直显示在屏幕上，可以将这些列冻结。冻结后，无论将数据表水平滚动到何处，这些被冻结的列都会成为最左侧显示的列，并且始终可见，方便查看同一条记录的数据。

冻结数据表中列的具体操作步骤如下。

（1）打开表的"数据表视图"。

（2）用鼠标单击要冻结的字段名称，选定要冻结的一列或相连的多列。

（3）右击选定的字段列，在弹出的快捷菜单中选择"冻结字段"命令，此时左右滚动数据表，被冻结的列始终在左侧可见。

提示 要冻结多个不相邻的字段，则需要多次执行"冻结字段"命令，分别冻结不同的字段。

取消冻结数据表中列的具体操作步骤如下。

（1）打开表的"数据表视图"。

（2）用鼠标右击任意一个字段名称，在弹出的快捷菜单中选择"取消冻结所有字段"命令。无论数据表中冻结了多少个字段，都统一取消冻结。

5. 调整数据表的行高和列宽

在 Access 2010 数据库中，可以改变数据表显示的行高和列宽来满足实际操作的需要。调整行高和列宽主要有两种方法，即利用鼠标拖曳调整或指定数值。

利用鼠标拖曳调整行高的具体操作步骤如下。

（1）打开表的"数据表视图"。

（2）将鼠标移动到数据表左侧任意两个记录的选定器之间，当鼠标指针变成十字且带有上下双向箭头形状时，按住左键拖曳到满意的行高即可。

利用鼠标拖曳调整列宽的具体操作步骤如下。

（1）打开表的"数据表视图"。

（2）将鼠标移动到要调整列宽的字段名称的右边缘，当鼠标指针变成十字且带有左右双向箭头形状时，按住左键拖曳到满意的列宽即可。如果要调整列宽以适合其中的数据，直接双击字段名称的右边缘即可。

指定行高的具体操作步骤如下。

（1）打开表的"数据表视图"。

（2）用鼠标右键单击任意一个记录选定器，在弹出的快捷菜单中选择"行高"命令，弹出"行高"对话框，如图 3-52 所示。

（3）在对话框中输入行高值，单击"确定"按钮。

指定列宽的具体操作步骤如下。

（1）打开表的"数据表视图"。

（2）选定需要调整列宽的列后，用鼠标右击选定列的字段名称，在弹出的快捷菜单中选择"字段宽度"命令，弹出"列宽"对话框，如图 3-53 所示。

（3）在对话框中输入列宽值，单击"确定"按钮。

图 3-52　"行高"对话框

图 3-53　"列宽"对话框

3.5.7　表的复制、删除和重命名

在 Access 2010 数据库中，对表的复制、删除和重命名都是在导航窗格中完成的。

1. 复制表

复制表的操作可以通过"开始"选项卡"剪贴板"选项组中的"📋 复制"和"📋 粘贴"按钮来完成。打开准备复制的表对象所在的数据库，在导航窗格中选中该表，然后单击"📋 复制"按钮将该表复制到剪贴板中。如果是在同一个数据库中复制表，则直接单击"📋 粘贴"按钮；如果要将表复制到另一个数据库中，则打开另一个数据库后，在该数据库中进行粘贴操作。Access 2010 中有 3 种粘贴表方式，如图 3-54 所示。

图 3-54　粘贴表方式

（1）仅结构。复制后的新表只有表结构，没有数据，新表的名称在"表名称"文本框中输入。当需要在数据库中创建一个新表，且新表的结构与原表结构相似时使用这个选项，可以减少创建新表的工作量。

（2）结构和数据。复制后的新表与原表完全相同（除表名称外），新表的名称在"表名称"文本框中输入。当需要备份表时可以使用这个选项。

（3）将数据追加到已有的表。复制后不产生新表，在"表名称"文本框中只能输入已经存在的表名称，而且要求两张表的结构完全相同。当需要将一张表中的数据全部追加到另一张表中时使用这个选项。

【例 3-14】 在同一个数据库中备份"学生表"并命名为"学生表备份"。具体操作步骤如下。

（1）在"学生成绩管理"数据库的导航窗格中单击"学生表"选中该对象。

（2）单击"开始"选项卡"剪贴板"选项组中的"📋 复制"按钮。

（3）单击"开始"选项卡"剪贴板"选项组中的"📋 粘贴"按钮，弹出"粘贴表方式"对话框，在"表名称"文本框中输入新表的名称"学生表备份"，粘贴选项为"结构和数据"。

（4）单击"完成"按钮结束复制，此时在导航窗格中会出现"学生表备份"表对象。

2. 删除表

在发现数据库中存在多余的表对象时，可以删除它们。删除表主要有两种方法。

方法 1：在数据库的导航窗格中用鼠标右击要删除的表名称，在快捷菜单中选择"删除"

命令。

方法 2：在数据库的导航窗格中选中要删除的表（用鼠标单击表名称），再按 Delete 键。

无论采用哪一种方法删除表，系统都会弹出消息框来进一步确认是否真的要删除表。

【例 3-15】 删除"学生成绩管理"数据库中的"学生表备份"表对象。具体操作步骤如下。

（1）在"学生成绩管理"数据库的导航窗格中右击"学生表备份"表对象，在快捷菜单中选择"删除"命令，弹出图 3-55 所示的确认删除消息框。

（2）单击消息框中的"是"按钮，便删除该表。

如果要删除的表与其他表之间创建了关系，则暂时不能删除，系统会提示"只有删除了与其他表的关系之后才能删除表"。例如，要删除"院系代码表"时，由于该表与"学生表"建立了一对多的联系，所以不能删除，系统会给出图 3-56 所示的提示信息。只有删除表间关系后，才能删除表。

图 3-55　确认删除消息框

图 3-56　删除关系消息框

3. 重命名表

重命名表的具体操作步骤如下。

（1）在数据库的导航窗格中用鼠标右击要重命名的表名称，在快捷菜单中选择"重命名"命令。

（2）在表名称编辑框中输入新表名，然后按回车键。

3.6　表的导入、导出和链接

在计算机系统中，不同系统的文件格式是不相同的。为了能够兼容大多数数据库系统的文件格式，Access 2010 提供了功能强大的数据导入、导出和链接操作，实现了不同系统之间的数据资源共享。用户可以将 Excel 电子表格、文本文件或 XML 文件中的数据导入到 Access 2010 数据库中；或者将 Access 2010 数据表链接到其他文件（如 Excel 电子表格）中的数据，但不将数据导入表中。同样，也可以将 Access 2010 数据表中的记录导出，以 Excel 电子表格、文本文件或 Word 文件格式存储在磁盘上。

3.6.1　表的导入

表的导入功能可以将外部数据源中的数据导入到本数据库已有的表中，也可以直接创建一个新表。导入的外部数据源可以是 Excel 电子表格、文本文件和 XML 文件等。

视频3-17

【例 3-16】在一个 Excel 电子表格文件中已经建立了一张如图 3-57 所示的课程表，要求将该课程表中的记录数据导入到"学生成绩管理"数据库的"课程表"对象中。具体操作步骤如下。

（1）打开"学生成绩管理"数据库，注意此时不能打开任何表（工作区为空白）。

（2）在"外部数据"选项卡上的"导入并链接"选项组中，单击"Excel"按钮，弹出"获取外部数据—Excel 电子表格"对话框，如图 3-58 所示。

图 3-57　课程表

图 3-58　"获取外部数据—Excel 电子表格"对话框

（3）选择数据源和目标。在对话框中单击"浏览"按钮，找到指定的 Excel 文件，选中"向表中追加一份记录的副本"单选按钮，并在其右侧的下拉列表框中选定"课程表"，单击"确定"按钮。

（4）选择合适的工作表或区域。如图 3-59 所示，选中"课程表"工作表，单击"下一步"按钮。

（5）确定第一行是否包含列标题。如图 3-60 所示，本例中包含了列标题，所以默认选中了该选项，单击"下一步"按钮。

图 3-59　选择合适的工作表或区域

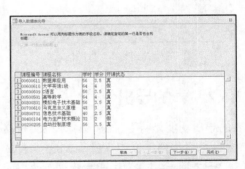

图 3-60　确定第一行是否包含列标题

（6）指定导入到哪张表中。如图 3-61 所示，指定将全部数据导入到"课程表"中，单击"完成"按钮。

（7）确定是否要保存导入步骤。如果经常要重复导入同一个文件的操作，则可以选中"保存导入步骤"复选框。本例不需要重复导入，所以不必选中，如图 3-62 所示，单击"关闭"按钮完成课程表的导入操作。

> 课程表的主键字段"课程编号"不允许有重复值或空值，因此，如果 Excel 表中的记录数据与"课程表"中的记录有相同的课程编号，则那些具有重复值的记录不会被导入。

提示

图 3-61 指定导入到哪张表中

图 3-62 确定是否要保存导入步骤

这里实现的是将一个 Excel 电子表格文件中的数据导入到数据库已经存在的表中。将外部数据导入数据库中并创建新表操作的区别在于以下两点。

（1）步骤 3 中需要选中"将源数据导入当前数据库的新表中"。

（2）在"导入数据表向导"中多了对字段的简单设置（见图 3-63）和主键的设置（见图 3-64），其他步骤没有区别。

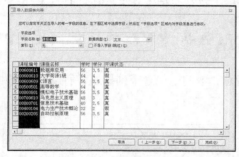

图 3-63 指定导入字段的信息

图 3-64 设置新表的主键

3.6.2 表的导出

表的导出功能是将 Access 数据库表中的数据，导出到其他 Access 数据库、Excel 电子表格、文本文件、Word 文件或 XML 文件等。

视频3-18

【例 3-17】 导出"学生成绩管理"数据库中"学生表"的记录数据，并以 Excel 电子表格形式存储在磁盘上。具体操作步骤如下。

（1）在"学生成绩管理"数据库中打开学生表。

（2）在"外部数据"选项卡上的"导出"选项组中，单击"Excel"按钮，弹出"导出—Excel 电子表格"对话框，如图 3-65 所示。

（3）在对话框中可以指定文件名以及文件格式，单击"浏览"按钮，可以修改文件的存储位置。

（4）单击"确定"按钮，系统提示是否要保存这些导出步骤。如果经常要重复导出同样文件的操作，则可以选中"保存导出步骤"复选框。这里不需要重复导出，所以不必选中。单击"关闭"按钮完成学生表的导出操作。此

图 3-65 "导出—Excel 电子表格"对话框

时在指定的文件夹中产生了相应的 Excel 文件。

3.6.3 表的链接

视频3-19

表的链接功能也是创建表的方法之一，能够将 Access 数据表链接到其他文件（如 Excel 电子表格）中的数据，但不将数据导入表中。

【例 3-18】 已经建立了图 3-66 所示的 Excel 电子表格文件"课程表 2.xlsx"，其中有一张名为"课程表 2"的工作表。要求在"学生成绩管理"数据库中创建"课程表 2"链接表。

图 3-66 "课程表 2"

具体操作步骤如下。

（1）打开"学生成绩管理"数据库。

（2）在"外部数据"选项卡"导入并链接"选项组中，单击"Excel"按钮，弹出"获取外部数据—Excel 电子表格"对话框，如图 3-67 所示。

（3）选择数据源和目标。在对话框中单击"浏览"按钮，找到指定的文件；选中"通过创建链接表来链接到数据源"单选按钮，单击"确定"按钮。

（4）选择合适的工作表或区域。如图 3-68 所示，在对话框中选择合适的工作表，默认选中"课程表 2"工作表，单击"下一步"按钮。

图 3-67 "获取外部数据—Excel 电子表格"对话框

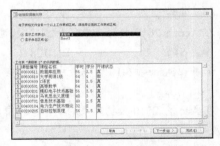

图 3-68 选择合适的工作表或区域

（5）确定第一行是否包含列标题。如图 3-69 所示，本例中包含了列标题，所以选中了该选项，单击"下一步"按钮。

（6）指定链接表名称。如图 3-70 所示，确定链接表的名称，这里采用默认名"课程表 2"，单击"完成"按钮。

图 3-69 确定第一行是否包含列标题

图 3-70 指定链接表名称

（7）提示完成链接表的操作。弹出图 3-71 所示的对话框，单击"确定"按钮。此时在导航窗格的表对象中添加了新建的链接表"课程表 2"，如图 3-72 所示。

图 3-71　完成链接表的提示信息

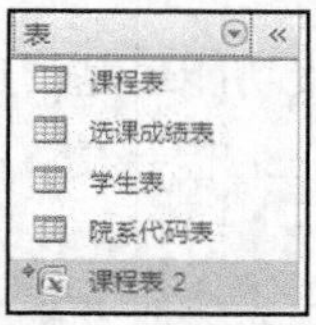

图 3-72　链接表对象

习　　题

一、单项选择题

1. 关于 Access 2010 数据库中字段名称的命名规则，以下错误的是（　　　）。
   - A. 可以使用汉字
   - B. 可使用字母、数字和空格
   - C. 字段名称可以为 1~64 个字符
   - D. 可以空格开头

2. 在 Access 2010 数据库的下列字段类型中，字段大小不固定的是（　　　）。
   - A. 货币
   - B. 日期/时间
   - C. 数字
   - D. 是/否

3. 在 Access 2010 数据库中"日期/时间"类型的字段大小为（　　　）。
   - A. 4 字节
   - B. 8 字节
   - C. 12 字节
   - D. 16 字节

4. 在 Access 2010 数据库中，"文本"数据类型的字段最大为（　　　）个字符。
   - A. 64
   - B. 128
   - C. 255
   - D. 256

5. 如果在 Access 2010 数据表中要存放声音文件，应当建立（　　　）数据类型的字段。
   - A. 备注
   - B. 文本
   - C. OLE 对象
   - D. 数字

6. 在 Access 2010 数据库表的某个字段中要保存一个 Word 文档和一个 PPT 文档，则该字段应采用的字段类型是（　　　）。
   - A. 文本
   - B. 备注
   - C. OLE 对象
   - D. 附件

7. 在 Access 2010 数据库中，可用来存储图片的字段类型是（　　　）。
   - A. OLE 对象
   - B. 备注
   - C. 超链接
   - D. 查阅向导

8. 在 Access 2010 数据库中，不允许有重复数据的字段类型是（　　　）。
   - A. 数字
   - B. 文本
   - C. 是/否
   - D. 自动编号

9. 在 Access 2010 数据库中，如果输入掩码设置为"a"，则在输入数据时该位置上可以接受的合法输入是（　　　）。
   - A. 必须输入字母 A~Z 或数字 0~9
   - B. 可以输入 A~Z 或数字 0~9
   - C. 必须输入字母 A~Z 或空格
   - D. 可以输入任何字符

10. 在 Access 2010 数据库中设计表时，如果将字段的输入掩码设置为"LLLL"，则该字段能够接收的输入是（　　　）。
    - A. abcd
    - B. 1234
    - C. AB+C
    - D. Aba9

11. 在 Access 2010 数据库中，与输入掩码"###-######"对应的正确输入是（　　　）。
    - A. abc-123456
    - B. 010-123456
    - C. abc-abcdef
    - D. 010-abcdef

12. 在 Access 2010 数据库中，定义字段默认值的含义是（　　　）。
    A. 该字段不能为空值
    B. 不允许字段的值超出某个范围
    C. 插入新记录时系统自动提供的值
    D. 字段类型由系统自动确定

13. 对 Access 2010 表中某一字段建立索引时，若其值有重复，可选择（　　　）索引。
    A. 主
    B. 有（无重复）
    C. 无
    D. 有（有重复）

14. 关于 Access 2010 的索引，下列叙述中错误的是（　　　）。
    A. 索引是使数据表中记录有序排列的一种技术
    B. 一张表中可以建立多个索引
    C. 索引可以改变记录的物理顺序
    D. 索引可以加快表中数据的查询速度

15. 在 Access 2010 数据库的下列字段类型中，不能建立索引的是（　　　）。
    A. 备注　　　　　　　　B. 文本　　　　　　　C. OLE 对象　　　　D. 数字

16. 在 Access 2010 数据库中有一张"学生"表，要使其年龄字段的取值范围在 14 到 50 之间，则在"有效性规则"属性框中应该输入的表达式为（　　　）。
    A. >=14 And <=50
    B. >=14 Or <=50
    C. >=50 And <=14
    D. >=14 && =<50

17. 在 Access 2010 数据库中，下列对数据输入无法起到约束作用的是（　　　）。
    A. 输入掩码
    B. 有效性规则
    C. 字段名称
    D. 数据类型

18. 在 Access 2010 数据库的表设计视图中，不能进行的操作是（　　　）。
    A. 设置索引
    B. 修改字段类型
    C. 增加字段
    D. 删除记录

19. 在 Access 2010 数据库中，以下（　　　）方法不能创建表。
    A. 导入表
    B. 链接表
    C. 设计视图
    D. "文件"选项卡中的"新建"命令

20. 下列关于 Access 2010 数据库中表的主键描述，错误的是（　　　）。
    A. 表的主键值可以重复
    B. 表的主键可以是自动编号类型的字段
    C. 表的主键值不能为空值
    D. 表的主键可以由一个或多个字段组成

21. 在 Access 2010 数据库中，为了保持表之间的完整性，要求在父表中修改相关记录时，子表中的相关记录也随之更改，为此需要设置（　　　）约束。
    A. 参照完整性　　　　B. 域完整性　　　　C. 实体完整性　　　　D. 用户定义完整性

22. 在 Access 2010 数据库中，对数据表进行筛选操作的结果是（　　　）。
    A. 只显示满足条件的记录，将不满足条件的记录从表中删除
    B. 显示满足条件的记录，并将这些记录保存到一个新表中
    C. 只显示满足条件的记录，不满足条件的记录被隐藏
    D. 将满足条件的记录和不满足条件的记录分为两张表进行显示

23. 在 Access 2010 数据库中，如果想通过设置多个筛选条件来浏览数据表中相关记录，并按一定的顺序排列，应使用（　　　）方法。
    A. 筛选器　　　　　　B. 按窗体筛选　　　　C. 高级筛选　　　　D. 按选定内容筛选

24. 关于 Access 2010 数据库的下列说法中，（　　　）是正确的。
    A. 每张表都必须指定主键
    B. 可以导入 Excel 文件中的数据

C. 建立好的表结构不可以修改　　　　　　D. 可以同时打开多个数据库文件

25. Access 2010 数据库中不能导入的外部数据源是（　　　）。

A. 文本文件　　　　　B. XML 文件　　　　C. Word 文件　　　　D. Excel 电子表格

二、填空题

1. 在 Access 2010 数据库中，确定表的结构就是确定表中各字段的_____、_____和属性等。

2. 在 Access 2010 数据库中，"数字"类型的字段大小设置为"字节"后，可以保存的数据范围是_____。

3. 在 Access 2010 数据库中，要在表中建立"性别"字段，并要求用逻辑值表示，其数据类型应当是_____。

4. 在 Access 2010 数据库中，索引将改变记录的逻辑顺序，但是不能改变记录的_____。

5. 在 Access 2010 数据库中，向已建立了主键的表中输入记录时，主键字段中不允许有重复，也不允许是_____值。

6. 在 Access 2010 数据库中，表结构的设计和维护是在表的_____视图中完成的。

7. 在 Access 2010 数据库中，表的主键用于保证表中的每一条记录都是_____的。

8. 为了让 Access 2010 数据库表中的某些列一直显示在屏幕上，可以将这些列_____。

9. 在 Access 2010 数据库中，表的外观设置实际上是指设置_____视图中显示的二维表格的外观。

10. 要在 Access 2010 数据库中使用 Excel 电子表格中存储的数据，应该采用_____或_____方式创建表。

第4章
查询

查询是 Access 数据库的对象之一，它能够将多张表中的数据抽取出来，供用户查看、汇总、分析和使用。使用查询对象可以将查询命令预先保存，在需要时运行查询对象即可自动执行查询中规定的查询命令，从而方便用户进行查询操作。本章将介绍在数据库中如何创建和使用查询。

4.1　查询概述

在 Access 数据库中，表是存储数据最基本的数据库对象，而查询则是对表中数据进行检索、统计和分析的非常重要的数据库对象。

一个查询对象就是一个查询命令，实质上是一条 SQL 语句。运行一个查询对象实质上就是运行一个查询命令。当运行查询时，系统会根据数据源中的数据产生查询结果。因此，查询结果是一个动态集，或者说是一个动态数据表，会随着数据源的变化而变化，只要关闭查询，查询的动态集就会自动消失。

查询的数据源可以是表和查询。表和查询也是窗体、报表的数据源。建立基于多表的查询之前，首先要按照第 3.4 节建立好表与表之间的关联关系。

视频4-1

4.1.1　查询的类型

在 Access 2010 中，查询共有 5 种类型，分别是选择查询、交叉表查询、参数查询、操作查询和 SQL 查询。

1. 选择查询

选择查询是最常用的查询类型，它是从一个或多个数据源中检索出满足条件的数据并在数据表视图中显示结果。用户也可以使用选择查询对记录进行分组，并且对记录进行合计、计数和平均值等运算。例如，在"学生成绩管理"数据库的学生表中，查找党员学生的学号、姓名、班级；查询各院系入学总分平均值等。Access 选择查询主要包含简单选择查询、统计查询、重复项查询和不匹配项查询 4 种。

2. 交叉表查询

使用交叉表查询可以计算并重新组织数据表的结构。交叉表查询将来源于某张表或查询中的字段进行分组，一组在数据表左侧，一组在数据表顶端，数据表交叉单元格处显示数据源中某个字段的统计值，如合计、计数、最大值和最小值等。例如，在"学生成绩管理"数据库的学生表中，统计各班级男女学生人数，可以在行标题上显示"班级"，在列标题上显示"性别"，在数据表内行与列交叉单元格处显示统计的人数。

3. 参数查询

参数查询在运行时先需要输入查询条件，然后根据用户输入的查询条件返回满足条件的记录。参数查询为使用者提供了更加灵活的查询方式。

4. 操作查询

操作查询可以对数据源中符合条件的记录进行追加、删除和更新。操作查询包含 4 种，即生成表查询、删除查询、更新查询和追加查询。

- ❑ 生成表查询：利用一张或多张表中全部或部分数据建立新表。
- ❑ 删除查询：从一张或多张表中删除记录。
- ❑ 更新查询：对一张或多张表中满足条件的记录进行修改。
- ❑ 追加查询：将一张或多张表中的数据追加到另一张表的末尾。

5. SQL 查询

SQL 查询是使用 SQL 语句创建的查询。SQL 是结构化查询语言。实际上在查询的设计视图中创建查询时，Access 就在构造等效的 SQL 语句。在 Access 中创建查询的最简单快捷的方法是利用查询设计视图，但并不是所有的查询都可以在设计视图中进行设计，比如一些 SQL 特定查询，包括联合查询、数据定义查询和子查询等不能在查询设计视图中进行设计。在实际应用中常常用 SQL 语句构造复杂的查询。

4.1.2　查询的创建方法

在 Access2010 窗口中，创建查询必须首先打开数据库。例如，打开"学生成绩管理"数据库。选择"创建"选项卡，在"查询"选项组中可以看到"查询向导"和"查询设计"两个按钮，如图 4-1 所示，二者是创建查询的主要方法。

图 4-1　"创建"选项卡

1. 查询向导

使用查询向导创建查询比较简单，用户可以在向导引导下创建查询，但不能设置查询条件。

单击"查询向导"命令按钮，打开"新建查询"对话框，如图 4-2 所示。在对话框中显示 4 种创建查询的向导，即简单查询向导、交叉表查询向导、查找重复项查询向导和查找不匹配项查询向导。

（1）简单查询向导：用户可快速创建一个简单而实用的查询，并且可以在一张或多张表或查询中指定检索字段中的数据。

（2）交叉表查询向导：创建交叉表查询，可以重构汇总数据使其更紧凑，容易阅读。

（3）查找重复项查询向导：利用查找重复项查询向导，可以查询表中是否出现重复的记录，或对表中具有相同字段

图 4-2　查询向导

值的记录进行统计等。

（4）查找不匹配项查询向导：使用查找不匹配项查询向导，可以在一张表中查找与另一张表没有相关联的记录。

2．查询设计

查询设计是在查询设计视图中创建查询的，使用设计视图是创建查询的主要方法。

查询设计视图可以通过单击"创建"选项卡"查询"选项组中的"查询设计"按钮打开，一般会同时打开"显示表"对话框，如图 4-3 所示。如果显示表对话框没有出现，则可以单击"设计"选项卡"查询设置"选项组的"显示表"按钮打开。在"显示表"对话框中可以将查询所涉及到的表或查询添加到查询设计视图中。

查询设计视图包括上部窗格和下部窗格两部分。上部窗格称为字段列表区，显示所添加的表或查询的全部字段；下部窗格称为"设计网格"区，用于确定查询结果包含的字段、排序和检索条件等，如图 4-4 所示。

图 4-3　显示表对话框

图 4-4　查询设计视图

在"设计网格"中需要设置以下内容。

（1）字段：设置查询所包含的字段。

（2）表：字段所隶属的表。

（3）排序：查询的排序准则（如升序或降序）。

（4）显示：当选中复选框时，对应字段将在查询结果中显示，否则在查询结果中不显示该字段。

（5）条件：设置检索记录的条件（也称为准则）。

（6）或：设置检索记录的条件（也称为准则）。

对于不同类型的查询，设计网格中包含的行项目会有所不同。

4.2　选择查询

选择查询就是根据给定条件，从一个或多个数据源中检索数据，并且在数据表视图中显示结果。创建选择查询有查询向导和查询设计视图两种方法。查询向导简单方便，适合快速创建功能简单的查询；查询设计视图灵活、功能丰富，适合创建具有复杂条件的查询。

4.2.1 使用查询向导创建选择查询

查询向导能够有效地指导用户按照提示创建查询，并详细说明在创建过程中需要进行的选择。

【例 4-1】 在"学生成绩管理"数据库中，以"学生表"为数据源，创建一个名为"例 4-1 学生入学总分查询"的查询。要求显示学号、姓名、性别和入学总分字段。具体操作步骤如下。

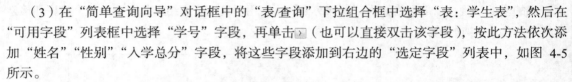

视频4-2

（1）打开"学生成绩管理"数据库，单击"创建"选项卡上"查询"选项组中的"查询向导"按钮，打开"新建查询"对话框。

（2）在"新建查询"对话框中，单击"简单查询向导"，然后单击"确定"按钮。

（3）在"简单查询向导"对话框中的"表/查询"下拉组合框中选择"表：学生表"，然后在"可用字段"列表框中选择"学号"字段，再单击 ▷（也可以直接双击该字段），按此方法依次添加"姓名""性别""入学总分"字段，将这些字段添加到右边的"选定字段"列表中，如图 4-5 所示。

（4）单击"下一步"按钮，确定采用明细查询还是汇总查询，如图 4-6 所示。本例选择"明细"查询。

图 4-5 指定"学生表"和选定字段

图 4-6 选择"明细"查询

（5）单击"下一步"按钮，在"请为查询指定标题"文本框中输入"例 4-1 学生入学总分查询"，然后选择"打开查询查看信息"选项，如图 4-7 所示。

（6）单击"完成"按钮，结束查询创建，系统以数据表视图方式显示结果，如图 4-8 所示。

图 4-7 确定查询标题

图 4-8 查询运行结果

提示

关闭该数据表视图，在左侧"导航窗格"上的"查询"对象列表中已经增加了"例 4-1 学生入学总分查询"对象。

简单查询向导不仅可以进行明细查询，还可以对字段进行"汇总""平均""最大""最小"计算。

视频4-3

【例 4-2】　在"学生成绩管理"数据库中，用"学生表"创建一个名为"例 4-2 各院系入学总分平均分"的查询。具体操作步骤如下。

（1）打开"学生成绩管理"数据库，在"创建"选项卡上"查询"选项组中单击"查询向导"按钮，打开"新建查询"对话框。

（2）在"新建查询"对话框中，单击"简单查询向导"，然后单击"确定"按钮。

（3）在"简单查询向导"对话框中的"表/查询"下拉组合框中选择"表：院系代码表"，然后双击"院系名称"字段；再选择"表：学生表"，然后双击"入学总分"字段。将它们添加到选定字段列表中，如图 4-9 所示。

（a）选定"院系名称"字段　　　　　　　　（b）选定"入学总分"字段

图 4-9　选定字段

（4）单击"下一步"按钮，选择"汇总"单选按钮，然后单击"汇总选项"按钮，在打开的对话框中勾选"平均"复选框，如图 4-10 所示。

（a）选中汇总项　　　　　　　　（b）汇总选项

图 4-10　汇总设置

（5）单击"确定"按钮，返回"简单查询向导"对话框。

（6）单击"下一步"按钮，在"请为查询指定标题"文本框中输入"例 4-2 各院系入学总分平均分"，然后选择"打开查询查看信息"选项，如图 4-11 所示。单击"完成"按钮，系统以数据表视图方式显示结果，如图 4-12 所示。

图 4-11　指定查询标题

院系名称	入学总分 之 平均值
电气与电子工程学院	660
经济与管理学院	597.5
控制与计算机工程学院	623
能源动力与机械工程学院	599.5
人文与社会科学学院	549.75
外国语学院	591.666666666667

例4-2各院系入学总分平均分

图 4-12　查询的数据表视图

4.2.2 使用设计视图创建选择查询

在实际应用中，需要创建的选择查询多种多样，有的没有条件，有的需要条件。使用查询向导创建查询，操作简单但不够灵活，只能创建不带条件的查询，而对于复杂的查询需要使用查询设计视图来完成。

下面通过实例介绍使用设计视图创建查询的基本步骤。

【例 4-3】 在"学生成绩管理"数据库中，使用设计视图创建查询，要求查找并显示入学总分在 620 分以上的党员学生的学号、姓名、性别、院系代码和入学总分字段信息，并要求按入学总分的降序进行排序。

分析：查询的数据来源于"学生表"一张表，查询的条件为：入学总分 >=620 并且政治面貌="党员"。具体操作步骤如下。

（1）打开"学生成绩管理"数据库。在"创建"选项卡上"查询"选项组中单击"查询设计"按钮，打开查询设计视图，同时打开"显示表"对话框。在"显示表"对话框中有 3 个选项卡：

视频4-4

- ❏ "表"选项卡：查询的数据源来自于表；
- ❏ "查询"选项卡：查询的数据源来自于已建立的查询；
- ❏ "两者都有"选项卡：查询的数据源来自于已经建立的表和查询。

（2）选择数据源。在"显示表"对话框中，单击"表"选项卡，选中"学生表"，单击"添加"按钮，将"学生表"添加到查询设计视图（也可以直接双击要选中的表），关闭"显示表"对话框。

（3）选择字段。直接双击"学号""姓名""性别""院系代码""入学总分"和"政治面貌"字段，将它们添加到设计网格的"字段"行上，如图 4-13 所示。选择字段有 3 种方法：

- ❏ 直接双击表中某字段；
- ❏ 单击某字段按住鼠标左键拖曳到设计网格的字段行上；
- ❏ 在设计网格中，单击欲放置字段列的"字段"行，然后单击下拉箭头，从打开的下拉列表中选择字段。

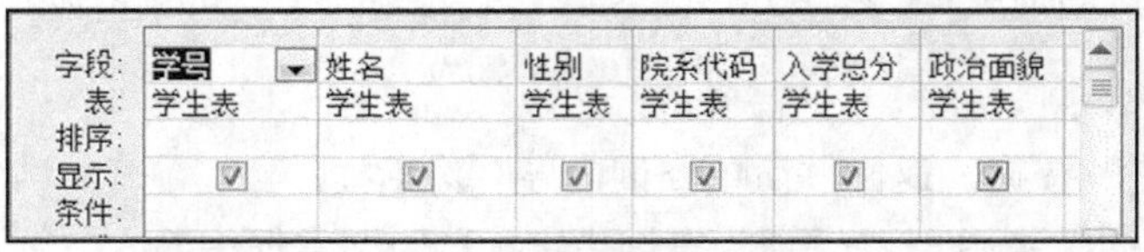

字段:	学号	姓名	性别	院系代码	入学总分	政治面貌
表:	学生表	学生表	学生表	学生表	学生表	学生表
排序:						
显示:	✓	✓	✓	✓	✓	✓
条件:						

图 4-13 确定查询所需字段

（4）设置排序。设计网格的第 3 行是"排序"行。本例要求按照"入学总分"降序输出。只需单击"入学总分"字段的"排序"行，单击右侧下拉按钮，从打开的下拉列表中选择"降序"即可。

（5）设置显示字段。设计网格的第 4 行是"显示"行，行上的每一列都有复选框，用来确定其对应的字段是否出现在查询结果中。默认选中复选框，如果在查询结果不显示相应字段，应取消该复选框。本例"政治面貌"只作为检索条件并不在显示结果中，故应取消"政治面貌"字段"显示"行复选框的勾选。

（6）输入查询条件。在"政治面貌"字段列"条件"行单元格中输入条件：党员；在"入学总分"列的"条件"行单元格输入：>=620。这两个条件要同时满足，是"与"的关系，应在同一条件行。设置结果如图 4-14 所示。

（7）保存该查询。将其命名为"例 4-3 入学总分 620 以上的党员记录"。

（8）运行查询。关闭查询设计视图，在左侧导航窗格的查询对象列表中，双击"例 4-3 入学总分 620 以上的党员记录"，查询结果如图 4-15 所示。

图 4-14　　"排序""显示"和"条件"行设置　　　　　　图 4-15　例 4-3 查询结果

　　　　　两个查询条件如果是"或"的关系，应将其中一个放在"或"行上；两个查询条件如果是"与"的关系，应将其放在同一行上。查询条件的运算符必须为英文符号。

4.3　查询的运行和修改

运行查询实际上就是打开该查询的"数据表视图"窗口，以表格形式显示该查询结果的动态记录数据集。修改查询实际上就是打开该查询的"设计视图"窗口，对查询所包含的字段及条件等进行修改。

4.3.1　查询的运行

运行查询，可以在保存查询设计之后；也可以在设计视图中一边设计一边运行，便于查看设计效果和修正设计。概括来说运行查询有以下 5 种基本方法。

（1）在查询"设计视图"窗口，直接单击"结果"选项组的"运行！"按钮。

（2）在查询"设计视图"窗口，直接单击"结果"选项组的"视图"按钮（默认是"数据表视图"）；或者在"视图"下拉列表中切换到"数据表视图"。

（3）在查询"设计视图"窗口，右键单击设计视图空白处，打开快捷菜单，单击"数据表视图"命令。

（4）双击"导航窗格"中查询对象列表中要运行的查询名称。

（5）右键单击"导航窗格"中查询对象列表中要运行的查询名称，打开快捷菜单，单击"打开"命令。

除上述 5 种运行查询的方法之外，还有在"宏"中运行查询以及在"模块"中运行查询的方法。

4.3.2　查询的修改

对已经创建的查询有时需要修改设计。修改查询设计就是打开某个查询的"设计视图"窗口，对查询进行更改，如添加、删除数据源；在"设计网格"中添加、删除字段；进行重新排序设置等。

下面通过实例介绍在设计视图中修改查询的方法。

【例 4-4】 在"学生成绩管理"数据库中，对已经创建好的名为"例 4-3 入学总分 620 以上的党员记录"的查询对象进行"复制""粘贴"操作，产生出一个新的名为"例 4-4 查询入学总分620 分以上的学生"查询。然后对新建的查询进行如下修改：检索入学总分 620 分以上的学生记录，并要求按"性别"升序、"入学总分"降序对查询结果的记录进行排序（即先按"性别"字段值升序排序，当"性别"字段值相同时再按"入学总分"字段值降序排序），并要求显示学号、姓名、院系名称、性别和入学总分字段。

分析：对于要求显示"院系名称"字段，需要先在该查询的"设计视图"窗口中添加院系代码表，然后在"设计网格"区，把原来的学生表的"院系代码"字段更改为院系代码表的"院系名称"字段。其他更改按查询要求进行相应的设置。

通过复制、粘贴的方法建立"例 4-4 查询入学总分 620 分以上的学生"查询，方法如下。

（1）选择复制对象，在导航窗格中单击"例 4-3 入学总分 620 分以上的党员记录"查询，然后单击"开始"选项卡"剪贴板"选项组中复制按钮（也可以使用 Ctrl+C 组合键）。

（2）单击"开始"选项卡"剪贴板"选项组中粘贴按钮（也可以使用 Ctrl+V 组合键），打开"粘贴为"对话框，在对话框中的"查询名称"标签下的文本框中输入"例 4-4 查询入学总分 620 分以上的学生"，如图 4-16 所示。

图 4-16　"粘贴为"对话框

（3）单击"确定"按钮。此时在导航窗格中"例 4-4 查询入学总分 620 分以上的学生"查询对象已经存在了。

下面按照题目要求对"例 4-4 查询入学总分 620 分以上的学生"查询进行修改设计，具体操作步骤如下。

（1）在导航窗格中右键单击"例 4-4 查询入学总分 620 分以上的学生"，打开快捷菜单，单击"设计视图"命令，显示该查询的设计视图窗口。

（2）添加数据源"院系代码表"。在"查询工具"下"设计"选项卡"查询设置"选项组中单击"显示表"，在"显示表"对话框中添加"院系代码表"。

（3）添加"院系名称"字段。单击"院系代码"字段列下的"表"行右侧下拉按钮，在表名下拉列表框中选择"院系代码表"。然后单击"院系代码"字段单元格的下拉按钮，选择"院系名称"字段。

（4）重新设置排序。单击"性别"字段列"排序"行单元格下拉按钮，选择"升序"；单击"入学总分"字段列"排序"行单元格下拉按钮，选择"降序"。

（5）删除"政治面貌"字段。修改设置如图 4-17 所示。

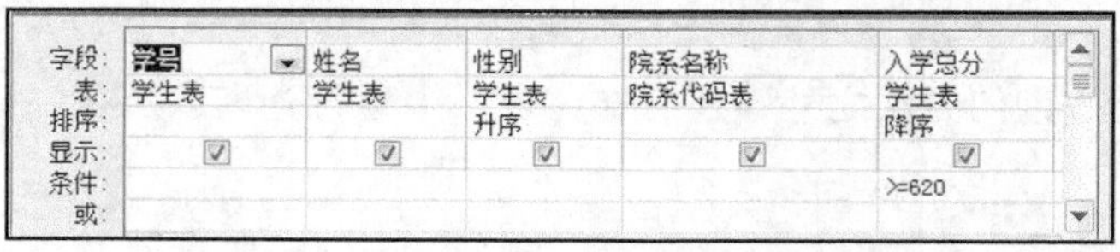

字段:	学号	姓名	性别	院系名称	入学总分
表:	学生表	学生表	学生表	院系代码表	学生表
排序:			升序		降序
显示:	✓	✓	✓	✓	✓
条件:					>=620
或:					

图 4-17　修改后的查询设计视图

（6）调整列宽。把鼠标指针移到字段"列选定器"的右边界，使鼠标指针变成双箭头时拖动鼠标调整查询的列宽。

（7）保存更改。单击查询"设计视图"窗格右上角的关闭按钮，在"是否保存对查询设计的更改"对话框中，单击"是"按钮，保存该查询设计的更改。

（8）运行查询，查询结果如图 4-18 所示。

図 4-18　例 4-4 查询结果

4.4　设置查询条件

正确设置查询条件是查询设计的重点和难点。需要将应用中的自然条件语言转化为查询条件表达式，如果查询条件设置有错误，查询就不能取得正确的结果，甚至无法执行。

4.4.1　表达式与表达式生成器

查询条件表达式由运算符、常量、函数和字段名等组成。运行查询时将它与查询字段值进行比较，从而找出满足条件的所有记录。

在查询的"设计视图"窗口中，若要对"设计网格"区中的某个字段指定条件，可以在该字段的"条件"行单元格中直接输入一个表达式。

对于比较复杂的表达式，当光标处于该字段的"条件"行单元格时，单击查询工具"设计"选项卡下"查询设置"选项组中的"生成器"按钮，打开表达式生成器，可以在表达式生成器中构造复杂的表达式。

【例 4-5】 在"学生成绩管理"数据库中，查询 1997 年出生的学生记录。使用表达式生成器构造该查询条件的操作步骤如下。

（1）打开查询设计视图，按题目要求添加数据源"学生表"，并添加学号、姓名和出生日期等字段。

视频 4-5

（2）将插入点置于"出生日期"字段列"条件"行单元格中，单击查询工具"设计"选项卡下"查询设置"选项组中的"生成器"按钮，打开表达式生成器，如图 4-19 所示。

（3）选择"表达式元素"框中的"操作符"，在"表达式类别"框中选择"全部"，则会在"表达式值"框中显示全部运算符，双击其中的"Between"运算符，此时表达式生成器如图 4-20 所示。

（4）将生成的表达式"Between<表达式>And<表达式>"中的两个<表达式>分别用#1997-1-1#和#1997-12-31#替换，如图 4-21 所示。

（5）单击"确定"按钮，关闭表达式生成器，返回查询设计视图，可看到"出生日期"字段列"条件"行单元格中该条件表达式已经生成。

（6）保存查询，命名为"例 4-5 查询"。

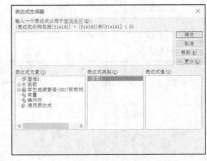

図 4-19　表达式生成器

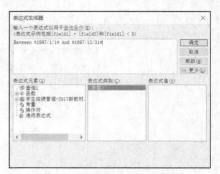

图 4-20　表达式生成器设置（一）　　　　　　图 4-21　表达式生成器设置（二）

 　在输入表达式时，除了汉字以外，像 "." "=" ">" "<" "(" ")" "[" "]" """ "%" "#" "*" "?" "!" 等所有字符必须是在英文输入法状态下输入。

1. 条件表达式中的常量

常量的值是保持不变的，主要的常量类型有：

（1）数字型常量：直接输入数值，例如，21、-45、50.34 等。

（2）文本型常量：直接输入的文本，需要用双引号作为定界符括起来，例如，"北京"、"108802"。输入时如不加定界符，系统会自动添加。

（3）日期型常量：日期型常量用英文符号#括起来，例如，#1997-1-1#。输入时如不加#号，系统会自动添加。

（4）是/否型常量：Yes、No、True、False、On、Off、-1、0。

2. 条件表达式中的运算符

Access 提供了 4 种运算符，分别是算术运算符、比较运算符、逻辑运算符和特殊运算符。4 种运算符功能介绍分别如表 4-1、表 4-2、表 4-3、表 4-4 所示。

表 4-1　　　　　　　　　　　　　　　算术运算符

运算符	功　能	运算符	功　能
+	加	−	减
*	乘	/	除
\	整除	^	乘方

表 4-2　　　　　　　　　　　　　　　比较运算符

运算符	功　能	设计网格应用示例		条件说明
		字段列	条件行	
=	等于	政治面貌	="党员"	政治面貌为党员（默认情况下可以省略=号）
<>	不等于	性别	<>"女"	不是女生
>	大于	出生总分	>#1998-1-1#	1998 年 1 月 1 日后出生
<	小于	入学总分	<680	入学总分小于 680
>=	大于等于	入学总分	>=620	入学总分大于或等于 620
<=	小于等于	出生总分	<=#1998-1-1#	1998 年 1 月 1 日前出生（含 1998 年 1 月 1 日）

表 4-3　　　　　　　　　　　　　　　　　逻辑运算符

运算符	功　能	设计网格应用示例		条件说明
		字段列	条件行	
Not	非运算，表达式必须是逻辑表达式	性别	Not　"女"	性别不是女生
And	与运算，当连接的两个逻辑表达式均为真时，结果为真；否则结果为假	入学总分	>=620 And <=720	入学总分在 620 与 720 之间
Or	或运算，当连接的两个逻辑表达式均为假时，结果为假；否则结果为真	院系代码	="130" Or ="180"	院系代码为 "130" 或 "180"

表 4-4　　　　　　　　　　　　　　　　　特殊运算符

运算符	功　能	设计网格应用示例		条件说明
		字段列	条件行	
In	用于指定一个字段值的列表	政治面貌	In("党员","团员")	政治面貌是 "党员" 或 "团员"
Between A And B	用于指定 A 与 B 之间的范围。A 与 B 要同类型	出生日期	Between #1998/01/01# And #1998/12/31#	在 1998 年 1 月 1 日至 1998 年 12 月 31 日之间出生
Like	指定某类字符串，配合使用通配符?、*。其中?表示任何一个字符；*表示任何多个字符	姓名	Like "*明*"	姓名包含 "明" 字
Is Null	测试列内容是否为空	姓名	Is Null	姓名是空值
Is Not Null	测试列内容是否不为空	姓名	Is Not Null	姓名不是空值

3．条件表达式中的函数

Access 提供了大量标准函数，如数值函数、字符函数和日期时间函数等。这些函数为更好设置条件表达式提供了丰富的功能。

表达式中函数书写形式：

函数名（参数）

其中括号必须有。常用函数格式及其功能分别如表 4-5、表 4-6、表 4-7 所示。

表 4-5　　　　　　　　　　　　　　　　　数值函数

函　数	功　能	函　数	功　能
Abs(数值表达式)	返回表达式的绝对值	Int(数值表达式)	返回表达式的整数部分值
Sqr(数值表达式)	返回表达式的平方根	Round(数值表达式, N)	返回数值表达式四舍五入到 N 位小数位数

表 4-6　　　　　　　　　　　　　　　　　字符函数

函　数	功　能	应用示例	条件说明
Left(字符串表达式，数值表达式)	返回从字符串左侧算起的指定数量的字符	Left([学号],4)="1171"	学号前 4 位字符为 "1171"
Right(字符串表达式,数值表达式)	返回从字符串右侧算起的指定数量的字符	Right([姓名],1)="辉"	姓名最后一个字为 "辉"

续表

函　数	功　能	应用示例	条件说明
Mid(字符串表达式，开始字符位置，数值表达式)	返回字符串中从指定位置开始、指定数量的字符	Mid([姓名],2,1)="小"	姓名第二个字为"小"
Len(字符串表达式)	返回该字符串的字符数	len([姓名])=3	姓名长度为 3 个字
Ltrim(字符串表达式)	删除字符串前面的空格	Ltrim([姓名])	删除姓名前面的空格
Rtrim(字符串表达式)	删除字符串后面的空格	Rtrim([姓名])	删除姓名后面的空格
Trim(字符串表达式)	删除字符串前后的空格	Trim([姓名])	删除姓名前后的空格

表 4-7　　　　　　　　　　　　日期时间函数

函　数	功　能	应用示例	条件说明
Day(日期表达式)	返回日期表达式的日	Day([出生日期])=8	8 号出生
Month(日期表达式)	返回日期表达式的月份	Month([出生日期])=2	2 月出生
Year(日期表达式)	返回日期表达式的年	Year([出生日期])=1998	1998 年出生
Date( )	返回当前系统日期	Year(Date( ))-Year([出生日期])=18	年龄为 18 岁
Hour(日期时间表达式)	返回日期时间表达式的小时	Hour(#2017-10-10　12:12:30#)	返回值为 12 时

【例 4-6】　在"学生成绩管理"数据库中，查询学生表中 1997 年出生的学生记录。

分析：查询 1997 年出生的学生，条件表达式可以表示为：Year([出生日期])=1997，在表达式生成器中生成该表达式的操作步骤如下。

（1）打开查询设计视图，按题目要求添加数据源"学生表"，并添加学号、姓名和出生日期等字段。

（2）将插入点置于"出生日期"字段列"条件"行单元格中，单击查询工具"设计"选项卡下"查询设置"选项组中的"生成器"按钮，打开表达式生成器。

视频4-6

（3）单击"表达式元素"框中"函数"左侧展开按钮⊞，选择"内置函数"；在"表达式类别"框中选择"日期／时间"；在"表达式值"框中双击"Year"，则在上部显示表达式：Year(«Date»)，如图 4-22 所示。

（4）单击表达式中«Date»部分，呈现蓝色，单击"表达式元素"框中"学生成绩管理.accdb"左侧展开按钮⊞，继续单击"表"左侧展开按钮⊞，选择"学生表"，在"表达式类别"中双击"出生日期"字段，则在上部表达式设置区中显示"Year([学生表]![出生日期])"，如图 4-23 所示。

图 4-22　表达式生成器函数设置之一

图 4-23　表达式生成器函数设置之二

（5）直接在表达式后输入：=1997，单击"确定"按钮，关闭表达式生成器，返回查询设计视图。

（6）运行查询，结果如图 4-24 所示。

（7）保存查询，命名为"例 4-6 查询"。

图 4-24　例 4-6 运行结果

本例表达式也可以在设计网格"条件"行中直接输入：

```
Year([出生日期])=1997
```

4.4.2　在设计网格中设置查询条件

在查询设计视图窗口中的"设计网格"区中，"条件"行、"或"条件行下边紧接着的若干空白的单元格，均可用来设置查询条件的表达式。写在"条件"同一行不同单元格的条件是"与"的关系，即这些条件需要同时满足；不同行的条件是"或"的关系，即这些条件只要满足其一即可。

下面通过实例介绍在设计网格中设置查询条件的方法。

【例 4-7】　查询男生党员入学总分在 680（含 680）以上的记录。

分析：题目要求同时满足 3 个条件：性别为"男"，政治面貌为"党员"，入学总分大于等于680。3 个条件是"与"的关系，因此应在同一"条件"行上。其设计网格区设置如图 4-25 所示，查询结果如图 4-26 所示。

图 4-25　"与"查询条件设置　　　　图 4-26　例 4-7 查询结果

【例 4-8】　查询入学总分在 580（不含 580）以下以及入学总分在 680（含 680）分以上的记录。

分析：查询条件"入学总分<580"或者"入学总分>=680"，两个条件满足其一即可，是"或"的关系。其设计网格设置如图 4-27 所示，查询结果如图 4-28 所示。

视频 4-7

本例查询条件也可以在"入学总分"列"条件"行单元格中输入：>=680 Or <580。

在实际应用中，许多查询的数据源涉及多张表，多张表之间必须首先建立关联关系。

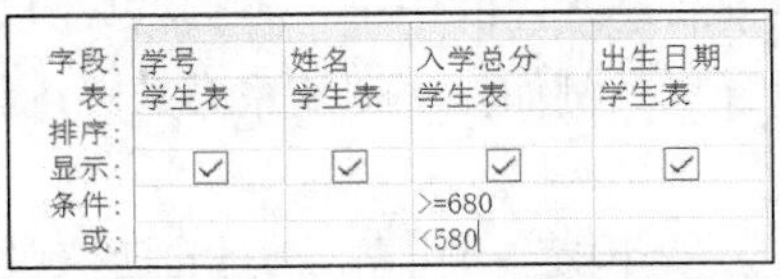

图 4-27　同一字段"或"查询条件设置 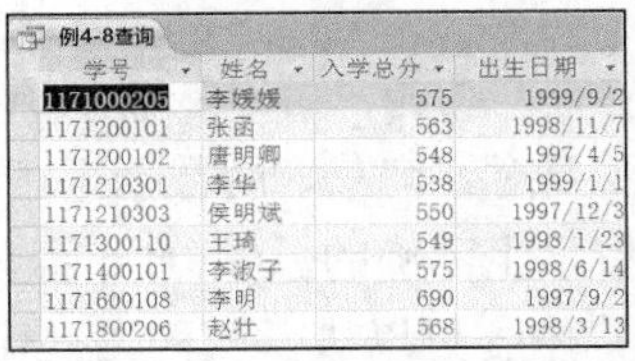　　　　图 4-28　例 4-8 查询结果

【例 4-9】　查询 1998 年出生的入学总分在 580（不含 580）以下以及入学总分在 680（含 680）分以上的学生记录。

分析：可以利用例 4-8 查询的结果作为数据源，在"显示表"对话框中选择"查询"选项卡，如图 4-29 所示，设计网格中对"出生日期"字段设置

视频 4-8

条件为"Between#1998/1/1# And #1998/12/31#"，如图 4-30 所示。

也可以在"出生日期"列"条件"行单元格中输入：>=#1998/1/1# And <=#1998/12/31#。

图 4-29　数据源的选择　　　　　　　　　　　图 4-30　例 4-9 查询设计视图

【例 4-10】　在"学生成绩管理"数据库中，查询选修"高等数学"且姓"王"的同学以及选修"模拟电子技术基础"且姓"李"的同学的学号、姓名、课程名称及成绩。

分析：查询用到的学号、姓名、课程名称及成绩字段分别来自"学生表"、"课程表"和"选课成绩表"3 张表，因此数据源应添加这 3 张表。

查询条件中选修"高等数学"且姓"王"的同学，相当于两个条件"与"的关系，应在同行；选修"模拟电子技术基础"且姓"李"的同学，也是"与"的关系，也应在同行。最后两个复合条件再进行"或"运算。姓"李"的条件可以用表达式：like"李*"；也可以用函数：left([姓名],1)="李"。设计视图如图 4-31 所示，运行结果如图 4-32 所示。

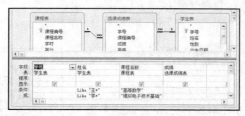 

图 4-31　例 4-10 查询设计视图　　　　　　　图 4-32　例 4-10 查询结果

4.5　设置查询的计算

通过数据库的查询功能，可以从数据源中检索满足条件的记录，查询结果只是表中原有的数据。实际上经常需要对查询获取的数据进行统计分析。例如，统计院系个数；统计某年出生的学生人数；统计每位学生已修的总学分数等。

在 Access 查询中，可以执行两种类型计算：一是预定义计算；二是自定义计算。

4.5.1　预定义计算

预定义计算又称总计计算，是通过聚合函数对查询中的分组记录或全部记录进行"总计"计算，例如求总和、平均值、计数、最小值和最大值等。

1. 预定义计算的总计选项

计算中使用的聚合函数全部可以在查询设计视图"设计网格"区"总计"行的任一单元格的下拉列表中找到。使用时需要在查询工具"设计"选项卡中单击"隐藏/显示"选项组中"汇总"按钮，否则设计网格中不会出现"总计"行和总计选项。Access2010 的主要选项名称及功能如表 4-8 所示。

表 4-8 总计选项名称及功能

名 称	功 能
Group By	定义要执行计算的组
合计	计算一组记录某数值型字段的总和
平均值	计算一组记录某数值型字段的平均值
最大值	计算一组记录某数值型字段的最大值
最小值	计算一组记录某数值型字段的最小值
计数	计算一组记录中记录的个数
Stdev	计算一组记录某数值型字段的标准偏差
First	一组记录某字段的第一个值
Last	一组记录某字段的最后一个值
Expression	创建一个由表达式产生的计算字段
Where	设定不用于分组的字段条件

2. 总计查询

总计查询是通过查询设计视图中"设计网格"的"总计"行进行设置实现的，用于对查询中的一组记录或全部记录进行计数、求和或平均值等计算。

【例 4-11】在"学生成绩管理"数据库中创建一个查询，统计院系个数。

分析：本查询的运行结果实际就是统计"院系代码表"的记录个数。具体操作步骤如下。

（1）打开查询设计视图，添加数据源"院系代码表"。添加字段"院系代码"。

视频 4-9

（2）单击"查询工具"下"设计"选项卡"显示/隐藏"选项组的"汇总"按钮，在"设计网格"区出现"总计"行，如图 4-33 所示。

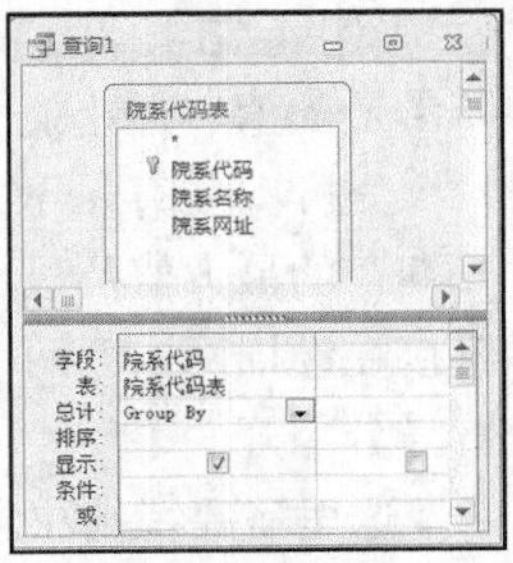

（3）单击"设计网格"区"院系代码"字段的"总计"行"Group By"单元格，在该单元格右侧显示下拉按钮，单击下拉按钮，在显示的聚合函数下拉列表框中选择"计数"，此时"设计网格"如图 4-34 所示。

（4）运行查询，显示如图 4-35 所示结果。查询结果中默认显示的列标题为"院系代码之计数"，可读性较差，Access 提供了修改列标题的功能，方法有两种，分别是：

图 4-33 "总计"行

- ❑ 在设计网格中单击"院系代码"字段，单击"设计"选项卡"显示/隐藏"选项组中的"属性表"按钮，打开"院系代码"字段的属性表窗口。在"标题"右侧单元格输入："院系个数"，结果如图 4-36 所示；
- ❑ 在设计网格中"院系代码"字段单元格中直接命名，方法是：将输入点置于设计网格"院系代码"字段前，直接输入："院系个数:"，其中":"要在英文状态下输入。

图 4-34　在设计网格中选定"计数"　　图 4-35　查询运行结果　　图 4-36　字段标题更改结果

（5）保存查询，命名为"例 4-11 查询"。

上例完成的是最基本的统计操作，没有设置条件，实际往往需要对符合条件的记录进行统计查询。

【例 4-12】在"学生成绩管理"数据库中查询 1998 年出生的学生人数。

分析：本查询实际上是要统计"学生表"中 1998 年出生的记录个数。具体操作步骤如下。

（1）打开查询设计视图，添加数据源"学生表"。因为条件需要"出生日期"字段，学生人数需要对"学号"字段个数进行统计，因此添加学号、出生日期两个字段。

（2）设置条件。在"出生日期"字段列"条件"行输入：Year([出生日期])=1998。

（3）总计选项。单击"查询工具"下"设计"选项卡"显示/隐藏"选项组的"汇总"按钮，"设计网格"区出现"总计"行。单击"设计网格"区"学号"字段列"总计"行"Group By"单元格右侧下拉按钮，在聚合函数列表中选择"计数"。因为"出生日期"字段是条件，因此"出生日期"字段"总计"行选择"Where"。

（4）修改"学号"字段标题为"1998 年出生学生人数"。通过"学号"字段属性表窗口修改，其设计网格如图 4-37 所示。

（5）保存查询，命名为"例 4-12 查询"，运行查询结果如图 4-38 所示。

图 4-37　例 4-12 设计网格　　　　　　　图 4-38　例 4-12 查询结果

在实际应用中，有时需要对查询所得数据进行分组统计。分组的操作只需在设计视图中将用于分组字段的"总计"行设置成"Group By"即可，但按照何种规则分组要根据需要经过分析设计，才能获得最终的结果。查询结果往往是每组一条记录。

【例 4-13】在"学生成绩管理"数据库中创建查询，要求从"学生表"中分组统计男女生的年龄最大值、最小值。

分析：本例有分组，按照题目要求，应选择"性别"字段作为分组依据。因为要统计"出生日期"的最大值及最小值，所以需要添加两个"出生日期"字段。为了提高字段显示可读性，可直接在设计网格区两个"出生日期"字段前依次输入："年龄最小:""年龄最大:"，中间用英文的冒号分隔开。

这里需要特别注意：年龄最小指"出生日期"字段值最大，所以"总计"行聚合函数应选"最大"；反之亦然。其设计视图和运行结果分别如图 4-39、图 4-40 所示。

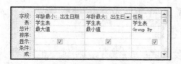 

图 4-39　分组统计设计视图　　　　　图 4-40　分组统计结果

【例 4-14】 在"学生成绩管理"数据库中创建查询，统计每一个学生已修的总学分数。对于每个学生来说，只有某门课程的成绩大于等于 60 分才能计算该门课程的学分。要求在查询结果中显示学号、学生姓名和总学分字段。

视频 4-10

分析："学生表"中有"学号"和"姓名"两个字段，在"选课成绩表"中有"成绩"字段，在"课程表"中有"学分"字段，因此在创建该查询时数据源要添加"学生表""选课成绩表"和"课程表"3 张表。

因为"成绩"作为条件，所以也应被添加到设计网格中，本例应添加"学号""姓名""学分"和"成绩"4 个字段。

按照题目要求选择"学号"作为分组字段，该字段"总计"行设为"Group By"；"学分"需要计算求和，故该字段"总计"行设为"合计"；"姓名"字段不分组计算，只需显示同一"学号"组中第一个记录字段值，因此该字段"总计"行设为"First"，列标题显示为"学生姓名"；因为成绩在 60 分以上才可以获得学分，"成绩"字段只是作为条件，其"总计"行设为"Where"。"成绩"字段列"条件"行单元格输入条件：>=60。

查询设计视图、查询结果分别如图 4-41、图 4-42 所示。

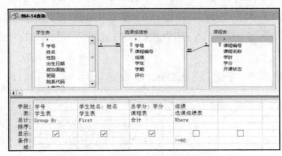

图 4-41　查询设计视图

图 4-42　分组查询结果

4.5.2　自定义计算

当需要统计的字段未出现在表中，或者用于计算的数据来源于多个字段时，应在设计网格中添加一个计算字段。自定义计算，就是在设计视图中直接用表达式创建计算字段，用一个或多个字段的数据对每个记录进行相应的计算。

下面通过实例介绍自定义计算查询的设计过程。

【例 4-15】 在"学生成绩管理"数据库中创建成绩评价查询，要求显示学号、姓名、课程编号、课程名称和成绩字段，并依据每门课程的成绩进行"评价"，分数在 90（含 90）分以上填入"优"；80 ～ 90（含 80、不含 90）分的填入"良"；分数在 70 ～ 80（含 70、不含 80）分的填入"中"；分数在 60 ～ 70（含 60、不含 70）分的填入"及格"；否则填入"不及格"。具体操作步骤如下。

（1）打开查询设计视图创建查询，添加"学生表""选课成绩表"和"课程表"3 张表，添加学号、姓名、课程编号、课程名称和成绩字段。

（2）添加新字段列。在"字段"行键入"评价: IIf([成绩]>=90,"优",IIf([成绩]>=80,"良",IIf([成绩]>=70,"中",IIf([成绩]>=60,"及格","不及格"))))"，设计网格设置如图 4-43 所示。

图 4-43　"成绩评价查询"设计视图

（3）运行并保存查询，命名为"成绩评价查询"，结果如图 4-44 所示。

图 4-44　成绩评价查询运行结果

【例 4-16】　在"学生成绩管理"数据库中创建学生年龄查询，要求显示学号、姓名、性别和年龄。

分析：学生年龄可以用"Year(Date())-Year([出生日期])"表达式来计算，其中 Year(Date())求得当前日期的年，例如，当前日期 Date()的值为#2017-10-1#，则 Year(Date())的值为 2017。出生日期的值为#1997-1-2#，则 Year([出生日期])=1997。Year(Date())-Year([出生日期])的计算结果为 2017-1997=20。

添加新字段列，在空字段单元格中输入："年龄: Year(Date())-Year([出生日期])"。设计视图及运行结果分别如图 4-45、图 4-46 所示。

图 4-45　学生年龄查询设计视图　　　　图 4-46　学生年龄查询运行结果

4.6　交叉表查询

使用交叉表查询可以计算并重新组织数据表的结构，这样可以更加方便地分析数据。交叉表查询通常将一个字段放在数据表左侧作为行标题，另一个字段放在数据表的顶端作为列标题，并在数据表行与列的交叉点单元格获得汇总数据的信息，如合计、平均值和计数等。在交叉表查询中，行标题最多可以指定 3 个字段，但只能指定一个列标题字段和一个总计类型字段。

交叉表查询既可以使用向导创建，也可以使用设计视图创建。

4.6.1　使用向导创建交叉表查询

使用交叉表查询向导可以快速生成一个基本的交叉表对象，如果有需要可以再使用查询设计视图对交叉表查询对象进行修改。

【**例 4-17**】 在"学生成绩管理"数据库中创建一个交叉表查询，统计各班级男女生人数，查询结果如图 4-47 所示。

分析：行标题是"班级"字段，列标题是"性别"字段，行与列交叉处的计算值则选择对"学号"字段进行"Count"计数统计。操作步骤如下。

图 4-47　交叉表查询示例

（1）打开"学生成绩管理"数据库，单击"创建"选项卡上"查询"选项组中的"查询向导"按钮，在打开的"新建查询"对话框中选择"交叉表查询向导"，单击"确定"按钮。

（2）选择数据源。在"交叉表向导对话框"中，首先选择"视图"框中"表"选项，然后在右侧的表名称列表中选择"表：学生表"，单击"下一步"按钮。

（3）选择行标题。选中"班级"字段（或单击"班级"，再单击 $\boxed{>}$ ），即将该字段移到"选定字段"列表框，如图 4-48 所示。单击"下一步"按钮。

（4）选择列标题。选中"性别"字段，如图 4-49 所示。单击"下一步"按钮。

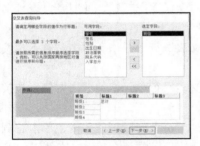

图 4-48　选定行标题

图 4-49　选定列标题

（5）确定行列交叉处的计算数据。在该对话框中"字段"列表框中选择"学号"，在"函数"列表框中选择"Count"函数。取消"请确定是否为每一行作小计："下方的复选框，即不为每一行做小计，如图 4-50 所示。单击"下一步"按钮。

（6）指定查询名称。在"请指定查询名称："下方的文本框中输入"例 4-17 交叉表查询"，如图 4-51 所示。单击"完成"按钮，完成交叉表的创建。

图 4-50　指定计算函数

图 4-51　指定查询名称

4.6.2　使用设计视图创建交叉表查询

如果创建交叉表查询的数据来源于多张表，或来自于某个字段的部分值，那么就需要使用交叉表设计视图创建交叉表查询。

【例 4-18】 在"学生成绩管理"数据库中，创建一个交叉表查询，统计各院系每门课程成绩不及格的人数。

视频4-11

分析：查询用到的课程名称、院系名称，分别来自"课程表"和"院系代码表"，不及格人数需要对"选课成绩表"中不及格学生的学号进行计数统计，而"院系代码表"只与"学生表"有关系，所以 4 张表都必须添加为数据源。交叉表查询向导不支持从多个表中选择字段，因此需要在设计视图中创建交叉表查询。不及格的人数隐含着"成绩<60"的条件，因此"成绩"字段也必须添加。具体操作步骤如下。

（1）添加数据源。打开"学生成绩管理"数据库，打开查询设计视图，添加"学生表""选课成绩表""院系代码表"和"课程表"作为数据源。

（2）添加字段。双击课程表的"课程名称"字段，将其添加到设计网格中"字段"行第 1 列；同样方法双击院系代码表的"院系名称"字段及选课成绩表的"学号""成绩"字段，分别将其添加到"设计网格"中"字段"行第 2 列、第 3 列和第 4 列。

（3）单击"设计"选项卡中"查询类型"选项组的"交叉表"按钮，此时查询设计网格中增添了"总计行"和一个"交叉表"行。

（4）选定行标题。单击"课程名称"字段列的"交叉表"行单元格，单击右侧下拉按钮，在显示的下拉列表中选择"行标题"。

（5）选定列标题。单击"院系名称"字段列的"交叉表"行单元格，单击右侧下拉按钮，在显示的下拉列表中选择"列标题"。

（6）行与列交叉计算数据确定。单击"学号"字段列"交叉表"行单元格，单击右侧下拉按钮，在显示的下拉列表中选择"值"，单击该字段列"总计"行单元格，单击右侧下拉按钮，选择"计数"。

（7）设置条件。单击"成绩"字段列"总计"行单元格，单击右侧下拉按钮，选择"Where"，在该列条件行输入："<60"，其设计网格如图 4-52 所示。

（8）保存查询，命名为"例 4-18 交叉表查询"，运行结果如图 4-53 所示。

图 4-52　例 4-18 交叉表查询设计视图

图 4-53　例 4-18 交叉表查询显示结果

4.7　参数查询

在实际使用查询时，有时需要根据某个字段的不同值进行动态查询，频繁在查询设计层面更改查询条件显然很麻烦，这就需要使用参数查询。

例如，要查询某个同学的成绩，就要在"姓名"列条件行中输入具体的姓名，由于这个条件是固定的，该查询的结果是该特定学生的成绩，如果需要查询其他同学的成绩，就必须重新修改查询设计视图的条件列，操作缺乏灵活性。而使用参数查询，则可以在每次运行查询时输入不同的值，这种输入完全由用户控制，能在一定程度上提高查询的灵活性。

参数查询有单参数查询和多参数查询。

4.7.1　单参数查询

单参数查询是需要指定一个参数的查询，是参数查询最简单的一种形式。

创建参数查询的步骤与选择查询类似，只是在条件行不再输入具体的表达式，而是用方括号"[]"占位，并在其中输入提示文字，就完成了参数查询的设计。查询运行时会打开一个对话框，显示信息以提示用户输入，当用户输入后会用这个输入值替代方括号的位置，从而动态生成查询条件，执行查询后得到查询结果。

视频4-12

【例 4-19】　在"学生成绩管理"数据库中，创建单参数查询，要求按学生姓名查找学生成绩，并显示学号、姓名、课程名称和成绩字段。

分析：学号、姓名、课程名称和成绩 4 个字段分别来自于"学生表""课程表""选课成绩表"，所以数据源需要添加 3 张表。具体操作步骤如下。

（1）打开设计视图，按要求添加"学生表""课程表"和"选课成绩表"作为数据源，然后再添加所需字段列。

（2）在"姓名"字段列"条件"行单元格输入："[请输入姓名]"，如图 4-54 所示。

图 4-54　参数查询设计视图

（3）运行查询。这时显示对话框，提示"请输入姓名"，该文本就是在"条件"单元格中输入的参数查询内容，按需要输入参数值，如参数值有效，则显示满足条件记录。本例输入"侯明斌"，如图 4-55 所示。结果显示如图 4-56 所示。

（4）保存该查询，命名为"例 4-19 查询"。

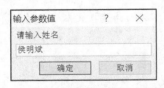

图 4-55　输入参数对话框

图 4-56　例 4-19 查询的结果显示

在参数查询中，在条件行中输入的参数条件（用[]占位符括起来的部分）实际上是一个变量，查询运行时用户输入的参数将存储在该变量中，执行查询时系统自动将字段或表达式的值与该变量的值进行比较，根据比较结果显示相应的查询结果。

4.7.2　多参数查询

需要在多个字段中指定参数或在一个字段中指定多个参数的查询称为多参数查询。多参数查询的创建和单参数查询类似，执行时根据设计视图从左到右的顺序，依次将参数输入对话框显示给用户，全部输入完毕后得到查询条件，然后得到运行结果。

【例 4-20】 在"学生成绩管理"数据库中，创建"学生党员查询"多参数查询以查询特定的党员，要求用参数查询确定查找的姓氏和性别。

分析：查询中的字段都来源于学生表。姓氏是指姓名的第一个字。具体操作步骤如下。

（1）打开查询设计视图，添加"学生表"作为数据源，然后再添加相关字段。

（2）在设计网格"条件"行按以下内容输入：

❑ 姓名列输入：Like [请输入姓氏] & "*"

❑ 性别列输入：[请输入性别]

❑ 政治面貌列输入："党员"

其中前两个条件包含参数，设计网格如图 4-57 所示。

图 4-57 多参数设计视图

（3）保存查询，命名为"例 4-20 查询"。

（4）运行查询，弹出"输入参数值"对话框，按顺序输入对话框要求的信息，如图 4-58、图 4-59 所示，本例分别输入了"李"和"男"，即查询姓李的男生党员，查询结果如图 4-60 所示。

图 4-58 "姓氏"参数输入对话框　　　　图 4-59 "性别"参数输入对话框

图 4-60 例 4-20 多参数查询显示结果

本例条件表达式：Like [请输入姓氏] & "*"中，"&"为连接文本信息的运算符。若输入参数值为"李"，则形成的查询条件为"李*"。

4.8 操作查询

一般的查询在运行过程中动态产生运行结果并显示给用户，查询结果不影响数据源。而操作查询可以对表中的记录进行追加、修改、删除。操作查询的运行会引起数据源的变化，因此，运行操作查询需要小心谨慎。

Access 提供 4 种类型操作查询：生成表查询、追加查询、更新查询和删除查询。

4.8.1 生成表查询

生成表查询的功能是利用一张或多张表中的全部或部分数据创建新表。这个表被保存在数据库对象中。

提示　利用生成表查询建立新表时，如果数据库中已有同名的表，则新表会覆盖该同名的表。

【例 4-21】　在“学生成绩管理”数据库中，创建一个生成表查询。要求将“选课成绩表”中不及格的学生相关信息，包括学号、姓名、课程编号、课程名称和成绩字段生成一个新表，并将其命名为“不及格学生信息”。

视频4-13

分析：学号、姓名可以从“学生表”中获得；课程编号、课程名称可以从“课程表”中获得；成绩可以从“选课成绩表”中获得。具体操作步骤如下。

（1）添加数据源。在查询设计视图中添加“学生表”“选课成绩表”和“课程表”3 张表。

（2）添加字段。在设计视图设计网格区，添加学号、姓名、课程编号、课程名称和成绩字段。

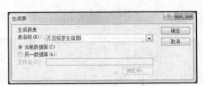

（3）设置条件。在“成绩”字段列“条件”行单元格输入条件：“<60”。

（4）选择查询类型。单击查询工具下“设计”选项卡“查询类型”选项组中的“生成表”按钮，打开“生成表”对话框，输入新表名称“不及格学生信息”，单击“当前数据库”单选钮，如图 4-61 所示。

图 4-61　生成表对话框

（5）保存查询。命名为“例 4-21 生成表查询”，关闭设计视图窗口。

（6）运行查询。双击导航窗格查询对象中的“例 4-21 生成表查询”，打开图 4-62 所示的对话框，单击“是”按钮，系统会继续打开图 4-63 所示的对话框。再次单击“是”按钮，则在导航窗格“表”对象列表中，已经生成了“不及格学生信息”表。

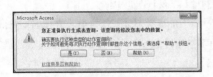

图 4-62　确认执行生成表对话框

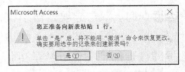

图 4-63　确认创建新表对话框

（7）双击导航窗格“表”对象列表中“不及格学生信息”对象，打开该表的数据表视图，如图 4-64 所示，该表当前有 1 条记录。

不及格学生信息

学号	姓名	课程编号	课程名称	成绩
1171000205	李媛媛	00800801	模拟电子技术基础	34

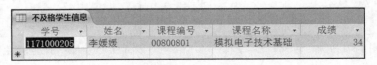

图 4-64　生成新表的数据表视图

提示　利用生成表查询建立的新表继承原表字段名称、数据类型以及字段大小属性。但是不继承其他的字段属性以及表的主键设置。

4.8.2　追加查询

追加查询的作用顾名思义是从数据表中提取记录，将其追加到另外一张表中，所以追加查询的前提是两个表必须具有相同的结构。

【例 4-22】在"学生成绩管理"数据库中，对已经创建好的"不及格学生信息"表通过复制、粘贴的方法产生出一个"低分数学生信息"表；然后创建一个追加查询，将成绩在 60～70 分的学生记录（包括"学号""姓名""课程名称""成绩"字段）添加到"低分数学生信息"表中。

分析：首先在设计视图中创建一个选课成绩在 60～70 分的学生信息查询，该查询应和"不及格学生信息"表具有相同的表结构。操作步骤如下。

（1）在导航窗格中单击"不及格学生信息"表，然后单击"开始"选项卡"剪贴板"选项组中复制按钮（也可以用 Ctrl+C 组合键）；单击"开始"选项卡"剪贴板"选项组中粘贴按钮（也可以用 Ctrl+V 组合键），打开"粘贴为"对话框，在对话框中的"表名称"标签下的文本框中输入"低分数学生信息"，"粘贴选项"选择"结构和数据"，如图 4-65 所示。

（2）打开查询设计视图创建查询，添加数据源，设计网格按图 4-66 所示进行设置。

图 4-65　粘贴表对话框

图 4-66　设计网格示例

（3）单击查询工具"设计"选项卡"查询类型"选项组中的"追加"按钮，打开"追加"对话框，在该对话框中输入"低分数学生信息"，选中"当前数据库"单选框，如图 4-67 所示。单击"确定"按钮，返回设计视图。

（4）保存查询，命名为"例 4-22 追加查询"。关闭设计视图窗口。

（5）运行查询。双击导航窗格中该查询对象，打开"确实要执行这种类型的动作查询吗"的提示对话框，单击"是"按钮，系统进一步提示"确实要追加选中行吗"，再次单击"是"按钮，查询的数据即被追加到"低分数学生信息"表的尾部。

（6）打开"低分数学生信息"表，追加前表中已有 1 条记录，追加了多条记录后如图 4-68 所示。

图 4-67　追加对话框设置

图 4-68　追加后"低分数学生信息"表

4.8.3　更新查询

更新查询可以对表中的部分记录或全部记录进行更改，在设计更新查询时需要填写适当条件。

【例 4-23】在"学生成绩管理"数据库中，创建一个更新查询，将"选课成绩表"中学期字段值为"1"的更改为"一"。具体操作步骤如下。

（1）打开查询设计视图窗口，添加"选课成绩表"作为数据源。添加"学期"字段到设计网格。

（2）在"学期"字段列"条件"行单元格输入条件："1"。

（3）单击查询工具"设计"选项卡下"查询类型"选项组中的"更新"按钮，在设计网格中增添"更新到"行，在"学期"字段列"更新到"行单元格中输入："一"，如图 4-69 所示。

（4）保存查询命名为"例 4-23 更新查询"。

（5）运行查询。双击导航窗格中该查询对象，系统会打开提示和确认对话框，全部单击"是"按钮。

（6）查看更新结果。双击导航窗格中"选课成绩表"对象，如图 4-70 所示。发现原来为"1"的学期字段值，现在已经更新为"一"。

图 4-69 例 4-23 设计网格

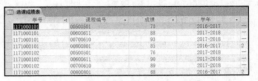

图 4-70 选课成绩表更新结果

4.8.4 删除查询

删除查询用于从数据库的表中删除多条记录，甚至整个表中记录，但并不能删除表的结构。

【例 4-24】 在"学生成绩管理"数据库中，创建一个删除查询。要求从"低分数学生信息"表中删除成绩在 60~70 分的记录。具体操作步骤如下。

（1）打开查询设计视图。添加"低分数学生信息"表作为数据源。添加"成绩"字段到设计网格。

（2）单击查询工具"设计"选项卡"查询类型"选项组中的"删除"按钮，在设计网格中增加"删除"行，单击该单元格会显示下拉按钮，单击下拉按钮，选择下拉列表中的"Where"选项。

（3）在"条件"行单元格输入条件："Between 60 And 70"。设计网格如图 4-71 所示。

（4）保存查询，命名为"例 4-24 删除查询"。

（5）运行该查询，系统打开提醒和确认对话框，确定后，发现删除记录后的"低分数学生信息"表中又恢复成了 1 条记录，如图 4-72 所示。

图 4-71 删除查询设计网格

图 4-72 删除记录后的低分数学生信息表

4.9　SQL 查询

SQL（Structure Query Language，结构化查询语言）是一种专门针对数据库操作的非过程化计算机语言，是关系数据库管理系统中的标准语言。使用方便，功能强大，因此被广泛应用在不同数据库系统中。

SQL 查询是使用 SQL 语句创建的查询。查询对象本质上是一条 SQL 语句编写的命令。在查询设计视图窗口中使用可视化的方式创建一个查询对象后，系统就自动将其转换为相应的 SQL 语句保存起来。运行一个查询对象实质上就是执行该查询中指定的 SQL 命令。

在如图 4-73(a)所示的查询设计视图窗口，为了能够看到查询对象相应的 SQL 语句，用户只要用鼠标单击开始选项卡"视图"选项组中的"SQL 视图"按钮，便可以切换到如图 4-73(b)所示的"SQL 视图"窗口。也就是说图 4-73(a)与图 4-73(b)运行的结果是一样的。

（a）设计视图　　　　　　　　　　（b）SQL 视图

图 4-73　查询的视图

在"SQL 视图"窗口环境中可以直接键入 SQL 语句或编辑已有的 SQL 语句，保存结果后同样可以得到一个查询对象。

在 Access 中，不是所有查询都可以在查询设计视图中进行设计，有些查询只能用 SQL 语句实现，例如 SQL 特定查询，是不能在查询设计视图中创建的。对于数据定义查询和联合查询，必须直接在"SQL 视图"中创建 SQL 语句。

4.9.1　SELECT 语句

SELECT 语句是对关系数据库的表做选择查询的一个命令，该命令支持对表中数据的选择、投影等运算。它可以返回指定的数据表中的全部或部分满足条件的记录集合。

1. SELECT 语句的一般格式
语法格式：

```
Select [All|Distinct|Top N] *|<字段名 1> [As 别名 1][,<字段名 2> [As 别名 2] ][, …]
From <表名 1>[,<表名 2>][, …]
[Where <条件表达式>]
[Group By <字段名 i>[,<字段名 j>][, …] [Having <条件表达式>] ]
[Order By <字段名 m> [Asc|Desc][, …<字段名 n> [Asc|Desc] ]
```

功能：从 FROM 子句指定的表中返回一个满足 WHERE 子句指定条件的记录集，该记录集中只包含 SELECT 语句中指定的字段。

命令说明如下。

（1）ALL：查询结果是满足条件的全部记录，默认值是 ALL。

（2）DISTINCT：查询结果是不包含重复行的记录。

（3）TOP N：查询结果是前 N 条记录。

（4）*：查询结果包含表或查询中的所有字段。

（5）AS：指定显示结果列标题名称。

（6）字段名：字段名之间使用 "," 分隔，字段可以来自单个表，也可以来自多个表。来自多个表的字段表示为：表名.字段名。

（7）FROM：说明查询的数据源。数据源可以是单个表，也可以是多个表，若有多个表使用 "," 分隔。

（8）WHERE：说明查询的条件。

（9）GROUP BY：用于对查询结果进行分组。

（10）HAVING：必须与 GROUP BY 一起使用，用来限定分组满足的条件。

（11）ORDER BY：用于对查询结果进行排序。可以按字段排序，也可以按表达式排序；ASC 表示升序，是默认值；DESC 表示降序。

SQL 命令的所有子句既可以写在同一行中，也可以分成多行书写；命令中的字母大写与小写含义相同。

2. 使用 SELECT 语句创建查询

【例 4-25】 在 "学生成绩管理" 数据库中使用 SQL 视图，查询 "学生表" 中所有学生的学号、姓名和出生日期。具体操作步骤如下。

视频 4-15

（1）利用查询设计创建一个查询，关闭显示表对话框，并切换到 "SQL 视图"，输入图 4-74(a)所示的 SQL 语句：

```
Select 学号,姓名,出生日期 From 学生表
```

在 SELECT 之后列出需要查询的字段名，字段名之间用英文逗号进行分隔。

（2）单击 "结果" 选项组中的 "运行" 命令，切换到数据表视图，结果如图 4-74(b)所示。单击 "结果" 选项组中的 "设计视图" 命令，切换到设计视图，可看到其 SQL 语句对应的设计视图，如图 4-75 所示。

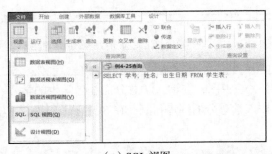

（a）SQL 视图 　　　　　　　　　　　（b）查询结果

图 4-74　例 4-25 查询结果

图 4-75　与 SQL 语句对应的设计视图

3. SELECT 语句简单查询示例

【例 4-26】在"学生成绩管理"数据库中使用 SQL 视图，查询"课程表"中全部记录。在 SQL 视图输入以下 SQL 语句：

```
Select * From 课程表
```

在 SELECT 之后用"*"来表示表中的所有字段。

【例 4-27】在"学生成绩管理"数据库中使用 SQL 视图，查询"学生表"中所包含的院系代码。在 SQL 视图输入以下 SQL 语句：

```
Select Distinct 院系代码 From 学生表
```

学生表中存在许多相同的"院系代码"，使用 Distinct 来消除查询结果中重复的记录。

【例 4-28】在"学生成绩管理"数据库中使用 SQL 视图，从"选课成绩表"中查询学生的学号、课程编号、成绩以及该成绩折算后的值（总成绩的 80%）。在 SQL 视图输入以下 SQL 语句：

```
Select 学号, 课程编号, 成绩, 成绩*0.8 As 折算后的成绩
From 选课成绩表
```

查询运行结果如图 4-76 所示。

图 4-76　例 4-28 查询结果

查询的列可以是字段，也可以是计算表达式。可以使用 As 指定显示结果列标题名称。

【例 4-29】在"学生成绩管理"数据库中使用 SQL 视图，查询入学总分前 3 名学生的学号、姓名、政治面貌、院系代码和入学总分，查询结果按入学总分的降序排列。在 SQL 视图中输入以下 SQL 语句：

```
Select Top 3 学号, 姓名, 政治面貌, 院系代码, 入学总分 From 学生表
Order By 入学总分 Desc
```

提示　查询前面部分记录通过 Order By 与 Top 子句实现；如查询前 10%的记录，可用 Top 10 Percent。

4. SELECT 语句条件查询示例

如果需要查询满足特定条件的记录，通常需要使用 WHRER 子句，该子句使用表达式指明查询的条件。

视频4-16

【例 4-30】　在"学生成绩管理"数据库中使用 SQL 视图，查询"学生表"中所有"男"同学的学号、姓名和性别。在 SQL 视图输入以下 SQL 语句：

```
Select 学号,姓名,性别 From 学生表 Where 性别="男"
```

【例 4-31】　在"学生成绩管理"数据库中使用 SQL 视图，查询"选课成绩表"中学号为"1171000205"的学生不及格课程的课程编号和成绩。在 SQL 视图输入以下 SQL 语句：

```
Select 课程编号,成绩 From 选课成绩表
Where 成绩<60 And 学号="1171000205"
```

【例 4-32】　在"学生成绩管理"数据库中使用 SQL 视图，查询"学生表"中"出生日期"在 1997/1/1 到 1997/12/31 之间的学生的学号、姓名、院系代码。在 SQL 视图输入以下 SQL 语句：

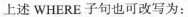

```
Select 学号,姓名,院系代码 From 学生表
Where 出生日期 Between #1997/1/1# And #1997/12/31#
```

视频4-17

上述 WHERE 子句也可改写为：

Where 出生日期>=#1997/1/1#　And 出生日期<=#1997/12/31#

【例 4-33】　在"学生成绩管理"数据库中使用 SQL 视图，查询"学生表"中入学总分在 600 以上的姓"李"同学的学号、姓名、性别和入学总分。在 SQL 视图输入以下 SQL 语句：

```
Select 学号,姓名,性别,入学总分 From 学生表
Where Left(姓名, 1)= "李" And 入学总分>=600
```

上述 WHERE 子句也可改写为：

Where 姓名 Like "李*"　And 入学总分>=600

视频4-18

【例 4-34】　在"学生成绩管理"数据库中使用 SQL 视图，查询"学生表"中 1997 年或 1998 年出生的学生的学号、姓名、出生日期和政治面貌。在 SQL 视图输入以下 SQL 语句：

```
Select 学号,姓名,出生日期,政治面貌 From 学生表
Where Year(出生日期)=1997 Or Year(出生日期)=1998
```

【例 4-35】　在"学生成绩管理"数据库中使用 SQL 视图，查询"学生表"中年龄为 18 岁学生的学号、姓名、政治面貌。在 SQL 视图输入以下 SQL 语句：

```
Select 学号,姓名,政治面貌 From 学生表
Where Year(Date())-Year(出生日期)=18
```

5. SELECT 语句分组及聚合函数示例

在实际应用中，通常不仅要求将表中的记录查询出来，还需要在原有数据的基础上，通过计算来输出统计结果。常用的聚合函数如表 4-9 所示。

表4-9 常用聚合函数

函数名	功 能	函数名	功 能
Sum()	对数值型字段求和	Max()/Min()	求最大值/最小值
Avg()	对数值型字段求平均值	First()/Last()	返回分组记录中的第一条/最后一条记录中的字段信息

【例4-36】 在"学生成绩管理"数据库中使用 SQL 视图，查询"选课成绩表"中课程编号为"00600611"这门课程的最高分、最低分和平均分。在 SQL 视图输入以下 SQL 语句：

```
Select Max(成绩) As 最高分, Min(成绩) As 最低分, Avg(成绩) As 平均分
From 选课成绩表 Where 课程编号="00600611"
```

查询运行结果如图4-77所示。

图4-77 例4-36运行结果

【例4-37】 在"学生成绩管理"数据库中使用 SQL 视图，查询学生表中各院系的学生人数。在 SQL 视图输入以下 SQL 语句：

```
Select 院系代码, Count(*) As 学生人数 From 学生表
Group By 院系代码
```

GROUP BY 子句可以将查询结果按照"院系代码"字段进行分组，具有相同院系代码的记录被分配在同一个组中，然后用 COUNT(*)来统计每个组中的记录个数。

【例4-38】 在"学生成绩管理"数据库中使用 SQL 视图，查询"选课成绩表"中各门课程的平均成绩，并保留一位小数位数，查询结果按平均成绩的降序排列。在 SQL 视图输入以下 SQL 语句：

```
Select 课程编号, Round(Avg(成绩),1) As 平均分
From 选课成绩表
Group By 课程编号
Order By Round (Avg(成绩),1) Desc
```

视频4-19

查询结果如图4-78所示。

ROUND (表达式, N) 对表达式四舍五入保留 N 位小数位数；通过 ORDER BY 子句实现排序，ORDER BY ROUND (Avg(成绩), 1) 可改写为 ORDER BY 2。

【例4-39】 在"学生成绩管理"数据库中使用 SQL 视图，查询"选课成绩表"中平均成绩在 75 分以上的学生的学号和平均分。在 SQL 视图输入以下 SQL 语句：

```
Select 学号, Avg(成绩) As 平均分 From 选课成绩表
Group By 学号 Having Avg(成绩)>=75
```

图4-78 例4-38查询结果

HAVING 子句必须和 GROUP BY 配合使用，用于指定约束条件。要注意与 WHERE 子句的不同之处在于：

（1）WHERE 子句在 GROUP BY 分组之前起作用；HAVING 子句在 GROUP BY 分组之后起作用。

（2）WHERE 子句作用于表，从表中选择满足条件的记录；HAVING 子句作用于 GROUP BY

分组，从分组中选择满足条件的组。

比较两个 SQL 语句：

语句 1：

```
Select 学号, Avg(成绩) As 平均分 From 选课成绩表
Group By 学号 Having Avg(成绩)>=75
```

语句 2：

```
Select 学号, Avg(成绩) As 平均分 From 选课成绩表
Where 成绩>=75
Group By 学号 Having Avg(成绩)>=75
```

例如，某一个学号对应的分组中有 5 个成绩{68,85,77,69,80}。语句 1 中 Having Avg(成绩)>=75 子句是先求出{68,85,77,69,80}的平均值等于 75.8，然后判断出是 75.8>=75，所以在结果中显示该学生的学号和平均分（75.8）；

语句 2 中先用 Where 成绩>=75 子句的查询{68,85,77,69,80}，满足查询的结果是{85,77,80}共 3 个成绩，然后再执行 Having Avg(成绩)>=75 子句是先求出{85,77,80}的平均值等于 80.67，然后判断出是 80.67>=75，所以在结果中显示该学生的学号和平均分（80.67）。即可以理解为对 75 分以上的成绩求平均值，按照 4-39 的要求，显然语句 2 是错误的。

【例 4-40】　在"学生成绩管理"数据库中使用 SQL 视图，查询至少选修了 3 门课的学生的学号。在 SQL 视图输入以下 SQL 语句：

```
Select 学号 From 选课成绩表
Group By 学号 Having Count(学号)>=3
```

6. Select 语句多表查询示例

如果查询结果的字段来自于多张不同的表，可以使用 Select 语句实现多表查询，要注意两点：

（1）若某个字段是多张表共有的字段，则该字段名前必须加表名，中间用"."间隔，格式为：

```
表名.字段名
```

视频4-20

（2）必须建立表之间相互关联字段的关联。可以用 WHERE 子句建立关联条件，多个关联条件要用 AND 连接；也可以用 JOIN 子句建立表间的关联。

【例 4-41】　在"学生成绩管理"数据库中使用 SQL 视图，查询学生的学号、姓名、院系名称和班级。在 SQL 视图中输入以下 SQL 语句：

```
Select 学号, 姓名, 院系名称, 班级
From 学生表, 院系代码表
Where 学生表.院系代码=院系代码表.院系代码
```

由于"院系代码"是学生表和院系代码表共有的字段，所以必须加上表名；其他字段均不同名，可以省略表名。

也可以每个字段均采用**表名.字段名**的形式，上例的 SQL 语句可以输入为：

```
Select 学生表.学号, 学生表.姓名, 院系代码表.院系名称, 学生表.班级
From 学生表, 院系代码表
Where 学生表.院系代码=院系代码表.院系代码
```

提示

每个字段均采用表名.字段名的形式可以清晰表达字段的来源，不足之处是书写繁琐；当程序员清楚知道每个表的字段结构时，可以只将表的共有字段采用该形式，非共有字段不加表名。

这里的表间关系也可以使用 JOIN 子句建立，上例的 SQL 语句可以输入：

```
Select 学号, 姓名, 院系名称, 班级
From 院系代码表
Inner Join 学生表 On 院系代码表.院系代码 = 学生表.院系代码
```

运行结果如图 4-79 所示。

其中：INNER JOIN（内连接）表示只包含两个表中连接字段相同行的等值连接。该例子中表示"院系代码表"与"学生表"依据"院系代码"字段进行等值连接。

内连接的结果中没有学生的那些院系名称被放弃了，如果需要显示全部院系名称的信息，包括那些没有学生的院系，则需要使用 LEFT JOIN（左外连接）的形式，表示包含"院系代码表"中的所有记录和"学生表"中连接字段相等的记录。

```
Select 学号, 姓名, 院系名称, 班级
From 院系代码表
Left Join 学生表 On 院系代码表.院系代码 = 学生表.院系代码
```

运行结果如图 4-80 所示。可以看出左外连接中包含了所有的"院系名称"，显示出了没有学生的"可再生能源学院""核科学与工程学院"及"数理学院"，同时其与学生表中对应的字段均为空值。

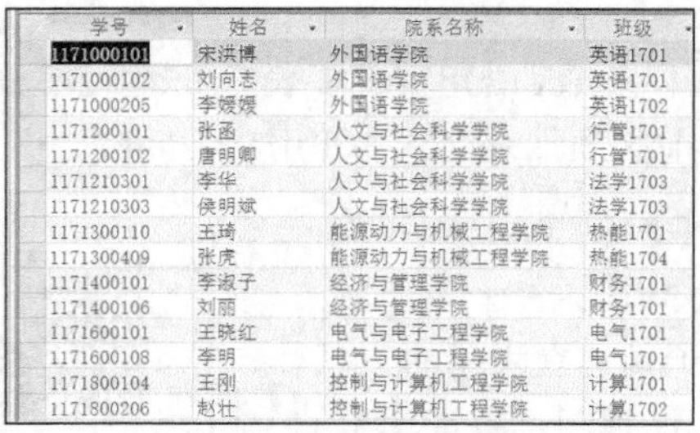

图 4-79　内连接的运行结果

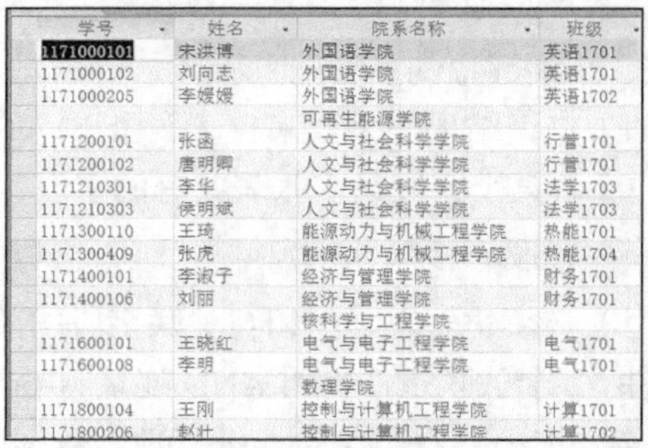

图 4-80　左外连接的运行结果

【例 4-42】　在"学生成绩管理"数据库中使用 SQL 视图，查询学生选修课程成绩。要求显示学号、姓名、课程名称和成绩字段。在 SQL 视图中输入以下 SQL 语句：

```
Select 学生表.学号,姓名,课程名称,成绩
From 学生表,课程表,选课成绩表
Where 学生表.学号=选课成绩表.学号 And 课程表.课程编号=选课成绩表.课程编号
```

该查询涉及到三个表，有两个关联条件，这两个关联条件是"与"的关系，用 AND 连接。

也可以使用 JOIN 子句内连接的方式完成三个表的等值连接，其 SQL 语句如下：

```
Select 学生表.学号,姓名,课程名称,成绩
From 课程表 Inner Join (学生表 Inner Join 选课成绩表 On 学生表.学号 = 选课成绩表.学号) On 课程表.课程编号 = 选课成绩表.课程编号
```

【例 4-43】　在"学生成绩管理"数据库中使用 SQL 视图，查询选课成绩在 90 分以上的学生的学号、姓名、课程名称和成绩，并按成绩降序排列。在 SQL 视图中输入以下 SQL 语句：

```
Select 学生表.学号,姓名,课程名称,成绩
From 学生表,课程表,选课成绩表
Where 学生表.学号=选课成绩表.学号 And 课程表.课程编号=选课成绩表.课程编号 And
成绩>=90
Order By 成绩 Desc
```

视频 4-21

WHERE 子句既可表示关联条件也可表示筛选条件,在该例中"学生表.学号=选课成绩表.学号 AND 课程表.课程编号=选课成绩表.课程编号"是关联条件;"成绩>=90"是筛选条件。两者用 AND 连接。

【例 4-44】 在"学生成绩管理"数据库中使用 SQL 视图,查询每门课程的平均分(保留 1位小数)、最高分和最低分,查询结果按"课程名称"升序排序。在 SQL 视图中输入以下 SQL语句:

```
Select 课程名称, Round(Avg(成绩),1) As 平均分, Max(成绩) As 最高分, Min(成绩) As 最低分
From 课程表, 选课成绩表
Where 课程表.课程编号=选课成绩表.课程编号
Group By 课程名称
Order By 课程名称
```

因为要查询每门课程的平均分,所以使用"Group By 课程名称"子句按照课程名称进行分组,本例分成了 8 个组,然后计算每个组内包含成绩的平均值、最大值和最小值。运行结果如图 4-81 所示。

视频 4-22

【例 4-45】 在"学生成绩管理"数据库中使用 SQL 视图,查询每个学生的学号、姓名和平均成绩(保留 2 位小数),查询结果按"平均成绩"降序排序。在 SQL 视图中输入以下 SQL 语句:

```
Select 学生表.学号, First(姓名) As 姓名, Round(Avg(成绩),2) As 平均成绩
From 学生表, 选课成绩表
Where 学生表.学号=选课成绩表.学号
Group By 学生表.学号
Order By Round(Avg(成绩), 2) Desc;
```

运行结果如图 4-82 所示。

课程名称	平均分	最高分	最低分
C语言	65	69	61
大学英语1级	90	90	90
电力生产技术概论	76	76	76
高等数学	78.4	100	66
马克思主义原理	82.3	93	65
模拟电子技术基础	75.8	92	34
数据库应用	88	95	76
自动控制原理	76.5	77	76

图 4-81 例 4-44 运行结果

学号	姓名	平均成绩
1171300110	王琦	88
1171000101	宋洪博	84
1171210301	李华	81.75
1171000102	刘向志	80.75
1171200101	张函	80.5
1171210303	侯明斌	78.5
1171200102	唐明卿	77
1171400101	李淑子	75.5
1171000205	李媛媛	74

图 4-82 例 4-45 运行结果

4.9.2 INSERT 语句

INSERT 语句是用于向表中添加记录的语句,该语句有两种基本的用法,一种是用于添加一条记录,另一种是从其他表中向目标表添加一条或多条记录。

(1)添加一条记录语法格式为:

```
Insert Into <表名> [(字段名1[, 字段名2[, …]])] Values (值1[, 值2[, ….]])
```

（2）添加多条记录语法格式为：

```
Insert Into <表名> [(字段1[, 字段2[, …]])] Select [源表名.]字段1[, 字段2[, …]]
From <源表名>
```

命令说明：

❑ 表名：指插入记录表的名字；

❑ 字段：指表中插入记录的字段名；

❑ VALUES：指定表中新插入字段的具体值。其中各常量的数据类型及个数必须与对应字段的数据类型和个数一致。

【例 4-46】 在"学生成绩管理"数据库中使用 SQL 视图，在"课程表"中添加 1 条新记录。添加记录内容为："00900050"，"大学物理"，64，4.0，True。在 SQL 视图输入以下 SQL 语句：

```
Insert Into 课程表(课程编号, 课程名称, 学时, 学分, 开课状态)
Values("00900050", "大学物理", 64, 4.0, True)
```

运行查询，弹出图 4-83 所示的对话框，单击"是"按钮。在导航窗格中，双击"选课成绩表"，发现在表中已经添加了指定记录，如图 4-84 所示。

图 4-83　提示对话框　　　　　　　　图 4-84　添加记录后的选课成绩表

4.9.3　UPDATE 语句

UPDATE 语句用于修改更新数据表中记录的内容。

语法格式：

```
Update <表名> Set <字段名1=值1[, 字段名2=值2, …]>
Where <条件表达式>
```

功能：对指定表中满足<条件表达式>的记录进行修改。如果没有 WHERE 子句，则对指定表的全部记录进行修改。

命令说明：

❑ 表名：指定要修改的表；

❑ 字段名 1=值 1：表示将<字段名 1>的值修改为<值 1>，涉及多个字段的修改时需要用逗号进行分隔；

❑ 条件表达式：用于指定只有满足条件的记录才能被修改。

【例 4-47】 在"学生成绩管理"数据库中使用 SQL 视图创建查询，将"选课成绩表"中学期为"2"的字段值更新为"二"。在 SQL 视图输入以下 SQL 语句：

```
Update 选课成绩表 Set 学期="二"
Where 学期="2"
```

视频4-23

单击"结果"选项组中的"运行"命令，打开图 4-85 所示的对话框，单击"是"按钮。在导航窗格中，双击"选课成绩表"，用数据表视图打开"选课成绩表"，结果如图 4-86 所示。

图 4-85　提示对话框　　　　　　图 4-86　更改字段值后选课成绩表

4.9.4　DELETE 语句

DELETE 语句用于删除数据表中的一个或多个记录。
语法格式：

```
Delete From <表名>Where <条件表达式>
```

功能：删除指定表中满足<条件表达式>的所有记录。如果没有 WHERE 子句，则删除该指定表的所有记录。

命令说明：
- 表名：指定要删除记录的表；
- 条件表达式：指定要删除的记录需要满足的条件。

【例 4-48】 在"学生成绩管理"数据库中使用 SQL 视图创建查询，将"学生表"中学号为"1171800206"的记录删除。在 SQL 视图中输入以下 SQL 语句：

```
Delete From 学生表 Where 学号="1171800206"
```

保存并运行该查询，在数据表视图中查看"学生表"，发现指定记录已被删除。

4.9.5　SQL 特定查询

在查询设计网格中不能创建数据定义查询和联合查询。必须直接在"SQL 视图"中创建 SQL 语句。这 3 种查询和子查询一起构成 SQL 的特定查询。对于子查询，要在查询设计网格的"字段"行或"条件"行直接输入 SQL 语句，或者直接在 SQL 视图中输入 SQL 语句。这里重点介绍数据定义查询、子查询和联合查询。

1. 数据定义查询
数据定义查询可以创建、删除或修改表。
（1）创建表 CREATE TABLE 语法格式如下：

```
Create Table <表名>(<字段名 1><数据类型>,<字段名 2><数据类型>[,…])
```

【例 4-49】 在"学生成绩管理"数据库中，使用 SQL 视图创建一个"学生家庭情况"表。"学生家庭情况"表的结构如表 4-10 所示。

表 4-10　　　　　　　　　　　　　　　　"学生家庭情况"表的结构

字段名称	数据类型	大小	说　明
学号	Text (文本)	10	Primary Key (主键)
家庭住址	Text (文本)	50	
联系电话	Text (文本)	11	
家庭年收入	Numeric (数字)		
备注	Memo (备注)		

在 SQL 视图窗口中输入以下 SQL 语句：

```
Create Table 学生家庭情况表(学号 Text(10)，家庭住址 Text(50)，联系电话
Text(11)，家庭年收入 Numeric，备注 Memo,Primary Key(学号))
```

（2）修改表 ALTERTABLE 语法格式如下：

```
Alter Table <表名> [ADD COLUMN <新字段名><数据类型>]
               [DROP <字段名>]
               [ALTER COLUMN <字段名><数据类型>]
```

视频4-24

命令说明：

- ❑　ADD 子句：用于增加新字段；
- ❑　DROP 子句：用于删除字段；
- ❑　ALTER 子句：用于修改原有字段属性。

【例 4-50】 在"学生成绩管理"数据库中，使用 SQL 视图创建一个查询。为"学生家庭情况"表添加一个新字段，字段名为"父亲工作单位"、文本类型、字段大小为 20。在 SQL 视图窗口中输入以下 SQL 语句：

```
Alter Table 学生家庭情况表 Add Column 父亲工作单位 Text(20)
```

【例 4-51】 在"学生成绩管理"数据库中，使用 SQL 视图创建一个查询。将"学生家庭情况表"中"家庭住址"文本类型的字段大小更改为 30。在 SQL 视图窗口中输入以下 SQL 语句：

```
Alter Table 学生家庭情况表 Alter Column 家庭住址 Text(30)
```

（3）删除表 DROP TABLE 语法格式如下：

```
Drop Table <表名>
```

【例 4-52】 在数据库"学生成绩管理"中，使用 SQL 视图创建一个查询，删除"学生家庭情况表"。在 SQL 视图窗口中输入以下 SQL 语句：

```
Drop Table 学生家庭情况表
```

提示　　　　表一旦被删除，其结构和记录都被删除，并且不可恢复。

2. 联合查询

当需要从多张表或查询中检索数据时，就需要使用联合查询。联合查询将两个以上的表或查询中的字段合并到一个集合中查看。使用联合查询可以合并多个表中的数据。

命令格式：

```
Select <字段列表> From <表名1> [,<表名2>]…
```

```
[Where <条件表达式 1>]
Union
Select <字段列表> From <表名 A> [,<表名 B>]…
[Where <条件表达式 2>]
```

命令说明：

❑　UNION 是合并的意思，指将前后两个 SELECT 语句的查询结果合并。

❑　联合查询中合并的选择查询必须具有相同的字段数、相同的数据类型。

【例 4-53】在数据库"学生成绩管理"中，使用 SQL 视图创建一个查询。要求显示所有"不及格学生信息"表以及例 4-15 生成的"成绩评价查询"中显示所有评价为"优"的学生信息，显示字段包括姓名、课程名称和成绩，结果按成绩降序排列。在 SQL 视图窗口中输入以下 SQL 语句：

```
Select 姓名, 课程名称, 成绩
From 不及格学生信息
Union Select 姓名, 课程名称, 成绩
From 成绩评价查询
Where 评价="优"
Order By 成绩 Desc
```

运行查询，结果如图 4-87 所示。

查询有多种类型，采用不同方式创建的查询在导航窗格"查询"对象列表中显示不同的图标，如表 4-11 所示。

姓名	课程名称	成绩
李媛媛	高等数学	100
王琦	高等数学	95
张函	数据库应用	95
宋洪博	马克思主义原理	93
张函	模拟电子技术基础	92
李华	模拟电子技术基础	91
李华	数据库应用	90
刘向志	数据库应用	90
唐明卿	大学英语1级	90
李媛媛	模拟电子技术基础	34

图 4-87　联合查询结果

表 4-11　　　　　　　　　　　　　　　　查询的图标

图　标	查询类型	图　标	查询类型
▦	选择查询	➕❢	追加查询
▦	交叉表查询	✎	更新查询
▦❢	生成表查询	✖	删除查询
◯◯	联合查询	☒	数据定义查询

3. 子查询

在对表中字段进行查询时，可以利用子查询的结果进一步查询。子查询由另一个选择查询或操作查询的 SELECT 语句组成。

在子查询中还可创建子查询，称为嵌套子查询。

在 SELECT 语句中使用的子查询，是指嵌套于 SELECT 语句的 WHERE 子句中的 SELECT 语句。下面举例说明子查询的使用。

【例 4-54】在数据库"学生成绩管理"中，使用 SQL 视图创建一个查询，通过"学生表"和"选课成绩表"两个表，查询"课程编号"为"00500501"成绩最高的课程编号、学号、姓名和成绩字段。

分析：关键问题是查询条件为：成绩最高。可以先假设成绩最高分为：x，

视频 4-25

则 SQL 语句：

```
Select 课程编号,学生表.学号,姓名,成绩
From 学生表, 选课成绩表
Where 学生表.学号=选课成绩表.学号 And 课程编号="00500501" And 成绩=x
```

成绩最高分 x 可以用 SQL 语句求出：

```
Select Max(成绩) From 选课成绩表
Where 课程编号="00500501"
```

将求出成绩最高的 SQL 语句替换 x 的值，在 SQL 视图中输入以下 SQL 语句：

```
Select 课程编号,学生表.学号,姓名,成绩
From 学生表, 选课成绩表 Where 学生表.学号=选课成绩表.学号 And 课程编号="00500501"
And 成绩=( Select Max(成绩) From 选课成绩表 Where 课程编号="00500501")
```

系统执行子查询时从内层到外层进行，即先求出最高成绩，然后再求出取得最高成绩的学生。保存查询，命名为"例 4-54 子查询"。运行该查询，查询结果如图 4-88 所示。

图 4-88　例 4-54 子查询结果

【例 4-55】　在数据库"学生成绩管理"中，使用 SQL 视图创建一个查询，通过"学生表"和"选课成绩表"两个表，查询已经选修了课程的学生的信息。在 SQL 视图中输入以下 SQL 语句：

```
Select * From 学生表
Where 学号 In (Select Distinct 学号 From 选课成绩表)
```

运行查询，其查询结果如图 4-89 所示。保存查询，命名为"例 4-55 子查询"。

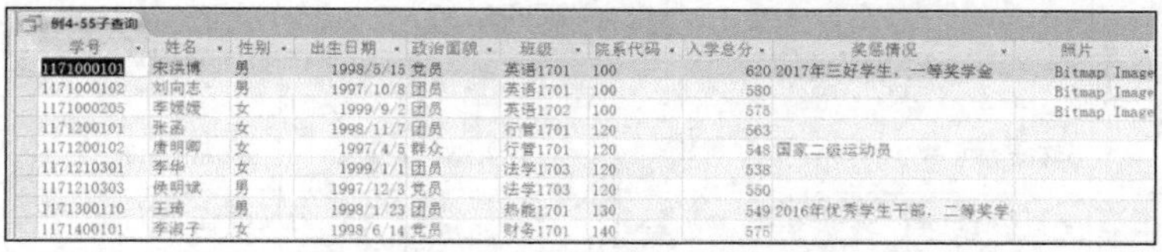

图 4-89　例 4-55 查询结果

提示

子查询结果只有一条记录时，可用"="">""<""<="">="等比较运算符；子查询结果有多条记录时，用 IN 运算符。

习　　题

一、单项选择题

1. 关于 Access 查询中的数据源，下列说法中正确的是（　　　）。
   A. 只能来自表
   B. 只能来自查询
   C. 可以来自报表
   D. 可以来自表或查询

2. 在 SQL 语言的 SELECT 语句中，用于实现选择运算的子句是（　　）。

    A. FOR   B. FROM   C. WHERE   D. ORDER BY

3. 在成绩表中要查找成绩≥80 且成绩≤90 的学生，正确的条件表达式是（　　）。

    A. [成绩] Between 80 And 90   B. [成绩] Between 80 To 90

    C. [成绩] Between 79 And 91   D. [成绩] Between 79 To 91

4. "学生表"中有学号、姓名、性别和入学成绩等字段。执行下面的 SQL 命令后的结果是（　　）。

    Select Avg(入学成绩)　From 学生表 Group By 性别

    A. 计算并显示所有学生的平均入学成绩

    B. 计算并显示所有学生的性别和平均入学成绩

    C. 按性别顺序计算并显示所有学生的平均入学成绩

    D. 按性别分组计算并显示不同性别学生的平均入学成绩

5. 在查询中保存下来的是（　　）。

    A. 记录本身   B. SQL 命令   C. 查询设计   D. 记录的副本

6. 在查询设计视图的"设计网格"中，（　　）不是字段列表框中的选项。

    A. 排序   B. 显示   C. 类型   D. 条件

7. 要查找姓名为两个字并且姓"李"的学生，则在"姓名"字段列"条件"行输入（　　）。

    A. Like "李"   B. 姓名="李"

    C. Like "李?"   D. Left([姓名],1)="李"

8. 若要查询姓李或姓王的学生，查询条件应设置为（　　）。

    A. Like "李" And Like "王"   B. Left([姓名],1) In ("李","王")

    C. [姓名]="李" And "王"   D. 以上均不对

9. 使用设计视图创建一个查询，查找入学总分在 555 分以上（含 555 分）的女同学的姓名、性别和入学总分，正确的设置查询条件的方法应为（　　）。

    A. 在入学总分"条件"行键入：入学总分>=555 And 性别="女"

    B. 在入学总分"条件"行键入：入学总分>=555；在性别"条件"行键入：女

    C. 在入学总分"条件"行键入：入学总分>=555；在性别"或"行键入：女

    D. 在入学总分"条件"行键入：入学总分>=555 Or 性别="女"

10. 在查询设计视图的设计网格中出生日期字段"条件"行中使用 year(出生日期)>=1997 表达式，运行后显示（　　）。

    A. 所有同学的记录

    B. 1997 年之前出生的学生记录

    C. 1997 年之后（包含 1997）出生的学生记录

    D. 1997 年之后（不含 1997）出生的学生记录

11. 生成表查询建立的新表中不能继承原表的（　　）。

    A. 主键   B. 字段名称   C. 字段类型   D. 字段大小

12. 使用预定义计算需要在查询设计视图下单击查询工具"设计"选项卡"显示/隐藏"选项组的（　　）按钮。

    A. 计算   B. 预定义   C. 汇总   D. 设计

13. 在课程表中要查找"课程名称"字段中包含"计算机"字符信息的课程，对应"课程名称"字段列条件行的正确条件表达式是（　　）。

    A. "计算机"   B. "*计算机*"

    C. Like "计算机"   D. Like "*计算机*"

14. 将表 a 的记录添加到表 b 中，要求保持表 b 中原有的记录，可以使用的查询是（　　　）。

    A. 选择查询　　　　　　B. 生成表查询　　　　C. 追加查询　　　　　D. 更新查询

15. 要在查找表达式中使用通配符通配一个文本字符，应选用的通配符是（　　　）。

    A. *　　　　　　　　　B. ?　　　　　　　　C. !　　　　　　　　D. #

16. 设计参数查询时，反馈给用户的提示文字应填写在（　　　）内。

    A. 括号　　　　　　　　B. 书名号　　　　　　C. 花括号　　　　　　D. 方括号

17. 在 SELECT 语句中，用于指明查询结果排序的子句是（　　　）内。

    A. FROM　　　　　　　B. WHERE　　　　　　C. ORDER BY　　　　D. GROUP BY

18. 自定义计算需要自行设计并键入表达式，其输入的位置是查询设计视图的（　　　）行。

    A. 字段　　　　　　　　B. 排序　　　　　　　C. 显示　　　　　　　D. 条件

19. 如果一个参数查询中有多个参数，运行时将会根据设计视图的（　　　）的次序执行。

    A. 从右向左　　　　　　B. 从上到下　　　　　C. 从左到右　　　　　D. 随机

20. （　　　）可以对数据库进行批量地更改。

    A. 删除查询　　　　　　B. 更新查询　　　　　C. 追加查询　　　　　D. 生成表查询

21. SELECT 语句中用于表示查询分组的是（　　　）。

    A. GROUP BY　　　　　B. FROM　　　　　　　C. WHERE　　　　　　D. UNION

22. 以下的（　　　）属于操作查询。

    A. 选择查询　　　　　　B. 更新查询　　　　　C. 交叉表查询　　　　D. 不匹配查询

23. 假设"公司"表中有编号、名称和法人等字段，查找公司名称中有"网络"二字的公司信息，正确的 SQL 命令是（　　　）。

    A. Select * From 公司 For 名称"*网络*"

    B. Select * From 公司 For 名称 Like"*网络*"

    C. Select * From 公司 Where 名称="*网络*"

    D. Select * From 公司 Where 名称 Like "*网络*"

24. 下面 SQL 查询语句中，与查询设计视图所示的查询结果等价的是（　　　）。

    A. Select 姓名，性别，院系代码 From 学生表 Where 院系代码="100" And 院系代码="120"

    B. Select 姓名，性别，院系代码 From 学生表 Where 院系代码="100" Or "120"

    C. Select 姓名，性别，院系代码 From 学生表 Where 院系代码 In ("100"，"120")

    D. Select 姓名，性别，院系代码 From 学生表 Where 院系代码 Like ("100"，"120")

24 题图

25. 有一个"商品表"，该表中有商品编号、商品名称、类别、单价和库存数量字段，将所有商品的单价降低 10%，使用的 SQL 语句是（　　）。

    A. Update 商品表单价=单价*0.9

    B. Update 商品表 Set 单价 With 单价*0.9

    C. Update 商品表 Set 单价=单价*0.9

    D. Update 商品表 Let 单价=单价*0.9

二、填空题

1. 如果要求在执行查询时通过输入学号查询学生信息，可以采用_____查询。

2.　学生表中有"出生日期"字段（日期/时间型），若要查询年龄是 20 岁的学生信息，可以在查询设计视图的"条件"行中输入_____。

3.　查询包含_____、交叉表查询、参数查询、操作查询和_____查询。

4.　若要查询"成绩"在 85～100 分（含 85 和 100）的学生信息，可以在查询设计视图的"条件"行中输入_____。

5.　SQL 特定查询包括_____、_____和子查询 3 种。

6.　在对多个表创建查询时，需要先建立_____。

7.　交叉表查询需要指定 3 个字段，其中两个字段分别作为_____和_____，另一个字段作为计算字段。

8.　查询的数据源可以是_____和_____。

9.　用 SQL 语句将"教师表"中的"年龄"字段（数值型）值加 1，应使用的正确命令是_____。

10.　用 SQL 语句将"教师表"中的"职称"字段（文本类型）的字段长度改为 8，应使用的正确命令是_____。

第 5 章
窗体

窗体作为数据库的重要对象，是用户与 Access 数据库之间的接口。窗体作为应用程序的控制界面，将整个系统的对象组织起来，从而形成一个功能完整、风格统一的数据库应用系统。本章将重点介绍窗体的概念、组成以及窗体的创建。

5.1 窗体概述

窗体是人机对话的重要工具，本质上窗体就是一个 Windows 窗口。窗体可以为用户提供一个友好、直观的数据库操作界面，它可以显示和编辑数据、接收用户输入的数据。

5.1.1 窗体的视图

Access 2010 窗体共有 6 种视图，分别是设计视图、窗体视图、布局视图、数据表视图、数据透视表视图和数据透视图视图。

（1）设计视图。设计视图是用来设计和修改窗体的窗口。在设计视图中，用户可以调整窗体的版面布局，在窗体中添加控件，设置数据源等。

（2）窗体视图。窗体视图是窗体的运行界面。在窗体视图中，通常每次只能查看一条记录。使用记录导航按钮可以在记录之间快速切换。

（3）数据表视图。以数据表的形式显示表、查询中的数据。在数据表视图中，可以查看以行列格式显示的记录，因此可以同时看到许多条记录。

（4）布局视图。用于修改窗体布局，其界面几乎与窗体视图一样，区别在于布局视图的控件位置可以移动。

（5）数据透视表视图。在数据透视表视图中，可以动态地更改窗体的版面，从而以各种不同方法分析数据。可以重新排列行标题、列标题和筛选字段，直到形成所需的版面布置为止。每次改变版面布置时，窗体会立即按照新的布置重新计算数据。

（6）数据透视图视图。数据透视图视图可以帮助用户创建动态的交互式图表。

5.1.2 窗体的类型

窗体有多种分类方法，按照数据的显示方式可以将窗体分为 6 种类型，分别是纵栏式窗体、表格式窗体、数据表窗体、数据透视表窗体、数据透视图窗体和主/子窗体。

（1）纵栏式窗体。在纵栏式窗体中，每个字段都显示在一个独立的行上，并且左边带有一个标签，显示字段名称，右边显示字段的值。通常用纵栏式窗体进行数据输入。

（2）表格式窗体。在表格式窗体中，窗体的顶端显示字段名称，且每条记录的所有字段都显示在一行上。表格式窗体可以显示数据表窗体无法显示的图像等类型数据。

（3）数据表窗体。与数据表视图的显示界面完全相同。在数据表窗体中，每条记录的字段以行列的格式显示，字段的名称显示在每一列的顶端。

（4）数据透视表窗体。在数据透视表窗体中，可以动态地改变数据透视表窗体的版式布置，从而按照不同的方式分析数据。

（5）数据透视图窗体。在数据透视图窗体中，通过图表可直观地显示数据，并且可以显示一个或多个图表。每个图表的数据源可以是数据表或查询。

（6）主/子窗体。主/子窗体主要用来显示具有一对多关系的表中的数据。基本窗体称为主窗体，嵌套在主窗体中的窗体称为子窗体。一般来说，主窗体显示一对多关系中的"一"方表，通常用纵栏式窗体；子窗体显示一对多关系中的"多"方表，通常用数据表窗体。例如，"院系代码表"和"学生表"之间的关系是一对多关系，"院系代码表"中的数据是一对多关系中的"一"方，在主窗体中显示；"学生表"中的数据是一对多关系中的"多"方，在子窗体中显示。

如果将每个子窗体都放在主窗体上，则主窗体可以包含多达 7 层的子窗体。也就是说，在主窗体内包含子窗体，而子窗体内可以再嵌套子窗体。

5.1.3　窗体的创建方法

Access 2010 提供了 3 种创建窗体的方法，分别是自动创建窗体，使用窗体向导创建窗体和使用设计视图创建窗体。

（1）自动创建窗体。根据系统引导自动完成窗体创建。在"创建"选项卡"窗体"选项组中展示了多种自动创建窗体的按钮，如图 5-1 所示。其中"窗体"按钮、"空白窗体"按钮都是自动创建窗体的命令按钮。单击"导航"按钮和"其他窗体"按钮，打开下拉列表，可以显示更多自动创建窗体的命令按钮，分别如图 5-2 和图 5-3 所示。

图 5-1　"窗体"选项组　　　　图 5-2　"导航"按钮下拉列表　　图 5-3　"其他窗体"按钮下拉列表

（2）使用窗体向导创建窗体。使用窗体向导创建窗体也是在系统引导下完成窗体的创建过程，与自动创建窗体不同的是前者只能基于单个表或查询创建窗体，而使用向导创建窗体可以从多个表或查询中选取数据，使用窗体向导可以创建纵栏式、表格式、数据表和主/子类型的窗体。在图5-1 中单击"窗体向导"按钮就可以在系统引导下完成窗体的创建。

（3）使用设计视图创建窗体。使用向导创建的窗体一般都有固定模式，不一定完全符合用户要求。使用设计视图可以根据用户的需要自行设计窗体。无论采用哪种方法创建的窗体，都可以在设计视图中进行修改和调整。设计视图是创建窗体的主要方法，在图 5-1 中单击"窗体设计"

按钮就可以新建一个空白窗体并打开窗体的设计视图。

5.2 创建窗体

由于窗体与数据库中的数据关系密切，所以在创建一个窗体时，往往需要指定该窗体的记录源。窗体的记录源可以是表或查询，也可以是一个 SQL 语句。本节主要介绍自动创建窗体和使用窗体向导创建窗体的方法。

5.2.1 自动创建窗体

应用 Access 提供的特定窗体按钮自动创建窗体，基本方法是先打开（或选定）一个表或查询作为窗体的记录源，然后再选用某种自动创建窗体的按钮创建。

在 Access 中，使用自动创建窗体方法可以创建 5 种类型窗体：纵栏式窗体、表格式窗体、数据表窗体、数据透视表窗体和数据透视图窗体。

1. 使用"窗体"按钮自动创建纵栏式窗体

图 5-4 "学生表"纵栏式窗体

视频 5-1

【例 5-1】 在"学生成绩管理"数据库中，使用"窗体"按钮为"学生表"自动创建一个纵栏式窗体。具体操作步骤如下。

（1）在导航窗格"表"对象中，打开或选定"学生表"作为窗体的记录源。

（2）单击"创建"选项卡"窗体"选项组中的"窗体"按钮，系统即可自动生成一个纵栏式窗体。

（3）保存该窗体，命名为"例 5-1 学生表（纵栏式）"，生成窗体如图 5-4 所示。

提示　如果选定的表有关联的子表，则会在主窗体中自动生成子窗体，用于显示主窗体中当前记录相关联的子表中的数据。本例中可以看到，在生成的主窗体下方有一个子窗体，显示了"学生表"当前记录在子表"选课成绩表"中关联的记录。

2. 使用"多个项目"自动创建表格式窗体

【例 5-2】 在"学生成绩管理"数据库中，为"学生表"自动创建一个表格式窗体。操作步骤如下。

（1）在导航窗格"表"对象中，打开或选定"学生表"作为窗体的记录源。

（2）单击"创建"选项卡"窗体"选项组中"其他窗体"按钮，在下拉列表中选择"多个项目"命令，系统即可自动生成一个表格式窗体。

（3）保存窗体，命名为"例 5-2 学生表（表格式）"，生成窗体如图 5-5 所示。

图 5-5 "学生表" 表格式窗体

在窗体下方自动添加了记录导航按钮，用于前后选择记录和添加记录。

在窗体中添加新记录，只要单击记录导航按钮中的"新（空白）记录" ▶* 按钮（或在 *
行直接输入），便可以在窗体中键入新记录的内容。记录数据输入完毕后，可单击快速访问
工具栏中的"保存"按钮保存；也可以单击记录导航按钮中的任意一个按钮自动保存记录。

3. 使用"数据表"自动创建数据表窗体

【例 5-3】 在"学生成绩管理"数据库中，使用"数据表"为"选课成绩表"自动创建一个
数据表窗体。具体操作步骤如下。

（1）在导航窗格"表"对象中，打开或选定"选课成绩表"作为窗体的记录源。

（2）单击"创建"选项卡"窗体"选项组中"其他窗体"按钮，在下拉列表中选择"数据表"
命令，系统即可自动生成一个数据表窗体。

（3）保存窗体，命名为"例 5-3 选课成绩表（数据表）"，生成窗体如图 5-6 所示。

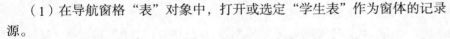

图 5-6 "选课成绩表"数据表窗体

4. 使用"数据透视表"自动创建数据透视表窗体

数据透视表是一种特殊的表，用于从数据源的选定字段中分类汇总信息。
通过数据透视表可以动态更改表的布局，以不同方式查看和分析数据。

视频 5-2

【例 5-4】 在"学生成绩管理"数据库中，为"学生表"创建一个显示
每个班级男女生人数的数据透视表窗体。具体操作步骤如下。

（1）在导航窗格"表"对象中，打开或选定"学生表"作为窗体的记录
源。

（2）单击"创建"选项卡"窗体"选项组中"其他窗体"按钮，在下拉列表中选择"数据透
视表"，系统显示如图 5-7 所示的数据透视表设计窗口，同时显示出"数据透视表字段列表"窗格。

（3）将"数据透视表字段列表"中"班级"字段拖曳到行字段处，将"性别"字段拖曳到列
字段处，将"学号"字段拖曳到汇总或明细字段处。关闭"数据透视表字段列表"窗格。

（4）右键单击数据透视表中的"学号"，打开快捷菜单，单击"自动计算"右侧下拉按钮，选
择"计数"。

（5）再次右键单击数据透视表中的"学号"，打开快捷菜单，选择"隐藏详细信息"，将学号

的具体信息隐藏起来。

（6）右键单击数据透视表中的"班级"，打开快捷菜单，单击"小计"，取消"班级"的总计项。

（7）保存该窗体，命名为"例 5-4 各班级男女生人数（数据透视表）"。生成的数据透视表窗体如图 5-8 所示。

图 5-7　数据透视表设计窗口

图 5-8　数据透视表窗体

提示

"数据透视表窗体"只能基于一个数据源，因此当需要用到多个不同数据源的字段时，就应先创建包含所需字段的查询，然后以该查询作为数据源创建窗体。

5. 使用"数据透视图"自动创建数据透视图窗体

数据透视图是一种交互式的图表，以图形化的形式显示数据。

【例 5-5】　在"学生成绩管理"数据库中，创建一个数据透视图窗体，显示各个学院的学院名称和男女生人数。

根据题意，要显示的内容涉及学生表和院系代码表，所以应该先创建一个包含了所需字段的查询，然后以该查询作为数据源创建窗体，具体操作步骤如下。

（1）创建一个查询并保存为"例 5-5 查询"。查询学生表中的"学号""性别"字段和院系代码表中的"院系名称"字段。

（2）在导航窗格"查询"对象中，打开或选定刚创建的"例 5-5 查询"作为窗体的记录源。

（3）单击"创建"选项卡"窗体"选项组中"其他窗体"按钮，在下拉列表中选择"数据透视图"命令，系统显示数据透视图视图，同时显示出"图表字段列表"窗格。

视频 5-3

（4）将"图表字段列表"中"院系名称"拖到分类字段处，将"性别"拖到系列字段处，将"学号"拖曳到数据字段处。关闭"图表字段列表"窗格。

（5）更改坐标轴标题。单击"数据透视图工具"下"设计"选项卡"工具"选项组"属性表"按钮，打开"属性表"对话框，单击其中的"常规"选项卡，选择"分类轴 1 标题"，然后在"格式"选项卡标题文本框中输入"院系名称"；同样操作方法，选择"数值轴 1 标题"，在标题文本框中输入"人数"。

（6）保存该窗体，命名为"例 5-5 各院系男女生人数（数据透视图）"，此时的数据透视图窗体如图 5-9 所示。

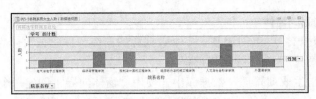

图 5-9　数据透视图窗体

5.2.2　使用窗体向导创建窗体

使用窗体向导创建窗体的特点是简单快捷。窗体向导既可以创建单一数据源的窗体，也可以创建基于多个数据源的窗体。

1. 创建单一数据源窗体

【例 5-6】在"学生成绩管理"数据库中，使用"窗体向导"为"课程表"创建一个窗体，要求窗体布局为表格，并显示表中所有字段。具体操作步骤如下。

视频 5-4

（1）启动窗体向导。单击"创建"选项卡"窗体"选项组中"窗体向导"按钮。

（2）确定窗体选用的字段。在"表/查询"下拉列表框中选中"课程表"，然后在"可用字段"列表框中选择所需字段，本例要求选择全部字段，直接单击 ≫ 按钮。选择结果如图 5-10 所示，单击"下一步"按钮。

（3）确定窗体使用的布局。向导提供 4 种布局形式。本例中选择"表格"形式，如图 5-11 所示，单击"下一步"按钮。

图 5-10　选定表及字段

图 5-11　窗体布局选择

（4）为窗体指定标题。如图 5-12 所示，本例输入"例 5-6 课程表—向导"，单击"完成"按钮。

（5）新建窗体如图 5-13 所示。

图 5-12　确定标题

图 5-13　向导创建"课程表"窗体

117

2. 创建多个数据源的窗体

使用窗体向导创建窗体可以创建基于多个数据源的窗体，称此类窗体为主/子窗体。

下面通过实例介绍主/子窗体的创建过程。

【例 5-7】 在"学生成绩管理"数据库中，使用"窗体向导"创建一个主/子窗体，要求显示学生的"学号""姓名""课程名称"和"成绩"字段。具体操作步骤如下。

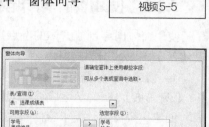
视频5-5

（1）启动窗体向导。单击"创建"选项卡"窗体"选项组中"窗体向导"按钮。

（2）确定窗体选用的字段。在"表/查询"下拉列表框中选择"学生表"，添加"学号"、"姓名"字段；选择"课程表"，添加"课程名称"字段；选择"选课成绩表"，添加"成绩"字段。选择结果如图 5-14 所示，单击"下一步"按钮。

（3）确定查看数据方式。本例选择"通过学生表"查看数据的方式。选中"带有子窗体的窗体"按钮。设置结果如图 5-15 所示，单击"下一步"按钮。

图 5-14　表及字段选取

（4）指定子窗体采用"数据表"布局，如图 5-16 所示。单击"下一步"按钮。

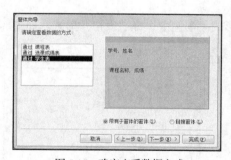

图 5-15　确定查看数据方式

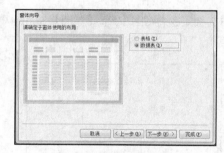

图 5-16　确定子窗体布局

（5）指定窗体标题及子窗体标题。本例窗体标题为"例 5-7 学生课程成绩（主/子窗体）"，子窗体标题为"选课成绩表"，如图 5-17 所示。单击"完成"按钮。

（6）生成窗体如图 5-18 所示。

图 5-17　指定窗体/子窗体标题

图 5-18　学生课程成绩-主/子窗体

在使用窗体向导为存在一对多关系的多个数据源创建主/子窗体时，有一个步骤很重要，即"确定查看数据的方式"。选择不同的查看数据方式将会产生不同结构的窗体。从主表查看数据，可以创建带子窗体的窗体，子窗体显示子表的数据。如果选择从子表查看数据，则生成单个窗体。

在步骤（3）确定查看数据方式中，如果选择"通过课程表"查看数据，生成的主/子窗体如图 5-19 所示。如果选择"通过选课成绩表"查看数据，则只能生成单个窗体，生成的窗体如图 5-20 所示。

图 5-19　通过课程表查看-主/子窗体 　　　　　图 5-20　通过选课成绩表查看-单个窗体

5.3　使用设计视图创建窗体

采用窗体向导创建窗体很难达到十分满意的效果，往往还需要切换到窗体设计视图进行调整。窗体设计视图可以修改用任何一种方式创建的窗体，当然也可以直接在设计视图中创建符合实际应用的复杂窗体。

在窗体设计视图中，通常需要使用各种窗体元素，如标签、文本框和命令按钮等，在 Access 中把这些元素称为控件。

5.3.1　窗体的设计视图

在窗体的设计视图中，窗体通常由窗体页眉、页面页眉、主体、页面页脚和窗体页脚 5 个部分组成，每个部分称为一个"节"，如图 5-21 所示。窗体中的信息可以分布在多个节中。

视频5-6

单击"创建"选项卡"窗体"选项组中的"窗体设计"按钮，即可创建一个新空白窗体并打开窗体的设计视图。通常情况下，窗体设计视图只显示主体节。若要显示其他节，可在窗体设计视图的空白处单击右键，在打开的快捷菜单中，选择"页面页眉/页脚"命令可以显示（或隐藏）页面页眉节和页面页脚节；选择"窗体页眉/页脚"命令可以显示（或隐藏）窗体页眉节和窗体页脚节。

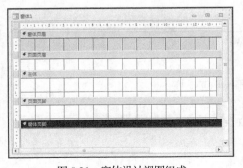

图 5-21　窗体设计视图组成

（1）窗体页眉节：窗体页眉节常用来显示窗体的标

题和使用说明信息。此区域的内容是静态的，窗体页眉出现在窗体视图中屏幕的顶部。

（2）页面页眉节：页面页眉节在每个打印页的顶部显示诸如标题或列标题等信息。页面页眉只出现在打印窗体中。

（3）主体节：主体节是窗体最重要的部分，每一个窗体都必须有一个主体节，是打开窗体设计视图时系统默认打开的节。主体节显示记录的明细，可以显示一条记录，也可以显示多条记录。

（4）页面页脚节：页面页脚节在每个打印页的底部显示诸如日期或页码等信息。页面页脚只出现在打印窗体中。

（5）窗体页脚节：窗体页脚节显示命令按钮或有关使用窗体的说明。

 用鼠标右键单击主体节的空白区域，在弹出的快捷菜单中选择"标尺"或"网格"命令，可以在设计视图中显示或隐藏标尺或网格，方便用户设置控件位置。

5.3.2　属性表

在 Access 中，属性决定对象的特性。窗体、窗体中的每一个控件和节都具有各自的属性。窗体属性决定窗体的结构、外观和行为；控件属性决定控件的外观、行为以及其中所含文本或数据的特性。

视频5-7

通过"属性表"窗格可以为一个对象设置其属性。在窗体的设计视图中，单击窗体设计工具下"设计"选项卡"工具"选项组上的"属性表"按钮，可以打开"属性表"窗格，窗体的属性表如图 5-22 所示。"属性表"窗格包含"格式""数据""事件""其他"和"全部"5 个选项卡。

- ❑　"格式"选项卡：包含窗体、节或控件的外观类属性。
- ❑　"数据"选项卡：包含了与数据源和数据操作相关的属性。
- ❑　"事件"选项卡：包含了窗体、节或控件能够响应的事件。
- ❑　"其他"选项卡：包含了"名称""制表位"等其他属性。
- ❑　"全部"选项卡：包含了对象的所有属性。

一般来说，Access 对各个属性都提供了相应的默认值或空字符串，在一个对象的"属性表"窗格中，可以重新设置其属性值，除此之外，在事件过程中也可以对控件的属性值进行设置。

图 5-22　窗体属性表窗格

1．窗体的基本属性

窗体也是一个控件对象，只不过不是从"控件"选项组中创建的，它是一个容器类控件。窗体的基本属性如表 5-1 所示。

表5-1　　　　　　　　　　　　　　　窗体的基本属性

属性名称	说　明
记录源	指定窗体的记录源
标题	指定显示在窗体标题栏上的文本内容，默认显示窗体对象的名称
弹出方式	指定打开窗体时是否浮于其他普通窗体上方。有 2 个选项：是、否（默认值）
默认视图	指定窗体打开后的视图方式。有 6 个选项：单个窗体（默认值）、连续窗体、数据表、数据透视表、数据透视图、分割窗体
记录选择器	指定是否显示记录选择器。有 2 个选项：是（默认值）、否

续表

属性名称	说　明
导航按钮	指定是否显示导航按钮。有 2 个选项：是（默认值）、否
分隔线	设置是否使用分隔线来分隔窗体上的节。有 2 个选项：是、否（默认值）
数据输入	该属性不决定是否添加记录，只决定是否显示已有的记录。有 2 个选项：是、否（默认值）。如果设置"是"，只显示新记录，此时窗体只能作添加新记录之用；设置"否"，可以显示表中已有记录
滚动条	指定是否在窗体上显示滚动条。有 4 个选项：两者均无、只水平、只垂直、两者都有（默认值）
允许编辑	指定窗体是否可以更改数据。有 2 个选项：是（默认值）、否
允许删除	指定窗体是否可以删除记录。有 2 个选项：是（默认值）、否
允许添加	指定窗体是否可以添加记录。有 2 个选项：是（默认值）、否

2．为窗体指定记录源

当使用窗体对表的数据进行操作时，需要为窗体指定记录源。为窗体指定记录源的方法有两种，一是通过"字段列表"窗格；二是通过"属性表"窗格。

（1）使用"字段列表"窗格指定记录源。

使用"字段列表"窗格指定记录源的操作步骤如下。

- ❑ 打开窗体设计视图，单击窗体设计工具"设计"选项卡"工具"选项组中的"添加现有字段"按钮，打开"字段列表"窗格。
- ❑ 单击"显示所有表"，将会在窗格中显示当前数据库中的所有表。
- ❑ 单击"+"可以展开表中包含的所有字段，如图 5-23 所示，这时可以直接选择所需要的字段拖曳到窗体中作为窗体的记录源。

（2）使用"属性表"窗格指定记录源。

使用"属性表"窗格指定窗体记录源的操作步骤如下。

- ❑ 打开窗体设计视图，单击窗体设计工具"设计"选项卡"工具"选项组中的"属性表"按钮，打开"属性表"窗格。
- ❑ 在"属性表"窗格上方的对象组合框中选择"窗体"对象。
- ❑ 单击"数据"选项卡"记录源"属性右侧下拉按钮，在下拉列表中指定记录源。图 5-24 中将"选课成绩表"指定为窗体记录源。

图 5-23　"字段列表"窗格

图 5-24　在属性表中指定记录源

使用"字段列表"窗格指定的记录源是一条 SQL 查询语句；使用"属性表"窗格指定的记录源可以是表或查询。

5.3.3 控件的类型和功能

控件是窗体的基本元素，例如，文本框、标签和命令按钮等。用户可使用控件输入数据、显示数据和执行操作等。在设计窗体之前，用户首先要掌握控件的基本知识。

1. 控件的类型

窗体中的控件分为绑定控件、未绑定控件和计算控件 3 种类型。

（1）绑定控件。绑定控件与表或查询中的字段捆绑在一起。使用绑定控件输入数据时，Access自动更新当前记录中与绑定控件相关联的表字段的值。

（2）未绑定控件。未绑定控件与表中字段无关联，当使用未绑定控件输入数据时，可以保留输入的值，但是不会更新表中字段的值。

（3）计算控件。计算控件使用表达式作为其控件来源。表达式是运算符、常量、函数、字段名称、控件和属性的组合。表达式可以使用窗体记录源、某个表或查询中的字段数据，也可使用窗体上其他控件的数据。计算控件必须在表达式前先键入一个等号"="。例如，要想在文本框中显示当前日期，需要将该文本框的"控件来源"属性指定为：=Date()；要想在文本框中显示学生哪年出生，需将该文本框的"控件来源"属性指定为：=Year([出生日期])。

2. Access 提供的窗体基本控件及其功能

在 Access 2010 中，窗体的控件按钮放置在"窗体设计工具"下"设计"选项卡"控件"选项组中。Access 提供的窗体基本控件按钮如图 5-25 所示。在窗体中添加控件时，可以选择是否使用控件向导，通过"⚞ 使用控件向导"可以打开或关闭控件向导。此外，通过"⚡ ActiveX 控件"还可以在窗体中添加 ActiveX 控件。

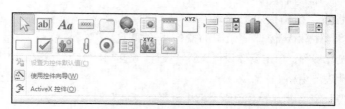

图 5-25　Access 提供的窗体基本控件按钮

窗体各个控件按钮的名称及功能如表 5-2 所示。

表 5-2　　　　　　　　　　　　　　　　窗体控件按钮名称及功能

控件按钮	名　称	功　能
⬚	选择对象	用于选择对象、节或窗体。单击可以释放以前选定的控件
abl	文本框	用于显示、输入或编辑窗体或报表的基础记录数据，显示计算结果或接收用户输入的数据
Aa	标签	用于显示说明性文本的控件
xxxx	命令按钮	用于完成各种操作
⬚	选项卡控件	用于创建一个多页的选项卡窗体或选项卡对话框，可以在选项卡控件上添加其他控件
⬤	超链接	用于在窗体中添加超链接
⬤	Web 浏览器控件	用于在窗体中添加浏览器控件
⬚	导航控件	用于在窗体中添加导航条

控件按钮	名　称	功　能
XYZ	选项组	与复选框、选项按钮或切换按钮搭配使用，可以显示一组可选值，但只能选择其中一个选项值
	插入分页符	用于在窗体中开始一个新屏幕，或在打印窗体中开始一个新页
	组合框	组合了文本框和列表框的特性，可以在组合框中键入新值，也可以从列表中选择一个值
	图表	用于在窗体中添加图表
＼	直线	用于在窗体中添加直线，通过添加的直线来突出显示重要的信息
	切换按钮	通常用作选项组的一部分
	列表框	显示可滚动的数值列表。在"窗体视图"中，可以从列表中选择值输入到新记录中或更新现有记录中的值
	矩形	用于绘制矩形以突出显示重要的信息，例如，可以把相关的几个控件放在一个矩形内
☑	复选框	表示"是/否"值的最佳控件，是窗体或报表中添加"是/否"字段时创建的默认控件类型
	未绑定对象框	用于在窗体中显示非绑定 OLE 对象
↺	附件	用于在窗体中添加附件
◉	选项按钮	通常用作选项组的一部分
	子窗体/子报表	用于显示来自多个表的数据
	绑定对象框	用于在窗体中显示绑定 OLE 对象。如"学生表"中的照片，在以"学生表"为记录源的窗体视图中，可以用来显示当前学生记录的照片
	图像	用于在窗体中显示静态图片

5.3.4　控件的基本操作

在窗体中控件的基本操作包括添加控件、调整控件大小、移动控件和对齐控件等，用户可以应用窗体设计工具中的"设计"和"排列"选项卡完成操作。

视频5-8

1. 添加控件

在窗体中添加控件有 3 种方法：使用字段列表、使用控件按钮和使用控件向导创建。

（1）使用字段列表。在窗体设计视图中，可以通过从字段列表中拖曳字段来创建控件。方法如下。

❑ 单击窗体设计工具"设计"选项卡下"工具"选项组中"添加现有字段"按钮，会显示来自记录源的"字段列表"窗格。

❑ 直接从记录源的"字段列表"中将字段拖曳到窗体适当位置，释放鼠标即可添加与该字段相兼容的控件组（控件以及与其相关联的标签控件）；也可直接双击"字段列表"窗格中的某个字段，系统会在窗体适当位置自动添加控件。如果按住 Ctrl 键单击多个字段，将其一起拖曳到窗体的适当位置，可以实现同时添加多个控件。

（2）使用控件按钮。确定窗体设计工具下"设计"选项卡中"控件"选项组上的" 使用控件向导"按钮处于无效状态，通过单击"控件"选项组上某一控件按钮，在窗体中适当位置按住鼠标左键拖曳绘制来直接创建控件。

（3）使用控件向导。确定窗体设计工具下"设计"选项卡中"控件"选项组上的"使用控件向导"按钮处于有效状态，再单击"控件"选项组中某一控件按钮，在窗体中适当位置按住鼠标左键拖曳绘制，再利用控件向导（当 Access 对该控件提供有控件向导时才可以使用）的提示来创建控件。

在窗体中添加的每个控件都会有一个"名称"来唯一标识自己。文本框控件的默认名称为 Text 开头，标签控件的默认名称为 Label 开头，命令按钮控件的默认名称为 Command 开头。在窗体中添加控件时，系统会自动按照添加控件的先后顺序在每个控件的默认名称后加上一个自动编排的数字编号（从 0 开始）。例如第 1 个添加的标签控件名称默认为 Label0，第 2 个添加的标签控件名称默认为 Label1，第 3 个添加的命令按钮控件名称默认为 Command2，第 4 个添加的文本框控件名称默认为 Text3 等，依此类推。在属性表中可以通过控件的"名称"属性来修改各个控件的名称。

2. 调整控件大小

对窗体中的控件进行操作，首先应先选中控件，方法是：单击控件，被选中的控件或控件组（控件以及与其相关联的标签控件）的四周出现 8 个控制点，如图 5-26 所示。如果选取多个控件，可按住 Ctrl 键逐个单击。

控件被选中情况下，当鼠标指向 8 个控制点任意一个时，鼠标会变成双向箭头，此时可以向 8 个方向拖曳鼠标，调整控件的大小。

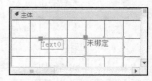

图 5-26 控件被选中

3. 移动控件

控件的移动有以下两种不同形式：

（1）控件和其关联的标签联动：当鼠标放在控件四周，变成十字箭头形状，用鼠标拖曳可以同时移动两个相关控件。

（2）控件独立移动：当鼠标放在控件左上角的黑色方块图移动控制点时，变成十字箭头形状，用鼠标拖曳只能移动所指向的单个控件。

4. 对齐控件

向窗体添加控件，大多数情况下都不能一次性将控件对齐，这时可以用"窗体设计工具"下"排列"选项卡中"调整大小和排序"选项组的"对齐"按钮（见图 5-27）和"大小/空格"（见图 5-28）按钮来调整。

图 5-27 对齐按钮

图 5-28 大小/空格按钮

（1）靠左对齐控件：先选中多个控件，如图 5-29 所示，单击"排列"选项卡"调整大小和排序"选项组中"对齐"下拉按钮，选择"靠左"命令，此时 3 个控件排列如图 5-30 所示。

图 5-29　未左对齐的控件

图 5-30　靠左对齐后的控件

其他"靠右""靠上""靠下"等操作方法类似，"对齐网格"是将控件左上角与最接近网格点重合。

（2）调整控件大小一致：在图 5-30 中 3 个控件大小不一。要调整其宽、高一致，先选中这 3 个控件，单击"排列"选项卡"调整大小和排序"选项组中"大小/空格"下拉按钮，先选择"至最高"命令将控件调整为同样的高度，然后再选中"至最宽"命令将控件调整为同样的宽度，调整后 3 个控件排列如图 5-31 所示。

（3）调整控件之间的间距水平或垂直相等：选中图 5-31 中的 3 个控件，单击"排列"选项卡"调整大小和排序"选项组中"大小/空格"下拉按钮，选择"垂直相等"命令，最后 3 个控件效果图如图 5-32 所示。

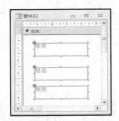
图 5-31　大小一致调整后的控件

图 5-32　控件间距垂直相等的效果

其他"至最窄""至最短""水平相等"等的操作方法类似。

5.3.5　常用控件的使用

下面结合实例介绍常用控件的属性设置及其使用。

1. 标签

标签控件主要用来在窗体中显示文本，常用来显示提示或说明信息。该控件没有数据源，只需将显示的文本赋值给标签的标题属性。标签的常用属性及说明如表 5-3 所示。

表5-3　　　　　　　　　　　　　　　　标签的常用属性及说明

属性名称	说　明
标题	指定标签的标题，也就是需要显示的文本
前景色	字体的颜色，单击属性框右侧的 ⋯ 按钮打开颜色面板选择
文本对齐	指定标题文本的对齐方式。有 5 个选项：常规（默认值）、左、居中、右、分散
字体名称	指定显示文本的字体
背景样式	指定标签背景是否透明。有 2 个选项：透明（默认值）、常规
字号	指定显示文本的大小
特殊效果	指定标签的特殊效果。有 6 个选项：平面（默认值）、凸起、凹陷、蚀刻、阴影、凿痕

【例 5-8】 在"学生成绩管理"数据库中创建窗体，在窗体的主体节添加 1 个标签控件，显示文本"学生基本信息浏览"，字体为楷体，字号为 24，特殊效果为凸起，具体操作步骤如下。

视频 5-9

（1）打开窗体设计视图。单击"创建"选项卡"窗体"选项组中的"窗体设计"按钮。

（2）在窗体主体节处添加标签控件，直接在标签中输入文本"学生基本信息浏览"。

（3）设置标签控件属性。选中标签，单击窗体工具"设计"选项卡"工具"选项组中"属性表"按钮，打开属性表窗格，单击"格式"选项卡。设置属性"特殊效果"为"凸起"；属性"字号"为24；属性"字体名称"为"楷体"，如图 5-33 所示。

（4）调整标签大小及位置。选中标签控件，单击窗体工具"排列"选项卡"调整大小和排序"选项组中的"大小/空格"按钮，选择"正好容纳"命令，调整标签控件大小与字体大小匹配。

（5）保存窗体，命名为"例 5-8 添加标签"。切换到窗体视图，效果如图 5-34 所示。

图 5-33 标签属性设置

图 5-34 标签控件

2. 文本框

文本框控件用来显示、输入或编辑窗体、报表的数据源中的数据，或显示计算结果。

文本框可以是绑定型、未绑定型或计算型，通过"控件来源"属性进行设置。如果文本框的"控件来源"属性为已经存在的内存变量或"记录源"中指定的字段，则该文本框为绑定型；如果文本框的"控件来源"属性为空白，则该文本框为未绑定型；如果文本框的"控件来源"属性为以等号"="开头的计算表达式，则该文本框为计算型。文本框控件的常用属性及说明如表 5-4 所示。

表 5-4　　　　　　　　　　　　　文本框控件的常用属性及说明

属性名称	说　明
控件来源	指定文本框的数据来源。可以是空白的、某个字段、某个内存变量或以等号"="开头的计算表达式
输入掩码	创建字段的输入模板，规定数据输入格式。例如将输入掩码设置为"密码"，则无论在文本框中输入任何内容都会显示为"*"号
默认值	用于设置文本框中默认显示的值，默认值可决定文本框中数值的类型
有效性规则	规定文本框输入数据的值域，如"性别"文本框的有效性规则设置为：In("男", "女")
有效性文本	输入数据违反有效性规则时，屏幕上弹出的提示性文字，如"性别只能为男或女"
是否锁定	指定文本框是否只读。有 2 个选项：是、否（默认值）

【例 5-9】 在"学生成绩管理"数据库中创建一个窗体。使用字段列表在窗体中添加学生的学号和姓名两个字段；使用控件按钮向导添加文本框显示学生的性别；使用控件按钮添加文本框显示学生的年龄。具体操作步骤如下。

（1）打开窗体设计视图。单击"创建"选项卡"窗体"选项组中的"窗体设计"按钮。

（2）为窗体指定记录源。单击窗体工具"设计"选项卡"工具"选项组中"属性表"按钮，打开"属性表"窗格。在"属性表"上方对象组合框选择"窗体"对象，单击"数据"选项卡"记录源"右侧下拉按钮，选择"学生表"为窗体记录源，如图 5-35 所示。

视频 5-10

（3）使用字段列表添加"学号"和"姓名"字段。单击窗体设计工具"设计"选项卡"工具"选项组中"添加现有字段"按钮，显示来自记录源的"字段列表"窗格，将"学号""姓名"字段拖曳到窗体主体节中的适当位置，在窗体中产生两组绑定型文本框和相关联的标签，这两组绑定型文本框分别与学生表中的"学号""姓名"字段相关联，如图 5-36 所示。

图 5-35　指定窗体的记录源

（4）使用控件按钮向导添加文本框显示"性别"字段。确定窗体设计工具下"设计"选项卡中"控件"选项组上的"使用控件向导"按钮处于有效状态，在窗体主体节中的适当位置添加"文本框"控件，系统同时打开"文本框向导"对话框，如图 5-37 所示。使用该对话框可以设置文本的字体、字号、字形、对齐方式和行间距等，单击"下一步"按钮。

图 5-36　使用字段列表添加字段

图 5-37　"文本框向导"对话框

（5）打开为文本框指定输入法模式对话框，输入法模式有 3 种，分别是随意、输入法开启和输入法关闭，本例选择默认设置"随意"，如图 5-38 所示。单击"下一步"按钮。

（6）指定文本框的名称。本例将文本框的名称设置为"性别"，如图 5-39 所示。单击"完成"按钮，返回窗体设计视图。这种方式创建的文本框是未绑定型文本框。

图 5-38　设置文本框输入法模式

图 5-39　指定文本框名称

（7）将未绑定型文本框绑定到"性别"字段。选中刚添加的文本框，打开"属性表"对话框，将该文本框的"控件来源"属性设置为"性别"字段，如图 5-40 所示。

（8）使用控件按钮添加文本框显示"年龄"。确定窗体设计工具下"设计"选项卡中"控件"选项组上的"使用控件向导"按钮处于无效状态，在窗体主体节适当位置添加一个文本框控件，这种方式创建的文本框是未绑定型文本框。将该文本框的关联标签的"标题"属性设置为"年龄"，如图 5-41 所示。在该文本框控件"属性表"窗格"控件来源"属性中输入计算年龄的表达式：=Year(Date())-Year([出生日期])，如图 5-42 所示。"文本对齐"属性设置为"左"。

如果要按照周岁来计算年龄，那么计算年龄的表达式应该写为：

=Int((Date( )-[出生日期])/365)

用系统当前日期减去出生日期获得已经出生的天数，除以 365 获得年数，最后取整数部分作为周岁。

图 5-40　文本框控件来源属性设置

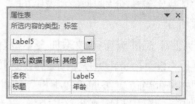

图 5-41　标签"标题"设置

（9）调整各个控件的大小、位置和对齐后，保存窗体，命名为"例 5-9 创建文本框"。

（10）切换到窗体视图，最终效果如图 5-43 所示。

图 5-42　文本框"控件来源"属性设置

图 5-43　文本框运行效果

使用字段列表向窗体添加的文本框都是绑定型文本框，使用控件按钮向窗体添加的文本框都是未绑定型文本框。

3. 组合框与列表框

列表框能够将数据以列表形式给出，供用户选择。组合框实际上是列表框和文本框的组合，既可以输入数据，也可以在数据列表中进行选择，在组合框中输入数据或选择某个数据时，如果该组合框是绑定型，则输入或选择的数据直接保存到绑定的字段。列表框与组合框的操作基本相同。

视频5-11

【例 5-10】　在例 5-9 创建的窗体中，添加组合框显示学生的"政治面貌"。操作步骤如下。

（1）打开"例 5-9 创建文本框"窗体，切换到设计视图，并将其另存为"例 5-10 添加组合框"。

（2）使用控件向导在窗体主体节适当位置添加一个组合框，系统自动打开"组合框向导"对

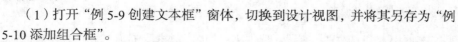

话框，如图 5-44 所示。确定组合框获取数值的方式，本例选择"自行键入所需的值"。单击"下一步"按钮。

（3）确定组合框显示的值。本例"列数"输入"1"列，在列表中输入"党员""团员"和"群众"，如图 5-45 所示，单击"下一步"按钮。

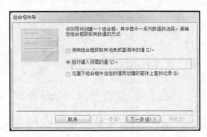

图 5-44　组合框向导对话框

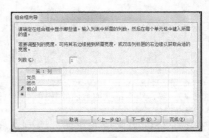

图 5-45　确定组合框显示的值

（4）确定组合框选择数值后数据的存储方式，将值保存到"政治面貌"字段中，如图 5-46 所示。单击"下一步"按钮。

（5）为组合框指定标签。本例输入"政治面貌"，如图 5-47 所示，单击"完成"按钮，返回窗体设计视图。

图 5-46　确定组合框选择数值后数据的存储方式

图 5-47　指定组合框的标签

（6）保存窗体。切换到窗体视图，运行效果如图 5-48 所示。

在步骤（2）中，若选择"使用组合框获取其他表或查询中的值"的方式，则组合框中的数值来自于其他表或查询中的字段。

【例 5-11】在例 5-10 创建的窗体基础上，添加组合框显示学生的"院系名称"。操作步骤如下。

（1）打开"例 5-10 添加组合框"窗体，切换到设计视图，并将其另存为"例 5-11 添加组合框 2"。

图 5-48　政治面貌组合框运行效果

（2）使用控件向导在窗体主体节适当位置添加一个组合框，系统自动打开"组合框向导"对话框，如图 5-49 所示。确定组合框获取数值的方式，本例应选择"使用组合框获取其他表或查询中的值"。单击"下一步"按钮。

视频 5-12

（3）选择为组合框提供数值的表。本例选择"院系代码表"，如图 5-50 所示，单击"下一步"

按钮。

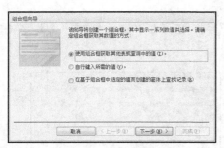

图 5-49 确定组合框获取数值的方式

图 5-50 选择为组合框提供数值的表

（4）选择组合框中显示的字段。本例选择"院系代码"和"院系名称"字段，如图 5-51 所示，单击"下一步"按钮。

（5）指定组合框中数据的显示顺序。本例选择按"院系代码"升序显示，如图 5-52 所示，单击"下一步"按钮。

图 5-51 选择组合框中显示的字段

图 5-52 指定组合框中数据的显示顺序

（6）调整组合框中数据的显示宽度至合适的宽度。如图 5-53 所示，单击"下一步"按钮。

（7）确定组合框选择数值后数据的存储方式，将值保存到"院系代码"字段中，如图 5-54 所示。单击"下一步"按钮。

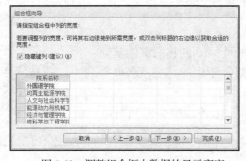

图 5-53 调整组合框中数据的显示宽度

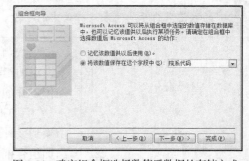

图 5-54 确定组合框选择数值后数据的存储方式

（8）为组合框指定标签。本例输入"院系代码"，如图 5-55 所示，单击"完成"按钮，返回窗体设计视图。

（9）保存窗体。切换到窗体视图，运行效果如图 5-56 所示。

图 5-55　为组合框指定标签

图 5-56　院系名称组合框运行效果

【例 5-12】　在例 5-11 创建的窗体基础上，将显示"学号"的文本框用列表框替代，并要求能根据在列表框中选择的"学号"查询出姓名、性别、年龄等信息。具体操作步骤如下。

（1）打开"例 5-11 添加组合框 2"窗体，切换到设计视图，另存为"例 5-12 添加列表框"。

（2）删除绑定"学号"字段的文本框及其关联的标签控件。

（3）使用控件向导在窗体主体节中的适当位置添加列表框控件，在打开的列表框向导对话框中选择"在基于列表框中选定的值而创建的窗体上查找记录"，如图 5-57 所示，单击"下一步"按钮。

（4）在打开的对话框中，确定列表框中要显示其值的字段，本例将"学号"字段添加到"选定字段"列表中，如图 5-58 所示，单击"下一步"按钮。

图 5-57　确定列表框获取值的方式

图 5-58　选定列表框下拉列表数据集

（5）在打开的对话框中调整列宽至合适的宽度，如图 5-59 所示。单击"下一步"按钮。

（6）在打开的对话框中指定标签，本例输入"请选择学号"。单击"完成"按钮。

（7）保存窗体。切换到窗体视图，在"请选择学号"列表框中选择学号，则在"姓名""性别"和"年龄"等文本框中显示相应信息，效果如图 5-60 所示。

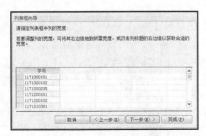

图 5-59　调整列表框宽度

图 5-60　用列表框实现查询

4．命令按钮

在窗体上可以用命令按钮来执行特定操作。例如，用户可以创建一个命令按钮完成记录导航操作。如果要使命令按钮执行某些较复杂的操作，还可以编写相应的宏或事件过程并将它添加到命令按钮的"单击"事件中。

【**例 5-13**】 在例 5-9 创建的窗体基础上，在窗体页脚节添加 4 个记录导航按钮和 1 个窗体操作按钮。4 个记录导航按钮上显示的文本分别为"第一项记录""下一项记录""前一项记录"和"最后一项记录"，各个按钮对应操作分别为"转至第一项记录""转至下一项记录""转至前一项记录"和"转至最后一项记录"；窗体操作按钮上显示的文本为"关闭"，对应的操作为"关闭窗体"。窗体属性中不设置导航按钮、记录选择器和滚动条。具体操作步骤如下。

视频5-14

（1）打开"例 5-9 创建文本框"窗体，切换到设计视图，另存为"例 5-13 添加命令按钮"。

（2）显示窗体页眉/页脚节，使用控件向导在窗体页脚节中的适当位置添加命令按钮控件，系统自动打开命令按钮向导对话框。

（3）选择按下按钮时执行的操作。选择"记录导航"类别及其对应的"转至第一项记录"操作，如图 5-61 所示。单击"下一步"按钮。

（4）确定按钮显示文本内容。选择"文本"，在文本框中输入"第一项记录"，如图 5-62 所示。单击"下一步"按钮。

图 5-61　确定按钮执行的操作

图 5-62　确定按钮显示的文本

（5）指定按钮的名称，本例选择默认设置，如图 5-63 所示。单击"完成"按钮。完成第 1 个命令按钮控件"第一项记录"的创建。

（6）重复操作步骤（2）～步骤（5），添加其他 3 个记录导航按钮，操作分别为"转至下一项记录""转至前一项记录"和"转至最后一项记录"。

（7）添加窗体操作按钮。使用控件向导添加一个命令按钮控件，在打开的向导对话框中选择"窗体操作"类别及其对应的"关闭窗体"操作，如图 5-64 所示。窗体操作按钮显示文本内容为"关闭"，按钮名称选择默认值。添加完 5 个命令按钮后窗体页脚如图 5-65 所示。

图 5-63　指定按钮名称

图 5-64　窗体操作按钮设置

图 5-65　窗体页脚中添加的 5 个命令按钮

（8）对齐命令按钮。将 5 个按钮全部选中，单击"排列"选项卡上"调整大小和排列"组中的"对齐"命令，在下拉列表中选择"靠上"命令，此时 5 个命令按钮全部靠上对齐；单击"调整大小和排列"选项组中"大小/空格"按钮，在下拉列表中选择"至最宽"命令，此时 5 个命令按钮全部宽度一样；单击"调整大小和排列"选项组中的"大小/空格"按钮，在下拉列表中选择"水平相等"命令，此时 5 个按钮水平等间距排列，设计结果如图 5-66 所示。

图 5-66　5 个命令按钮对齐后的效果

（9）打开"属性表"窗格，在对象组合框中选择"窗体"对象，按表 5-5 设置窗体属性。

表 5-5　　　　　　　　　　　　　　　　　　窗体属性设置

属性名称	设置值	属性名称	设置值	属性名称	设置值
导航按钮	否	记录选择器	否	滚动条	两者均无

（10）保存窗体，切换到窗体视图，效果如图 5-67。

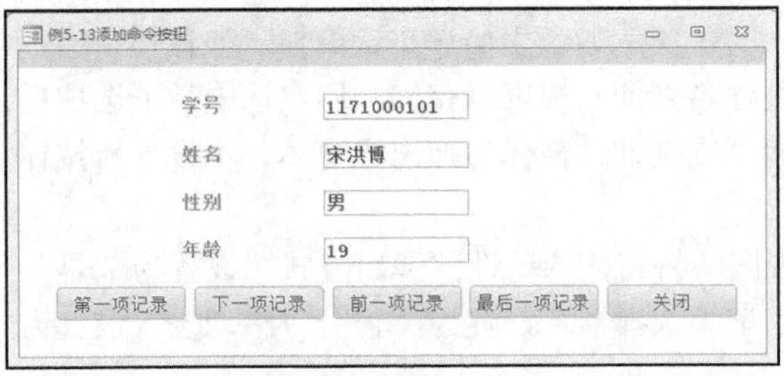

图 5-67　窗体运行效果

【例 5-14】 创建一个图 5-68 所示的窗体。在"请输入圆半径："右侧的文本框中输入半径值后，鼠标单击"面积："右侧的文本框，能自动显示面积值；再次重新输入半径的值，仍然能够自动显示出相应的面积；单击"关闭"按钮，关闭窗体。窗体标题显示"计算圆面积"，窗体为弹出式窗体，不设导航按钮、滚动条和记录选择器。具体操作步骤如下。

视频 5-15

（1）打开窗体设计视图。使用"控件"选项组控件按钮在主体节添加 2 个文本框，名称默认是 Text0 和 Text2，标签标题分别设置为"请输入圆半径："和"面积："，并调整大小及位置。

（2）Text2 文本框中要自动显示圆面积，因此用作计算型文本框，将该文本框的"控件来源"属性设置为以等号（=）开头的计算圆面积的表达式：=Text0*Text0*3.14。其中通过"请输入圆半径："右侧的文本框的名称 Text0 来获得所输入的值，效果如图 5-69 所示。此外，也可以直接在

Text2 文本框中直接输入计算圆面积的表达式。

（3）添加命令按钮，在打开的命令按钮向导对话框中选择"窗体操作"类别及其对应的"关闭窗体"操作，窗体操作按钮显示文本内容为"关闭"，按钮名称选择默认值。

图 5-68　"计算圆面积"窗体

图 5-69　添加文本框

（4）窗体属性按表 5-6 所示设置。

表 5-6　　　　　　　　　　　　　　　计算圆面积窗体属性设置

属性名称	设置值	属性名称	设置值	属性名称	设置值
标　　题	计算圆面积	导航按钮	否	记录选择器	否
滚动条	两者均无	弹出方式	是		

（5）保存窗体，命名为"例 5-14 计算圆面积"。

5. 复选框、选项按钮、切换按钮和选项组

复选框、选项按钮、切换按钮 3 个控件的功能相似，都可以用于多选操作，只不过形式有些不同罢了。当这 3 个控件和选项组结合起来使用时，可实现单选操作。

【例 5-15】 创建图 5-70 所示的学生信息查询窗体。该窗体中有一个选项组，其中包含了 3 个选项：按学号查询、按姓名查询、按班级查询。用户选中某个选项后，单击"开始查询"按钮可以打开相应的查询界面完成查询。窗体为弹出式窗体，不设导航按钮、滚动条、记录选择器。具体操作步骤如下。

（1）打开窗体设计视图，将窗体的属性"弹出方式"设置为"是"；"导航按钮"设置为"否"；"记录选择器"设置为"否"；"滚动条"设置为"两者均无"。

（2）显示窗体页眉/页脚节，在窗体页眉节适当位置添加标签控件，并在标签控件中直接输入"学生信息查询"，楷体，36 号，并调整标签到合适的大小。

视频 5-16

（3）使用控件向导在窗体主体节创建一个"图像"控件，在弹出的"插入图片"对话框中选择要插入的图片文件（可以任选一个图片），单击"确定"按钮插入。然后调整图片大小并放置到合适的位置。

（4）使用控件向导在窗体主体节创建一个"选项组"控件，在弹出的"选项组向导"对话框中为每一个选项指定标签名称，如图 5-71 所示。单击"下一步"按钮。

（5）确定默认选项，如图 5-72 所示。单击"下一步"按钮。

（6）为每个选项赋值，如图 5-73 所示。单击"下一步"按钮。

（7）确定选项组控件类型及样式。本例选择 "选项按钮"类型，所用"样式"选择"蚀刻"，如图 5-74 所示。单击"下一步"按钮。

图 5-70　学生信息查询窗体

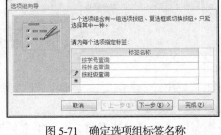

图 5-71　确定选项组标签名称

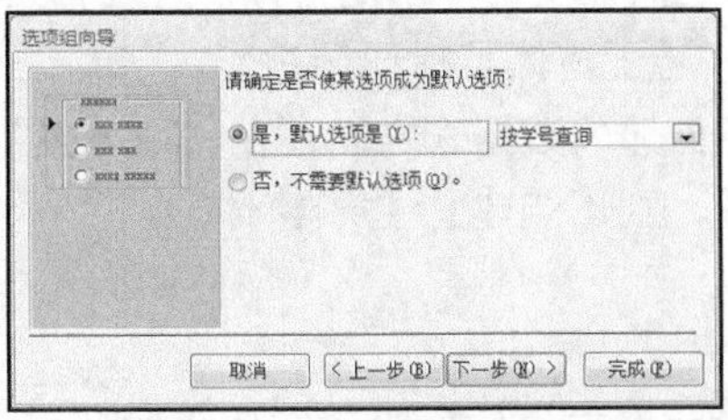

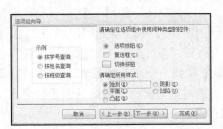

图 5-72　确定默认选项

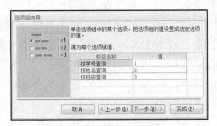

图 5-73　为每个选项赋值

（8）指定选项组标题为"学生信息查询"，如图 5-75 所示。单击"完成"按钮。然后将各个选项中的文字大小设置为 22，调整合适的大小和位置。

图 5-74　确定选项组控件类型及样式

图 5-75　指定选项组标题

（9）使用控件按钮在窗体主体节创建一个"命令按钮"控件。确定窗体设计工具下"设计"选项卡中"控件"选项组上的" 使用控件向导"按钮处于无效状态，再创建命令按钮，命令按钮上显示文本内容为"开始查询"，字体大小为 22，按钮名称为"查询"。

（10）保存该窗体，命名为"例 5-15 学生信息查询"。

在这个例子中，鼠标单击窗体中的"开始查询"按钮不会有任何实际操作。要想真正实现单击按钮时打开相应的查询界面，必须与宏或 VBA 模块相结合，编写完成具体操作的程序代码。

如果在步骤（7）中选择了"切换按钮"类型，窗体效果如图 5-76 所示。如果选择了"复选框"类型，窗体效果如图 5-77 所示。

图 5-76　切换按钮窗体

图 5-77　复选框窗体

5.4 窗体的设计

创建能满足用户不同需求、界面友好的窗体必须在窗体设计视图中进行设计。

1. 使用设计视图创建主/子窗体

在使用窗体显示表中数据时，经常需要同时显示两个相关表的数据。主/子窗体用于同时显示来自两个表的数据，其中基本窗体为主窗体，子窗体是嵌在主窗体中的窗体。主窗体可以包含多个子窗体，每个子窗体又可以包含下级子窗体，所以主/子窗体是树形结构。

在创建主/子窗体时，要保证主窗体的数据表与子窗体的数据表之间存在"一对多"的关系。如果在数据库中，没有为相关表建立"一对多"关系，则不能建立主/子窗体。

一般来说，创建主/子窗体有下列 3 种方法。

（1）使用向导创建主/子窗体。

（2）在设计视图中，利用"子窗体/子报表"控件将已有窗体作为子窗体添加到主窗体中。

（3）在设计视图中，直接将已有窗体作为子窗体拖曳到主窗体中。

在窗体设计视图中利用"子窗体/子报表"控件创建子窗体时，要确保主窗体的数据源与子窗体的数据源之间具有一对多关系，操作的关键是确定主窗体链接到子窗体中的字段。

【例 5-16】 在"学生成绩管理"数据库中，使用"设计视图"创建一个主/子类型的窗体，主窗体的记录源是"学生表"，子窗体的数据来源是已经创建好的"例 5-3 选课成绩表（数据表）"窗体。当运行主窗体时，用户只能浏览查看信息，不允许对"学生表"和"选课成绩表"进行"修改""删除"和"添加"记录的操作；主窗体不设导航按钮、记录选择器和滚动条，但要创建 4 个"记录导航"按钮和 1 个"窗体操作"按钮；在主窗体页眉显示"浏览学生基本情况"和系统当前日期。在子窗体中同样不设导航按钮、记录选择器。

分析：本例操作主要分两部分，一是使用设计视图按要求创建主窗体，二是将"例 5-3 选课成绩表（数据表）"窗体添加到主窗体中。

创建主窗体操作步骤如下。

视频 5-17

（1）打开"学生成绩管理"数据库，单击"创建"选项卡下"窗体"选项组的"窗体设计"按钮，打开窗体设计视图，并将窗体命名为"例 5-16 浏览学生基本情况"。

（2）打开属性表，将"窗体"对象的"记录源"设置为"学生表"，如图 5-78 所示。

（3）单击"设计"选项卡"工具"选项组中"添加现有字段"按钮，将"学生表"字段列表窗格中的全部字段拖曳到主体节中适当位置，对齐控件，设置所有标签控件"特殊效果"属性值为"凸起"，设置所有文本框控件"特殊效果"值为"凹陷"，效果如图 5-79 所示。

图 5-78 指定窗体记录源

（4）显示窗体页眉/页脚节，在窗体页眉节适当位置添加标签控件，并在标签控件中直接输入"浏览学生基本情况"，该标签控件属性设置如表 5-7 所示，设置完成后调整标签到合适的大小。

表5-7 窗体页眉中标签控件的属性设置

属性名称	值	属性名称	值	属性名称	值
字体名称	楷体	字体粗细	加粗	文本对齐	居中
字号	26	边框颜色	深蓝，文字2，淡色80%		

（5）在窗体页眉节适当位置添加一个文本框显示当前日期，删除与文本框相关联的标签控件后，在该文本框中直接输入当前日期的函数表达式：=Date()。文本框的"格式"属性设置为"长日期"，"背景样式"属性设置为"透明"，"特殊效果"属性设置为"凹陷"，效果如图5-80所示。

图5-79　主体节中的控件　　　　　图5-80　窗体页眉节中的控件

（6）使用控件向导在窗体页脚节添加4个记录导航按钮和1个窗体操作按钮。"第一条记录"按钮对应操作为"转至第一项记录"；"下一条记录"按钮对应操作为"转至下一项记录"；"前一条记录"按钮对应操作为"转至前一项记录"；"最后一条记录"按钮对应操作为"转至最后一项记录"；"关闭"按钮用来关闭窗体。

（7）对齐命令按钮。将5个按钮全部选中，单击"排列"选项卡上"调整大小和排列"组中的"对齐"命令，在下拉列表中选择"靠上"命令，此时5个命令按钮全部靠上对齐；单击"调整大小和排列"选项组中"大小/空格"按钮，在下拉列表中的选择"至最宽"命令，此时5个命令按钮全部宽度一样；单击"调整大小和排列"选项组中的"大小/空格"按钮，在下拉列表中选择"水平相等"命令，此时5个按钮水平等间距排列。

（8）在窗体页脚节添加一个矩形控件圈住所有的命令按钮。单击"设计"选项卡"控件"选项组中的"矩形"控件，在窗体页脚适当位置按住鼠标左键拖曳到合适大小，释放鼠标即显示一个矩形控件，效果如图5-81所示。

图5-81　窗体页脚中的5个命令按钮

（9）按表5-8设置主窗体的属性。不允许"修改""删除"和"添加"记录；不设导航按钮、记录选择器和滚动条。

（10）添加子窗体。使用控件向导在"主体节"适当位置添加"子窗体/子报表"控件，同时打开"子窗体向导"对话框，在对话框中选择"使用现有的窗体"，选择"例5-3选课成绩表（数据表）"，如图5-82所示。单击"下一步"按钮。

表 5-8   主窗体属性设置

属性名称	设置值	属性名称	设置值	属性名称	设置值
允许编辑	否	允许添加	否	导航按钮	否
允许删除	否	记录选择器	否	滚动条	两者均无
弹出方式	是				

（11）在打开的对话框中选择"从列表中选择"，选中"对学生表中的每个记录用学号显示选课成绩表"，如图 5-83 所示。单击"下一步"按钮。

图 5-82 　确定子窗体的数据来源

图 5-83 　确定链接字段

（12）在打开对话框中输入"例 5-3 子窗体"，如图 5-84 所示。单击"完成"按钮，此时窗体设计视图如图 5-85 所示。

（13）删除与子窗体关联的"标签"控件"例 5-3 子窗体"，保存窗体。

图 5-84 　指定子窗体名称

图 5-85 　添加子窗体后的设计视图

（14）打开"例 5-3 选课成绩表（数据表）"的窗体设计视图，设置子窗体属性，将"导航按钮"和"记录选择器"两个属性都设置为"否"。保存窗体并关闭。

（15）将主窗体切换到窗体视图，运行效果如图 5-86 所示。

图 5-86 　例 5-16 浏览学生基本情况窗体

提示　在主窗体设计视图中只能设置主窗体的相关属性，要设置子窗体的属性，必须打开相应子窗体的设计视图进行设置。

2. 使用设计视图创建输入窗体

【例 5-17】 在"学生成绩管理"数据库中，使用"设计视图"创建一个"例 5-17 学生信息输入"的窗体。该窗体的记录源是"学生表"。当运行该窗体时，使用"添加记录"按钮可添加新记录，使用"保存记录"按钮可保存该新记录，使用"删除记录"按钮可删除当前新记录，使用"关闭"按钮可以关闭窗体。窗体只显示新记录，对已有记录不显示，不设导航按钮、滚动条和记录选择器。操作步骤如下。

视频 5-18

（1）打开"学生成绩管理"数据库，单击"创建"选项卡下"窗体"选项组的"窗体设计"按钮，打开窗体设计视图。

（2）为窗体指定记录源。在窗体属性表窗格中指定"记录源"属性为"学生表"。

（3）在主体节添加控件。单击"设计"选项卡"工具"选项组中"添加现有字段"按钮，将"学生表"字段列表窗格中的全部字段拖曳到主体节中适当的位置，并调整位置及大小。设置效果如图 5-87 所示。

图 5-87　主体节添加控件

（4）在窗体页眉节添加一个标签，输入文本："输入学生基本信息"，并设置"字体名称"为楷体、"字号"为 26、"文本对齐"为居中、"背景样式"为透明等属性，效果如图 5-88 所示。

（5）在窗体页脚节添加 4 个命令按钮。其中 3 个"记录操作"类别按钮和 1 个"窗体操作"类别按钮，并调整位置及大小，效果如图 5-89 所示。

图 5-88　窗体页眉节标签控件

图 5-89　窗体页脚节命令按钮

（6）窗体属性设置，在窗体"属性表"窗格设置属性，参见表 5-9。因为该窗体是一个数据输入的窗体，所以"数据输入"的属性值设置为"是"，表示只显示新记录，不显示表中原有的记录。

表 5-9　　　　　　　　　　　　窗体属性设置

属性名称	设置值	属性名称	设置值
数据输入	是	导航按钮	否
记录选择器	否	主体节背景	橄榄色，强调文字颜色 3，淡色 80%

（7）保存窗体，命名为"例 5-17 学生信息输入"。切换到窗体视图，运行效果如图 5-90 所示。

图 5-90　例 5-17 学生信息输入窗体

习　　题

一、单项选择题

1. 在 Access 中，窗体上显示的字段为表或（　　）中的字段。
   A. 报表　　　　　　B. 标签　　　　　　C. 记录　　　　　　D. 查询
2. 下列不是窗体控件的是（　　）。
   A. 表　　　　　　　B. 标签　　　　　　C. 文本框　　　　　D. 组合框
3. 在 Access 中，可用于设计输入界面的对象是（　　）。
   A. 窗体　　　　　　B. 报表　　　　　　C. 查询　　　　　　D. 表
4. 窗体没有（　　）功能。
   A. 显示记录　　　　B. 添加记录　　　　C. 分类汇总记录　　D. 删除记录
5. 在窗体中，控件的类型可以分为（　　）。
   A. 计算型、未绑定型和绑定型　　　　　B. 对象型、计算型和结合型
   C. 计算型、未绑定型和非结合型　　　　D. 对象型、未绑定型和绑定型
6. 在 Access 中已建立了"雇员"表，其中有可以存放照片的字段。在使用向导为该表创建窗体时，"照片"字段所使用的默认控件是（　　）。
   A. 绑定对象框　　　B. 文本框　　　　　C. 标签　　　　　　D. 图像
7. 为窗体中的命令按钮设置单击鼠标时发生的动作，应选择设置其属性对话框的（　　）。
   A. 格式选项卡　　　B. 事件选项卡　　　C. 方法选项卡　　　D. 数据选项卡
8. 计算文本框中的表达式以（　　）开头。
   A. +　　　　　　　B. -　　　　　　　C. :　　　　　　　D. =
9. 要改变窗体上文本框控件的数据源，应设置的属性是（　　）。
   A. 记录源　　　　　B. 控件来源　　　　C. 默认值　　　　　D. 格式
10. 在 Access 窗体中，能够显示在窗体的每一页底部的信息，它是（　　）。
    A. 页面页眉　　　　B. 页面页脚　　　　C. 窗体页脚　　　　D. 窗体页脚
11. 在窗体设计视图中，必须包含的是（　　）。
    A. 主体　　　　　　　　　　　　　　　B. 窗体页眉
    C. 页面页眉和页面页脚　　　　　　　　D. 窗体页脚
12. 主/子窗体通常用来显示具有（　　）关系的多个表或查询的数据。
    A. 一对一　　　　　B. 一对多　　　　　C. 多对一　　　　　D. 多对多

13. 窗体是由不同的对象组成，每一个对象都具有自己独特的（　　　）。

    A. 节　　　　　　　　B. 字段　　　　　　　C. 属性　　　　　　D. 视图

14. 若要求在文本框中输入文本时达到密码"*"的显示效果，则应该设置的属性是（　　　）。

    A. 默认值　　　　　　B. 有效性文本　　　　C. 输入掩码　　　　D. 密码

15. 当需要将一些切换按钮、选项按钮或复选框组合起来共同工作实现单选时，需要使用的控件是（　　　）。

    A. 选项组　　　　　　B. 列表框　　　　　　C. 复选框　　　　　D. 组合框

16. 在主/子窗体的子窗体中还可以创建子窗体，最多可以有（　　　）层子窗体。

    A. 3　　　　　　　　B. 5　　　　　　　　C. 7　　　　　　　D. 9

17. 在窗体中，为了能够更新数据表中的字段值，应该选择的控件类型是（　　　）。

    A. 绑定型　　　　　　　　　　　　　　B. 绑定型或计算型

    C. 计算型　　　　　　　　　　　　　　D. 绑定型、未绑定型或计算型

18. 在窗体视图中显示窗体时，要使窗体中没有记录选定器，应将窗体的"记录选择器"属性设置为（　　　）。

    A. 是　　　　　　　　B. 否　　　　　　　　C. 有　　　　　　　D. 无

19. 已知"学生表"中"政治面貌"字段的值只可能是 3 项（党员、团员、群众）之一，为了方便输入数据，设计窗体时，"政治面貌"字段的控件应该选择（　　　）。

    A. 标签　　　　　　　B. 文本框　　　　　　C. 命令按钮　　　　D. 组合框

20. 假设已在 Access 中建立了包含"书名""单价"和"数量" 3 个字段的"Book"表，以该表为记录源创建的窗体中，有一个计算订购总金额的文本框，则其控件来源应为（　　　）。

    A. [单价]*[数量]　　　　　　　　　　B. =[单价]*[数量]

    C. =单价*数量　　　　　　　　　　　D. 单价*数量

二、填空题

1. 窗体中的数据源可以是_____或_____。

2. 窗体由多个部分组成，每个部分称为一个_____。

3. 能够唯一标识某一控件的属性是_____。

4. 在窗体设计过程中，经常要使用的 3 种属性是控件属性、_____和节属性。

5. 窗体上的控件包含 3 种类型：绑定控件、未绑定控件和_____。

6. 在创建主/子窗体之前，必须设置_____之间的一对多关系。

7. _____控件，既可以输入数据，也可以在数据列表中进行选择。

8. 在窗体页眉中添加计算文本框，在该文本框中输入_____将显示系统当前日期。

第6章
报表

报表是数据库应用系统中非常重要的对象。Access 2010 使用报表对象来实现打印数据功能，建立报表的过程和建立窗体基本相同，数据来源于数据表或查询；窗体只能显示在屏幕上，而报表还可以打印出来；窗体可以与用户进行信息交互，而报表没有交互功能。本章将介绍报表的有关知识。

6.1　报表概述

报表是 Access 2010 数据库中的一个对象，可以按指定格式输出数据，数据源可以是表、查询或 SQL 语句。报表可以帮助用户以更好的方式表示数据，但没有输入数据的功能。报表既可以输出在屏幕上，也可以通过打印机打印出来。

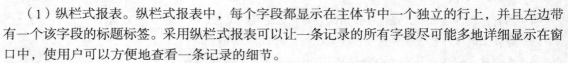

视频6-1

6.1.1　报表的类型

Access 2010 系统提供了 4 种类型的报表，分别是纵栏式报表、表格式报表、图表报表和标签报表。

（1）纵栏式报表。纵栏式报表中，每个字段都显示在主体节中一个独立的行上，并且左边带有一个该字段的标题标签。采用纵栏式报表可以让一条记录的所有字段尽可能多地详细显示在窗口中，使用户可以方便地查看一条记录的细节。

（2）表格式报表。表格式报表以行和列的方式输出数据，一个记录的所有字段显示在一行。这种报表可以在一页上尽量多地显示数据内容，方便用户尽快了解数据全貌。

（3）图表报表。图表报表是指报表中的数据以图表格式显示，类似 Excel 中的图表，图表可直观地展示数据之间的关系。

（4）标签报表。标签报表是一种特殊类型的报表。例如，在实际的应用中，可制作学生表的标签，每个学生记录对应生成一个标签，用来邮寄学生的通知、信件等。

视频6-2

6.1.2　报表的组成

报表的内容是以"节"为单位划分的，一个报表主要包括报表页眉、页面页眉、主体、页面页脚和报表页脚 5 个部分，每个部分称为一个"节"。创建新的报表时，默认报表只包含三个节：页面页眉节、页面页脚节和主体节。在报表设计视图中右击鼠标，选择快捷菜单中的"页面页眉/页脚"或"报表页眉/页脚"命令可以显示或隐藏相应的节。此外，还可以在报表中对记录数据进行分组，对每个组添加其对应的组页眉节和组页脚节。报表中的信息可以分布在多个节中。每个节都有特定的用途，每个节最多出现一次，如图 6-1 所示。

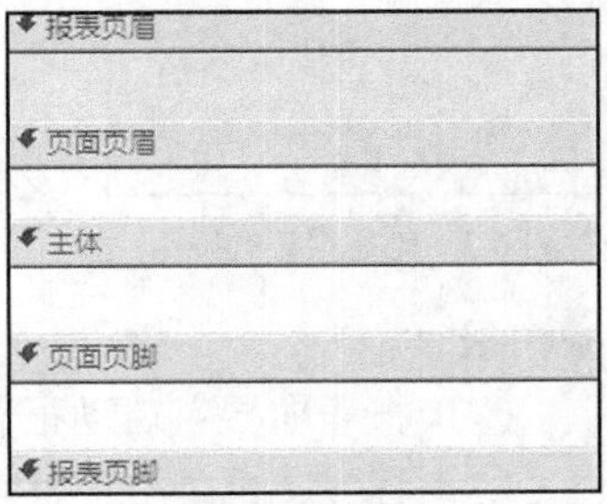

图 6-1　报表中的"节"

（1）报表页眉。在报表开头出现一次，在报表页眉可以放置如报表题目、公司名称、徽标或制表日期等说明性信息。通常把报表页眉设置为单独的一页，用作整个报表的封面。

（2）页面页眉。页面页眉出现在报表的每一页的顶部，通常放置显示在报表上方的信息，例如报表中每一列的列标题。

（3）组页眉。对报表中的记录数据进行分组，才能出现相应的组页眉和组页脚。组页眉出现在每个分组的开始处，通常放置显示分组字段的数据或其他说明信息。例如计算各个学生的成绩平均分时，显示学生的学号、姓名和班级字段信息。

（4）主体。主体节在报表中的每页打印输出，用来显示数据的详细内容，即数据源中的每一条记录的显示区域，每一条记录打印一次。例如学生成绩表中每一名学生各门课程的具体成绩。

（5）组页脚。组页脚出现在每个分组的结束处，可用于显示该组的各种分类汇总信息。例如，计算各个学生的成绩平均分时，显示各个学生所有课程成绩平均分和选修课程数量。

（6）页面页脚。页面页脚出现在报表的每页底部，可以用来显示本页数据的汇总情况，也可以显示日期和页码。

（7）报表页脚节。报表页脚出现在报表的最后一页底部，与报表页眉一样，一份报表的页脚只打印一次，通常用来显示整份报表的合计或其他汇总信息，如制表人、总计等。

6.1.3　报表的视图

在报表的设计与显示中经常要用到报表的视图方式，报表有 4 种视图，分别是：报表视图、设计视图、打印预览视图和布局视图。

视频6-3

（1）报表视图。报表视图用来查看报表的设计结果，在报表视图中数据按照预先的设计在窗口中显示。

（2）设计视图。设计视图是报表的工作视图，可以创建和编辑报表的内容和结构。

（3）打印预览视图。用于查看报表版面的设置及打印的效果，和实际打印效果一致。在打印预览视图上可以设置页面的大小、页面布局等。

（4）布局视图。布局视图的界面和报表视图几乎一样，在显示数据的同时可以调整报表控件的布局，可以插入字段和控件，调整字体，进行页面设置等操作。

6.2　报表的创建

创建报表的方法与创建窗体类似。两者都使用控件来组织和显示数据，所以创建窗体的很多方法也适用于创建报表。

在 Access 2010 中，打开某个 Access 数据库，例如"学生成绩管理"数据库。单击"创建"选项卡，在"报表"选项组中显示出图 6-2 所示的几种创建报表的按钮。

图 6-2　创建报表的按钮

视频 6-4

（1）报表：利用当前选定的表或查询自动创建一个报表，是最快捷的创建报表的方式。

（2）报表设计：在"设计视图"下，通过添加各种控件，创建报表。

（3）空报表：以"布局视图"的方式创建一个空白报表。

（4）报表向导：启动报表向导，帮助用户按照向导既定的步骤和提示创建报表。

（5）标签：也是一种报表向导，对当前选定的表或查询创建标签式的报表，适合打印输出标签、名片等。

6.2.1　使用"报表"按钮创建报表

视频 6-5

"报表"按钮提供了最快捷的报表创建方式，单击该按钮会立即生成报表，在生成过程中没有任何信息。如果要创建的报表来自单一数据表或者查询，并且没有分组统计的功能，就可以用这种方式创建，生成的报表以表格方式显示数据表或查询中的所有字段和记录。

【例 6-1】　在"学生成绩管理"数据库中，使用"报表"工具按钮快速创建一个基于"学生表"的报表，报表名称为"例 6-1 学生信息报表（报表）"。具体操作步骤如下。

（1）打开"学生成绩管理"数据库，单击"导航窗格"上的"表"对象，展开"表"对象列表，单击该表对象列表中的"学生表"，即选定"学生表"作为报表的数据源。

（2）单击"创建"选项卡"报表"选项组中的"报表"按钮，Access 2010 自动创建包含"学生表"中所有数据项的报表，并以"布局视图"方式显示出该报表，如图 6-3 所示。

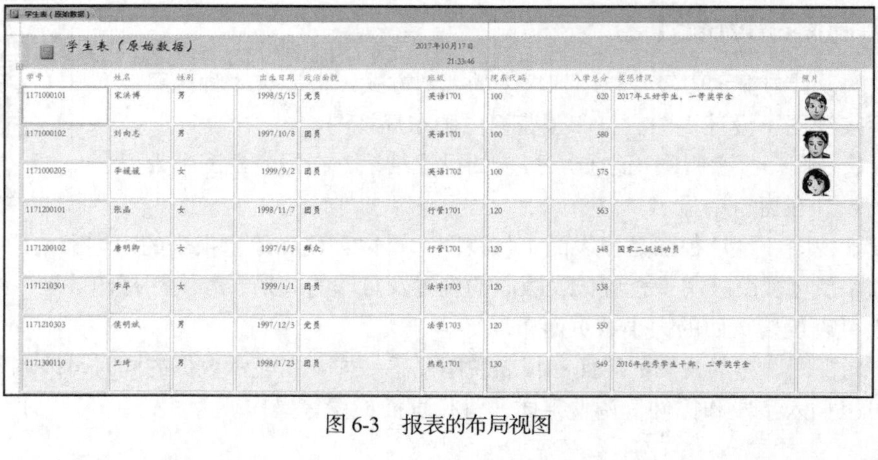

图 6-3　报表的布局视图

（3）单击该报表"布局视图"窗口右上角的"关闭"按钮，弹出提示"是否保存对报表'学生表'的设计的更改？"对话框，单击"是"按钮，弹出"另存为"对话框，在这个对话框中的"报表名称"文本框中输入"例 6-1 学生信息报表（报表）"。

（4）单击"另存为"对话框中的"确定"按钮保存报表。

6.2.2　使用"空报表"按钮创建报表

使用"空报表"按钮创建报表类似于用"空白窗体"创建窗体。首先启动一个空报表，然后自动打开一个"字段列表"窗口，用户可以通过在"字段列表"窗口中双击字段或拖曳字段，在设计界面上添加绑定型控件显示字段内容。

视频6-6

【例 6-2】 在"学生成绩管理"数据库中，使用"空报表"按钮创建一个报表，在该报表中能打印输出所有学生的学号、姓名、选修的课程、该课程成绩和学分，并使输出的记录按"学号"升序排列。报表名称为"例 6-2 学生选课成绩报表（空报表）"。操作步骤如下。

（1）打开"学生成绩管理"数据库，单击"创建"选项卡，单击"报表"选项组中的"空报表"按钮，弹出一个空白报表的"布局视图"，并在右侧自动打开"字段列表"窗格，如图 6-4 所示。

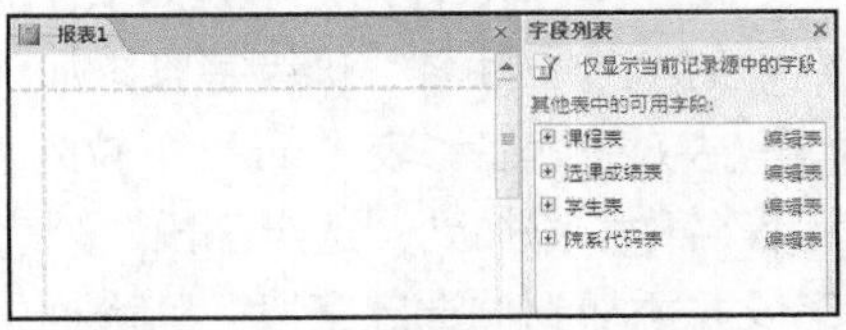

（2）在"字段列表"窗格中，单击"学生表"前的"+"号，展开"学生表"的所有字段，双击其中的"学号""姓名"（也可以直接用鼠标拖曳选中的字段到报表内），报表上自动添加这些字段。

图 6-4　空报表的"布局视图"

（3）采用相同的操作，将"选课成绩表"中的"成绩"和"课程表"中的"课程名称"和"学分"字段添加到报表中。可以用鼠标拖曳列的方式来交换"成绩"和"课程名称"的先后顺序，并调整各个控件的宽度使其能完整地显示。

（4）用鼠标右键单击"学号"控件的任意位置，在弹出的快捷菜单中选择"升序"。

（5）保存该报表，该报表的名称为"例 6-2 学生基本信息报表（空报表）"，预览结果如图 6-5 所示。需要注意的是，该报表中的数据来自于多个数据表，在创建报表之前数据表之间需要建立关系。

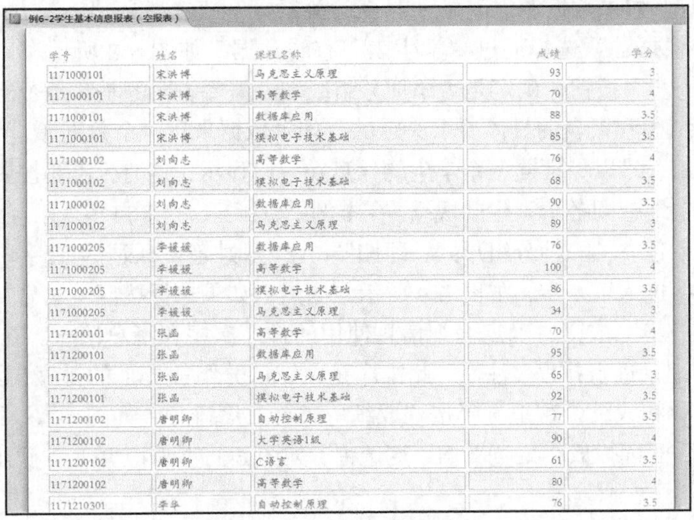

图 6-5　使用"空报表"按钮创建的报表的"打印预览"视图

6.2.3　使用"报表向导"按钮创建报表

使用"报表向导"按钮创建报表时，向导会提示用户选择报表的数据源（数据源可以是数据表或者查询）、字段和布局。用户使用向导可以设置数据的排序和分组，产生汇总数据，还可以生成带子报表的报表。需要注意的是，报表中的多个数据源必须先建立好关系。

【例 6-3】 在"学生成绩管理"数据库中，使用"报表向导"按钮创建学生选课成绩报表。

要求打印学生的学号、姓名、班级、课程编号、课程名称和成绩，并汇总显示各个学生的成绩平均分。报表名称为"例6-3 学生选课成绩报表（报表向导）"。具体操作步骤如下。

（1）打开"学生成绩管理"数据库。单击"创建"选项卡上"报表"选项组中的"报表向导"按钮，打开"报表向导"对话框。

视频6-7

（2）在"表/查询"下拉列表中选择"学生表"，并将"可用字段"列表框中的学号、姓名、班级字段添加到"选定字段"列表框中，如图6-6所示。

（3）继续在"表/查询"下拉列表中选择"课程表"，选择"可用字段"列表框中课程编号、课程名称，添加到"选定字段"列表框，如图6-7所示；同样，在"选课成绩表"选择"成绩"字段并添加到"选定字段"列表框中。

图6-6　确定"学生表"中选定字段

图6-7　确定"课程表"中选定字段

（4）单击"下一步"按钮，确定查看数据的方式（当选定的字段来自多个数据源时，"报表向导"才有这个步骤）。如果数据源之间是一对多的关系，一般选择从"一"方的表（也就是主表）来查看数据。这里根据题意选择通过"学生表"查看数据，如图6-8所示。

（5）单击"下一步"按钮，确定是否添加分组级别。需要说明的是，是否需要分组是由用户根据数据源中的记录结构和报表的具体要求决定的。如果数据来自一个数据源，如"选课成绩表"，如果不按照学号分组，难以保证同一个学生的信息在一起显示，这时，需要按照"学号"分组，才能在报表输出中方便地查阅各个学生的成绩。在本例中，由于数据来自多个已经建立关系的数据源，实际上已经通过关系建立了一种分组形式，即按照"学号+姓名+班级"组合字段分组，所以可以不添加分组级别，直接进入下一步，如图6-9所示。当然，如果选择按照"学号"分组也是一样。

（6）单击"下一步"按钮，确定明细信息使用的排序次序和汇总信息。在该对话框中可以最多选择4个字段对记录进行排序。注意，此排序是在默认分组前提下的排序，因此可选字段只有：课程编号、课程名称和成绩，这里选择按"成绩"进行升序排序，如图6-10所示。单击"汇总选项"按钮，在该对话框选择成绩的"平均"复选框，如图6-11所示。单击"确定"按钮，返回"报表向导"对话框。

图6-8　确定数据查看的方式

图6-9　确定分组级别

图 6-10 选择排序字段

图 6-11 "汇总选项"对话框

（7）单击"下一步"按钮，确定报表的布局方式，设置报表的布局和方向。这里保持默认设置，左边的预览框显示效果，如图 6-12 所示。

（8）单击"下一步"按钮，为报表指定标题。在"请为报表指定标题"下边的文本框中输入"例 6-3 学生选课成绩报表（报表向导）"，选择"预览报表"，如图 6-13 所示。

图 6-12 设置报表的布局和方向

图 6-13 指定报表的标题

（9）单击"完成"按钮，在打印预览视图方式下打开报表，如图 6-14 所示。关闭打印预览视图后，显示该报表的设计视图，如图 6-15 所示。在该设计视图中可以对用向导生成的报表进行修改。

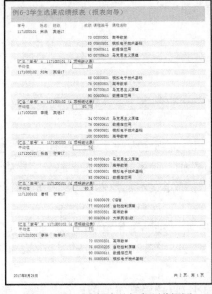

图 6-14 生成报表的打印预览视图

扫码看大图

图 6-15 生成报表的设计视图

6.2.4 使用"报表设计"按钮创建报表

报表向导创建报表很方便，但创建出来的报表形式和功能都很简单，往往不能满足用户的要求，这时可以通过"报表设计"对报表进一步修改，或者直接创建一个新的报表。使用"报表设计"创建报表，首先显示一个新报表的"设计视图"窗口，在这个"设计视图"窗口中用户可以根据自己的意愿对报表进行设计。

【例 6-4】 在"学生成绩管理"数据库中，使用"报表设计"创建一个基于"学生表"的报表，要求在报表中画出水平和垂直框线，显示学生的学号、姓名、性别、院系代码和入学总分。报表名称为"例 6-4 学生清单（报表设计）"。具体操作步骤如下。

（1）打开"学生成绩管理"数据库，在"创建"选项卡的"报表"选项组中单击"报表设计"按钮，显示报表的"设计视图"窗口，默认显示出"页面页眉""主体"和"页面页脚"3 个节。

（2）在报表设计视图窗口中单击右键，在弹出的快捷菜单中选择"报表页眉/页脚"命令，则可在报表设计视图中添加"报表页眉"节和"报表页脚"节。

（3）在报表设计工具"设计"选项卡的"工具"选项组中单击"属性表"按钮，显示出报表的"属性表"窗格，在"属性表"的"数据"选项卡中"记录源"右边的下拉组合框中，选定"学生表"为记录源，如图 6-16 所示。

（4）单击"报表设计工具"下"设计"选项卡中"控件"选项组"标签"按钮，再单击"报表页眉"节中的某一位置，则在"报表"页眉中添加了一个标签控件，输入标签的标题为"学生清单报表"。在"属性表"中设置该标签控件的字体为"宋体"，字号为"28"，字体颜色为红色，文本对齐方式为"居中"，设计效果如图 6-17 所示。

图 6-16 选定记录源

图 6-17 添加标签控件

（5）单击"报表设计工具"下"设计"选项卡中"工具"选项组中的"添加现有字段"按钮，打开"字段列表"窗格。从字段列表中拖曳学号、姓名、性别、院系代码和入学总分字段到"主体"节中，在"主体"节中就添加了这 5 个字段对应的 5 个绑定文本框控件和 5 个关联的标签控件。

（6）分别把"主体"节中的所有"标签"控件"剪切"后"粘贴"到报表的"页面页眉"节，单击"排列"选项卡上"调整大小和排序"选项组中的"对齐"按钮，在打开的下拉列表框中选择对齐方式。这里选择"靠上"命令。

（7）在"主体"节中，采用同样的方法将各个文本框的位置调整到合适的位置。单击"设计"选项卡中"工具"选项组中的"属性表"按钮，分别设置这 5 个文本框的"属性表"，单击"格式"选项卡，设置"边框选项样式"为"透明"，设置"文本对齐"为"居中"，设计效果如图 6-18

所示。

（8）绘制水平框线。为使设计报表结构更清晰，单击右键，在快捷菜单中选中"网格"命令，隐藏网格。单击"设计"选项卡"控件"选项组中的"直线"控件按钮，单击"页面页眉"节中的各标签上方的位置，沿水平方向拖曳鼠标创建一条长度能覆盖所有标签控件的水平直线控件。复制该"直线"控件，分别在"页面页眉"节各标签的上方和下方，以及"主体"节中各文本框的下方各放置一条直线并左对齐。

（9）绘制垂直框线。单击"设计"选项卡上"控件"选项组中的"直线"控件按钮，沿垂直方向画出一条"直线"控件，"直线"控件的长度以能连接"页面页眉"上的两个水平的"直线"控件为准，然后"复制"5 次该垂直"直线"控件，然后把"直线"控件移到每两个标签之间，以及两个水平的"直线"控件的左边和右边。用同样的方法在"主体"节中各个文本框控件之间绘制 5 个直线控件。设计效果如图 6-19 所示。

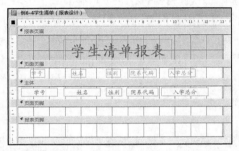

图 6-18 添加"主体"和"页面页眉"节的内容并对齐

图 6-19 绘制水平和垂直框线

（10）单击"设计"选项卡上"控件"选项组中的"文本框"控件按钮，再单击"页面页脚"节的某一位置，添加一个文本框和一个关联的标签控件，在"文本框"控件内输入："="第" & [Page] & "页""，用以在报表页脚显示页码，然后删除关联的标签控件。

（11）用鼠标拖曳的方法，调整各个节的高度，设计效果如图 6-20 所示。然后切换到"打印预览视图"按钮，效果如图 6-21 所示。

（12）保存该报表，名称为"例 6-4 学生清单（报表设计）"。

图 6-20 调整后的报表"设计视图"

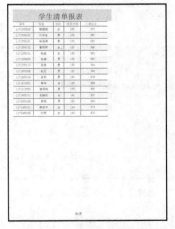

图 6-21 报表的打印预览视图

没有内容的各节之间不留空白，可以用鼠标拖曳分隔条或设置相应节的"高度"属性为 0 来实现。

6.2.5 创建图表报表

图表报表是 Access 2010 特有的一种图表格式的报表，用图表的形式表现数据库中的数据，相对普通报表来说表现形式更直观。

用 Access 提供的"图表向导"可以创建图表报表。"图表向导"的功能十分强大，它提供了多达 20 种的图表形式供用户选择。应用"图表向导"只能处理单一数据源的数据，如果需要从多个数据源中获取数据，必须先创建一个基于多个数据源的查询，再从"图表向导"中选择此查询作为数据源创建图表报表。

【例 6-5】 在"学生成绩管理"数据库中，使用"图表"控件创建一个基于"学生表"的图表报表，用柱形图统计各院系学生的政治面貌情况。将该报表保存为"例 6-5 各院系学生的政治面貌统计报表"。由于学生信息和院系信息分别存放在"学生表"和"院系代码表"中，因此，需要先创建一个基于多个数据源的查询"例 6-5 学生院系信息查询"。该查询的 SQL 语句为：

```
Select 学生表.政治面貌,院系代码表.院系名称
From 学生表,院系代码表 Where 学生表.院系代码 =院系代码表.院系代码;
```

操作步骤如下。

（1）打开"学生成绩管理"数据库，单击"创建"选项卡"报表"选项组中的"报表设计"按钮，进入报表的"设计视图"。

（2）在"设计"选项卡上，单击"控件"选项组中的"图表"按钮，然后单击报表"主体节"中的某一个位置来显示图表，并弹出"图表向导"对话框。

视频6-8

（3）在"图表向导"对话框中，单击"视图"标签下方的"查询"单选按钮，然后在"请选择用于创建图表的表或查询:"标签下方的列表框中选择"例 6-5 学生院系信息查询"，如图 6-22 所示。

（4）单击"下一步"按钮，选择用于图表的字段。在"可用字段"列表框中选择"政治面貌"字段和"院系名称"字段，如图 6-23 所示。

图 6-22　选择用于创建图表的表或查询

图 6-23　选择图表数据所在的字段

（5）单击"下一步"按钮，选择图表类型，这里选择"柱形图"，如图 6-24 所示。

（6）单击"下一步"按钮，指定数据在图表中的布局方式，如图 6-25 所示，将右侧的"院系

名称"和"政治面貌"字段按钮,拖曳到左侧的图表示例中相应的位置。单击左上角的"预览图表"按钮可以预览图表效果。

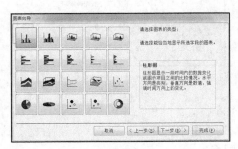

图 6-24　选择图表类型

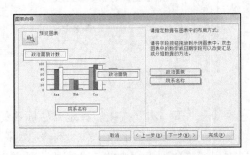

图 6-25　指定图表布局

（7）单击"下一步"按钮,指定图表的标题。在"请指定图表的标题:"标签下方文本框中输入"各院系政治面貌统计报表",如图 6-26 所示。

（8）单击"完成"按钮,返回"设计视图",调整图表的大小,完成图表创建。注意,在报表的设计视图下,图表中的数据不会正常显示,只有退出设计视图,比如切换到布局视图或打印预览视图,图表中的数据才会显示,效果如图 6-27 所示。

（9）将该报表保存为"例 6-5 各院系的政治面貌统计报表"。

图 6-26　指定图表的标题

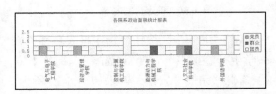

图 6-27　预览图表报表

6.2.6　创建标签报表

标签是 Access 2010 提供的一个非常实用的功能,利用它可将数据库中的数据按照定义好的标签格式打印标签。创建标签使用"标签"按钮。标签向导的功能十分强大,不但支持标准型号的标签,也可以自定义尺寸制作标签。

【例 6-6】在"学生成绩管理"数据库中,使用"标签"按钮创建一个基于"学生表"的标签报表,包括"学号""姓名"和"班级"字段。该报表保存为"例 6-6 学生标签报表"。操作步骤如下。

视频 6-9

（1）打开"学生成绩管理"数据库,在导航窗格的"表"对象组中选择"学生表"作为数据源。

（2）在"创建"选项卡下,单击"报表"选项组中的"标签"按钮,打开图 6-28 所示的"标签向导"对话框。

（3）在"请指定标签尺寸"标签下方的列表框中指定标签尺寸,这里选择默认尺寸。

（4）单击"下一步"按钮,设置文本的字体和颜色,如图 6-29 所示。

图 6-28　"标签向导"对话框

图 6-29　设置文本的字体和颜色

（5）单击"下一步"按钮，指定邮件标签的显示内容。在"可用字段"列表框中依次将"学号"、"姓名"和"班级"字段，添加到"原型标签"列表框中，如图 6-30 所示。请注意，这里添加到"原型标签"列表框中的三个字段必须放在不同行上。

（6）单击"下一步"按钮，确定按哪些字段排序，本例选择"学号"字段为排序依据，如图6-31 所示。

图 6-30　确定标签内容

图 6-31　确定排序字段

（7）单击"下一步"按钮，指定报表名称，在"请指定报表的名称"标签下的文本框中输入"例 6-6 学生标签报表"，在"请选择："标签下方，选定打开方式，这里保持默认设置。

（8）单击"完成"按钮，效果如图 6-32 所示。

（9）切换到报表设计视图，编辑内容和调整格式。选中显示学生学号的文本框控件，在属性表中将其"控件来源"属性改为：="学号："& [学号],采用同样的方法将显示学生姓名和班级的文本框控件的"控件来源"属性分别改为："姓名："& [姓名]和="班级："& [班级],然后再切换回打印预览视图，调整后结果如图 6-33 所示。这里用到的"&"是字符串连接操作符，用来将字符串和数据表中文本字段连接起来。

（10）保存报表，名称为"例 6-6 学生标签报表"。

图 6-32　指定报表的名称

图 6-33　标签预览

6.3　报表的编辑

在报表的实际应用中，除了显示和打印原始数据，还经常要对报表中包含的数据进行计数、求平均值、排序或分组等的统计分析操作，以得出一些统计汇总数据用作决策分析。

6.3.1　报表中记录的排序与分组

1. 报表记录排序

在用报表向导创建报表时，其中最多可以按 4 个字段进行排序，而在报表的"设计视图"中，可以设置超过 4 个字段或表达式对记录进行排序。

在报表的"设计视图"中，设置报表记录排序的一般操作步骤如下。

（1）打开报表的"设计视图"。

（2）单击"设计"选项卡上"分组和汇总"选项组中的"分组和排序"按钮，在"设计视图"下方显示出"分组、排序和汇总"窗格，并在该窗格内显示"添加组"和"添加排序"按钮。

（3）单击"添加排序"按钮，在字段列表中选择排序所依据的字段。默认情况下按"升序"排序，若要改变排序次序，可在"升序"按钮的下拉列表中选择"降序"。第 1 行的字段或表达式具有最高排序优先级，第 2 行则具有次高的排序优先级，依此类推。

【例 6-7】　在"学生成绩管理"数据库中，基于"例 6-4 学生清单（报表设计）"设计报表，要求按学号升序排列记录，并将其命名为"例 6-7 学生清单报表（排序）"。操作步骤如下。

（1）打开"学生成绩管理"数据库，单击"导航"窗格上的"报表"对象，展开"报表"对象列表。

（2）将"例 6-4 学生清单（报表设计）"复制后粘贴为新报表，并指定报表名称为"例 6-7 学生清单报表（排序）"。

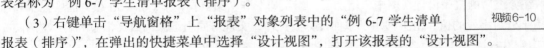

视频 6-10

（3）右键单击"导航窗格"上"报表"对象列表中的"例 6-7 学生清单报表（排序）"，在弹出的快捷菜单中选择"设计视图"，打开该报表的"设计视图"。

（4）在"设计"选项卡上，单击"分组和汇总"选项组中的"分组和排序"按钮，在底部打开"分组、排序和汇总"窗格，并在窗格中显示"添加组"和"添加排序"两个按钮，如图 6-34 所示。

图 6-34　报表的设计视图

（5）单击"添加排序"按钮，打开字段列表，选择"学号"字段。在"分组、排序和汇总"窗格中添加了一个"排序依据"栏，如图 6-35 所示，默认按"升序"排序。

（6）单击"报表页眉"节中的"学生清单报表"标签，改为"学生清单报表（按学号升序）"。

（7）单击"保存"按钮，保存对该报表设计的修改。

（8）单击状态栏右方的"打印预览视图"按钮，显示预览效果，如图 6-36 所示。

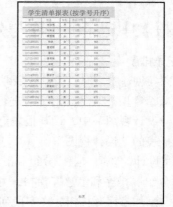

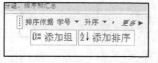

图 6-35　选择按"学号"升序排序　　　　图 6-36　打印预览视图

2. 报表记录分组

在建立报表过程中，除了对整个报表的记录进行排序、统计汇总外，还经常需要在某些分组前提下对每个分组进行统计汇总，即分类汇总。

用数据源的某个或多个字段分组，可使具有共同特征的相关记录形成一个集合，在显示或打印报表时，它们将集中在一起。对分组产生的每个集合，可以设置计算汇总等信息，一个报表最多可以对 10 个字段或表达式进行分组。

在分组后的报表设计视图中，增加了"组页眉"和"组页脚"节。一般在组页眉中显示和输出用于分组字段的值；组页脚用于添加计算型控件，实现对同组记录的数据汇总和显示输出。

【例 6-8】在"学生成绩管理"数据库中，基于"例 6-4 学生清单（报表设计）"设计一个按"院系代码"分组的报表，并要求统计各院系学生的人数，报表名称为"例 6-8 统计各院系学生人数报表"。操作步骤如下。

视频 6-11

（1）打开"学生成绩管理"数据库，单击"导航"窗格上的"报表"对象，展开"报表"对象列表。

（2）选择"例 6-4 学生清单（报表设计）"，复制后粘贴为一个新报表，并指定报表名称为"例 6-8 统计各院系学生人数报表"。

（3）右键单击"导航窗格"上"报表"对象列表中的"例 6-8 统计各院系学生人数报表"，在弹出的快捷菜单中选择"设计视图"，打开该报表的"设计视图"。

（4）在"设计"选项卡上，单击"分组和汇总"选项组中的"分组和排序"按钮，打开"分组、排序和汇总"窗格，并在窗格中显示"添加组"和"添加排序"按钮。单击"添加组"按钮，在字段列表中选择"院系代码"字段，效果如图 6-37 所示。

（5）单击"更多"，展开"分组形式"栏，单击"无页脚节"右侧下拉箭头，在弹出的列表中选择"有页脚节"，添加"院系代码页脚"节。默认情况下只会添加"院系代码页眉"节，单击

"不将组放在同一页上"右侧的下拉箭头,在弹出的列表中单击"将整个组放在同一页上",效果如图 6-38 所示。

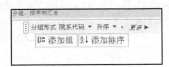

图 6-37　添加组

图 6-38　"分组形式"栏的设置

(6)单击"更少"按钮,收起"分组形式"栏。此时,报表的"设计视图"中添加了"院系代码页眉"节和"院系代码页脚"节。单击"添加排序"按钮,按"学号"字段升序排序。

(7)修改报表页眉中的标签标题属性为"各院系学生人数报表"。

(8)调整报表中的每个节的高度到合适的位置。将"页面页眉"节中的"院系代码"标签和"主体"节中"院系代码"文本框移动到"院系代码页眉"节左侧,在"院系代码页脚"中添加一个文本框,在文本框中直接输入 "="院系人数:" & Count([学号])",然后删除与文本框关联的标签。把所有文本框的"边框样式"属性都设为"透明"。为了使报表的结构清晰,在"院系代码页眉"节下部添加一条水平直线控件,并隐藏网格(在主体节中单击右键,在弹出的菜单中选择)。设计视图如图 6-39 所示。

(9)单击"保存"按钮,保存对该报表设计的修改。

(10)单击状态栏右方的"打印预览视图"按钮,显示预览效果,如图 6-40 所示。

说明:

在"分组、排序和汇总"窗格中"将组放在同一页上"的设置,用于确定在打印报表时页面上组的布局方式。可能需要将组尽可能放在一起,以减少查看整个组时翻页的次数。由于大多数页面在底部都会留有一些空白,因此这往往会增加打印报表所需的纸张数。

- ❑ 不将组放在同一页上。组可能被分页符截断,出现一组的内容打印在不同页上。
- ❑ 将整个组放在同一页上。此选项有助于将组中的分页符数量减至最少。如果页面中的剩余空间容纳不下某个组,则将这些空间保留为空白,从下一页开始打印该组。较大的组仍需要跨多个页面,但此选项将把组中的分页符数尽可能减至最少。

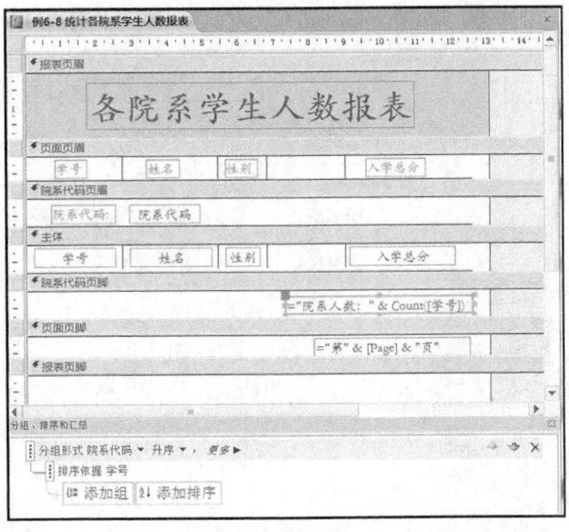

图 6-39　设计视图

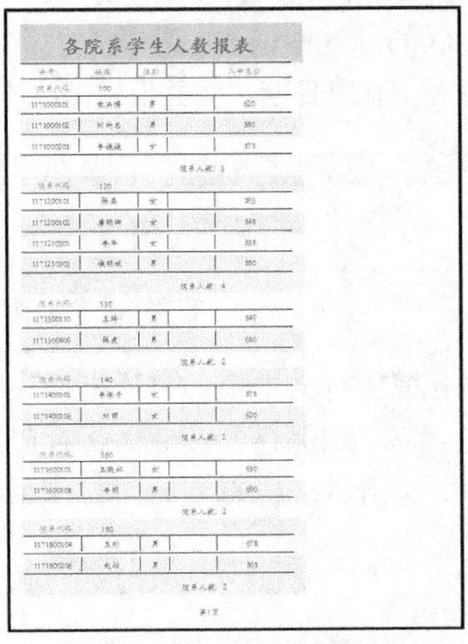

图 6-40　打印预览视图

6.3.2 报表中计算控件的使用

在报表中添加计算控件并设置该控件来源的表达式，可以实现计算功能。在打开报表的"打印预览"视图时，在计算控件文本框中显示出其表达式计算结果的值。

在报表中添加计算控件的基本操作步骤如下。

（1）打开报表的"设计视图"。

（2）单击"设计"选项卡上"控件"选项组中的"文本框"控件。

（3）单击报表"设计视图"中的某个节，在该节区中添加了一个文本框控件。

（4）双击该文本框控件，显示该文本框的"属性表"。

在"控件来源"属性框中，键入以等号"="开头的表达式，如"="院系人数: " & Count([学号])"。实际上，在例6-8中，我们已经使用了文本框计算控件，在下面的例子中，我们将在分组页脚和报表页脚中添加文本框计算控件。

【例6-9】在"学生成绩管理"数据库中，基于"例6-8 统计各院系学生人数报表"继续统计每个院系学生的平均入学成绩，并在报表页脚显示全部学生人数以及制表日期。报表名称为"例6-9 各院系学生的平均入学成绩报表"。操作步骤如下。

视频6-12

（1）打开"学生成绩管理"数据库，单击"导航"窗格上的"报表"对象，展开"报表"对象列表。

（2）单击选择"例6-8 统计各院系学生人数报表"，复制后粘贴为新报表，并指定报表名称为"例6-9 各院系学生的平均入学成绩报表"。

（3）右击"导航窗格"上"报表"对象列表中的"例6-9 各院系学生的平均入学成绩报表"，在弹出的快捷菜单中选择"设计视图"，打开该报表的"设计视图"。修改"报表页眉"节中的"标签"控件标题为"各院系学生的平均入学成绩"。在"院系代码页脚"中添加一个文本框控件，删除与该文本框关联的标签，在文本框中输入："="平均入学成绩: " & Round(Avg([入学总分]),1)，这里Round( )函数的作用是四舍五入后保留1位小数。"院系代码"页脚节设计视图如图6-41所示。

（4）在"报表页脚"节中添加2个文本框，在第1个文本框中输入："=Count([学号])"，在与其相关联的标签中输入"总学生人数:"；在第2个文本框中输入："=Date( )"，在与其相关联的标签中输入"制表日期:"，并设置该文本框的"格式"属性值为"长日期"。设计视图如图6-42所示。

图6-41 "院系代码"页脚节设计视图

图6-42 "报表页脚"节的设计视图

（5）把所有文本框的"边框样式"属性设置为"透明"。

（6）单击"保存"按钮，保存对该报表设计的修改。

（7）单击状态栏右方的"打印预览视图"按钮，显示预览效果，如图6-43所示。

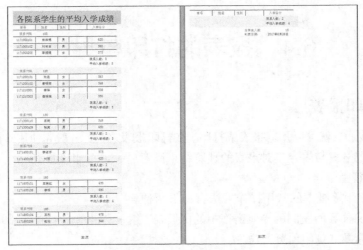

图 6-43　打印预览视图

6.3.3　报表中添加日期时间和页码

在用"报表"和"报表向导"生成的报表中，系统自动在报表页脚处生成显示日期和页码的文本框控件。如果是自定义生成的报表，可以通过系统提供的"日期和时间"对话框为报表添加日期和时间。

1. 添加日期和时间

在报表中添加日期和时间的操作步骤如下。

（1）在报表的设计视图下，单击"设计"选项卡上"页眉/页脚"选项组中的"日期和时间"按钮，弹出"日期和时间"对话框，如图 6-44 所示。

视频6-13

（2）在对话框中，选择是否显示"日期"或"时间"及其显示的格式，单击"确定"按钮。新生成的显示"日期"和"时间"的两个文本框默认位置在报表页眉节的右上角，可以调整它们到需要的位置。

另外，还可以在报表中添加一个文本框，将"控件来源"属性设置为日期或时间的表达式。例如，设置为"=Date( )"或者"=Time( )"等。

2. 添加页码

在报表中添加页码的操作步骤如下：

（1）在报表的设计视图下，单击"设计"选项卡上"页眉/页脚"选项组中的"页码"按钮，弹出"页码"对话框，如图 6-45 所示。

（2）在"页码"对话框中选择页码格式、位置和对齐方式。如果在报表的首页不显示页码的话，则取消选中"首页显示页码"复选框。

另外，还可以在报表中添加一个文本框，将"控件来源"属性设置为页码的表达式。如设置为"=[Page]"，返回报表的当前页码；或者"=[Pages]"，返回报表的总页码数。

图 6-44　"日期和时间"对话框

图 6-45　"页码"对话框

6.4 报表的打印与导出

6.4.1 打印报表

报表设计完成后，就可以预览报表或打印。在打印报表之前，一般先使用"打印预览"与"设计视图"修改报表格式与内容，对报表的预览结果满意后，再打印该报表。

1. 打印预览视图

打开报表打印预览视图的常用操作方法有如下两种。

（1）打开 Access 界面左侧的导航窗格中的"报表"组，右键单击需要打开的报表选项，在弹出的快捷菜单中选择"打印预览"命令。

（2）双击打开报表后，在"开始"选项卡的"视图"选项组中单击"视图"按钮的下拉箭头，在弹出的快捷菜单中选择"打印预览"命令。

视频6-14

2. 打印预览选项卡

预览报表可显示打印报表的页面布局，在报表的打印预览状态下，"打印预览"选项卡将自动打开并显示在数据库上部，如图 6-46 所示。

图 6-46 报表的"打印预览"选项卡

"打印预览"选项卡上各选项组中按钮的功能如下。

（1）打印。单击此按钮，不设置页面，直接将报表输出到打印机上。

（2）页面大小选项组。

❑ 纸张大小：单击此按钮，用于选择打印的纸张规格，如 letter、tabloid、legal、A3 和 A4 等。

❑ 页边距：是指设置报表打印时页面的上、下、左、右 4 个页边距，Access2010 提供了 3 种选择，包括"普通""宽"和"窄"。

❑ 仅打印数据：选中该复选框，只打印数据，标签、线条等均不打印。

（3）页面布局选项组。

❑ 纵向：打印的纸张方向为纵向，默认为纵向打印。

❑ 横向：打印的纸张方向为横向。

❑ 列：设置页面的列数、行间距等。

❑ 页面设置：单击该按钮，将打开页面设置对话框。该对话框包含"打印选项""页"和"列" 3 个选项卡，提供页边距、打印方向、纸张大小、纸张来源、网格设置以及列尺寸等设置内容。

（4）显示比例选项组。

❑ 显示比例：提供多种打印预览的显示大小，如 200%、100%、50%等。

❑ 单页：单击此按钮，在窗体中显示一页报表。

❑ 双页：单击此按钮，在窗体中显示两页报表。

❑　其他页面：单击此按钮，提供了"四页""八页""十二页"的显示选择，即预览时窗体中将
　　显示对应的页数。
（5）数据选项组。
❑　全部刷新：刷新报表上的数据。
❑　Excel，文本文件等：将报表导出到其他文件格式。

3. 打印报表

除了从"打印预览"进行打印外，还可以在不预览的情况下打印报表。
（1）打开要预览的报表。
（2）在"文件"选项卡上，单击"打印"按钮。
❑　若要将报表直接发送到默认打印机而不设置打印机选项，则单击"快速打印"。
❑　若要打开可在其中选择打印机的对话框以指定副本数等，单击"打印"按钮。

6.4.2　导出报表

在 Access 2010 中，可以将报表导出成 Excel 文件、文本文件、PDF 或
XPS 文件、XML 文档格式、Word 文件和 HTML 文档等文件格式，导出类型
如图 6-47 所示。

视频6-15

将报表导出为 PDF 文件的操作步骤如下。
（1）打开要操作的数据库，单击左侧"导航窗格"中的"报表"对象。
（2）单击"报表"对象列表中要导出的某个报表。
（3）单击"外部数据"选项卡上"导出"选项组中的"PDF 或 XPS"按钮，弹出"发布为 PDF
或 XPS"对话框，如图 6-48 所示。指定文件存放的位置、文件名以及类型（选择"PDF"）。

图 6-47　报表的导出类型

图 6-48　"发布为 PDF 或 XPS"对话框

（4）单击"发布"按钮。

习　　题

一、单项选择题

1. 下列不属于报表视图方式的是（　　）。
　　A. 设计视图　　　　　B. 打印预览　　　　C. 数据表视图　　　D. 布局视图
2. 无论是自动创建窗体还是报表，都必须选定要创建该窗体或报表基于的（　　）。
　　A. 数据来源　　　　　B. 查询　　　　　　C. 表　　　　　　　D. 记录

3. 以下叙述中正确的是（　　　　）。
  A. 报表只能输入数据　　　　　　　　　B. 报表只能输出数据
  C. 报表可以输入和输出数据　　　　　　D. 报表不能输入和输出数据

4. 要实现报表的分组统计，正确的操作区域是（　　　　）。
  A. 报表页眉或报表页脚区域　　　　　　B. 页面页眉或页面页脚区域
  C. 主体区域　　　　　　　　　　　　　D. 组页眉或组页脚区域。

5. 关于设置报表数据源，下列叙述中正确的是（　　　　）。
  A. 可以是任意对象　　　　　　　　　　B. 只能是表对象
  C. 只能是查询对象　　　　　　　　　　D. 只能是表对象或查询对象

6. 要设置只在报表最后一页主体内容之后显示的信息，正确的设置是在（　　　　）。
  A. 报表页眉　　　　B. 报表页脚　　　　C. 页面页眉　　　　D. 页面页脚

7. 在报表设计中，以下可以做绑定控件显示字段数据的是（　　　　）。
  A. 文本框　　　　　　B. 标签　　　　　C. 命令按钮　　　　D. 图像

8. 要设置在报表每一页的底部输出的信息，需要设置（　　　　）。
  A. 报表页眉　　　　B. 报表页脚　　　　C. 页面页眉　　　　D. 页面页脚

9. 要显示格式为"页码/总页数"的页码，应当设置文本框的控件来源属性是（　　　　）。
  A. [Page]/[Pages]　　　　　　　　　　B. =[Page]/[Pages]
  C. [Page]& " / " & [Pages]　　　　　　D. =[Page]& " / " & [Pages]

10. 如果设置报表上某个文本框的控件来源属性为：=5*2+1，则打开报表视图时，该文本框显示信息是（　　　　）。
  A. 未绑定　　　　　B. 11　　　　　　C. 5*2+1　　　　　D. 出错

11. 报表的数据来源不能是（　　　　）。
  A. 表　　　　　　　B. 查询　　　　　C. SQL 语句　　　　D. 窗体

12. 报表不能完成的工作是（　　　　）。
  A. 分组数据　　　　B. 汇总数据　　　　C. 格式化数据　　　D. 输入数据

13. 将某一数据表或查询绑定起来的报表属性是（　　　　）。
  A. 记录源　　　　　B. 打印版式　　　　C. 打开　　　　　　D. 帮助

14. 在报表向导中，最多可以按照（　　　　）个字段对记录进行排序。
  A. 1　　　　　　　B. 2　　　　　　　C. 3　　　　　　　D. 4

15. 在报表"属性表"中，有关报表外观特征方面的属性值（如标题、宽度、滚动条等）是在（　　　　）选项卡中进行设置的。
  A. "格式"　　　　　B. "事件"　　　　　C. "数据"　　　　　D. "其他"

二、填空题

1. 含有分组的报表设计视图通常由报表页眉、_____、_____、_____、_____、_____ 和组页脚 7 个部分组成。

2. 计算控件的控件来源属性设置为_____开头的计算表达式。

3. 要在报表上显示格式为"4/总 15 页"的页码，则计算控件的控件来源应设置为_____。

4. 要设计出带表格线的报表，需要向报表中添加_____控件完成表格线显示。

5. 报表的标题一般放在_____节。

第7章 宏

宏和表、查询、窗体、报表等一样是 Access 数据库对象。宏是一系列操作的集合，用户可以通过创建宏来自动执行某一项复杂的任务，每个操作都自动完成特定的功能，例如，打开窗体或报表。在 Access 中实现自动处理有两种方法：宏和 VBA 模块。本章将介绍有关宏的知识，包括宏的概念、宏的类型、宏的创建以及宏的运行与调试等。

7.1 宏概述

Access 预先定义好了多种操作（指令），它们和内置函数一样，可以实现数据库应用特定的操作或功能，这些指令称为宏指令。例如，用户可以单独使用一条宏指令或将一些宏指令组织起来按照一定的顺序使用，以实现所需要的功能。用户组织使用宏指令的 Access 对象就是宏。

7.1.1 宏的概念

宏是由一个或多个操作（宏指令）组成的集合，其中的每个操作能够实现特定的功能。宏是一种工具，可以用它来自动完成任务。使用宏时，用户不需要编写程序，只要将所需的宏指令组织起来就可以实现特定的功能。利用宏来自动地执行重复任务的功能，可以保证工作的一致性，提高工作效率。

Access 2010 提供了 66 条宏操作指令，这些宏指令可以完成以下操作。

视频 7-1

（1）打开表或报表、关闭表或报表、打印报表、执行查询。

（2）筛选、查找记录。

（3）为对话框或等待输入的任务提供字符串的输入。

（4）显示信息框、响铃警告。

（5）移动窗口、改变窗口大小。

（6）实现数据的导入、导出。

（7）定制菜单（在报表、表中使用）。

（8）执行任意的应用程序模块。

（9）为控件的属性赋值。

下面列出常用的一些宏指令，如表 7-1 所示。

表 7-1   常用的宏指令

宏指令	功　能	宏指令	功　能
CloseWindow	关闭指定的窗口	OpenForm	打开窗体
MaximizeWindow	最大化激活窗口	OpenTable	打开表
MinimizeWindow	最小化激活窗口	OpenReport	打开报表
OnError	定义错误处理行为	Beep	计算机发出"嘟嘟"声
RunDataMacro	运行数据宏	CloseDatabase	关闭当前数据库
RunMacro	运行一个宏	QuitAccess	退出 Access
StopMacro	终止当前正在运行的宏	MessageBox	显示含有警告或提示消息的消息框
OpenQuery	打开查询	GoToControl	将焦点移动指定的字段或控件上
FindRecord	查找符合条件的记录	ApplyFilter	应用筛选、查询或 SQL WHERE 子句
ShowAllRecord	删除已应用的筛选，显示所有记录	GotoRecord	指定记录成为当前记录
CreateRcord	在数据宏中用来在指定表中创建新记录	SetField	在数据宏中用来为新记录的字段分配值

7.1.2　宏的类型

如果按照创建宏时打开"宏设计视图"的方法来分类，宏可以分三类：独立宏、嵌入宏和数据宏。

1. 独立宏

独立宏是数据库中的宏对象，其独立于数据库中的表、窗体、报表等其他对象，通常被显示在导航窗格中的"宏"组下。独立宏是最基本的宏类型，它是包含一条或多条操作的宏。宏执行时按照操作顺序一条一条地执行，直到操作执行完毕。如果在 Access 数据库的多个位置需要重复使用宏，可以创建独立宏，这样可以避免在多个位置重复相同的宏代码。

2. 嵌入宏

嵌入宏与独立宏不同，因为它们是嵌入在窗体、报表或其控件的事件属性中的宏，存储在窗体、报表或控件的事件属性中，它们成为这些对象的一部分，因此并不作为对象显示在导航窗格中的"宏"组下面。运行时通过触发窗体、报表和控件等对象的事件（如加载 Load 或单击 Click 事件）而运行。在每次复制、导入或导出窗体或报表时，嵌入宏仍依附于窗体或报表。

3. 数据宏

数据宏是 Access 2010 新增的一种宏，是建立在表对象上的。当对表中的数据进行插入、删除和修改时，可以调用数据宏进行相关的操作。例如，在"学生表"中删除某个学生的记录时，将该学生的信息自动写入到另一个数据表"取消学籍学生"表中，或者也可以使用数据宏实施更复杂的数据完整性控制。

7.1.3　宏的设计视图

创建独立宏、嵌入宏或数据宏时，打开"宏设计视图"的方法是不同的，但用各种方法打开的"宏设计视图"大体是一样的。下面以独立宏的"宏设计视图"为例来做介绍。

在 Access 2010 中打开"学生成绩管理"数据库，单击"创建"选项卡上的"宏与代码"选项组中的"宏"按钮，打开"宏设计视图"。在工作区上显示"宏设计器"窗格和"操作目录"窗格，并在功能区上显示"宏工具"下的"设计"上下文命令选项卡，如图 7-1 所示。

在"宏设计器"窗格中，显示带有"添加新操作"占位符的下拉组合框，在该组合框中可以选择要添加的宏操作。

在"操作目录"窗格中，以树形结构分别列出"程序流程""操作"和"在此数据库"3 个目录及其下层的子目录或部分宏对象。单击"+"展开按钮，展开下一层的子目录或部分宏对象，此时"+"变成"–"；单击"–"折叠按钮，把已展开的下一层的子目录或部分宏对象隐藏起来，"–"变成"+"。下面介绍"操作目录"窗格中的内容。

图 7-1 宏设计视图

（1）程序流程。"程序流程"目录包括 Comment、Group、If 和 Submacro。

❑ Comment：宏运行时不执行的信息，用于提高宏代码的可读性，称为注释。

❑ Group：允许操作和程序流程在已命名、可折叠、未执行的块中分组，以使宏的结构更清晰、可读性好。

❑ If：通过条件表达式的值来控制操作的执行，如果条件表达式的值为"True"，则执行相应逻辑块内的那些操作，否则就不执行相应逻辑块内的操作。

❑ Submacro：用于在宏内创建子宏，每一个子宏都需要指定其子宏名。一个宏可以包含若干个子宏，而一个子宏又可以包含若干个操作。

（2）操作。主要实现对数据库的各种具体操作。"操作"目录包括"窗口管理""宏命令""筛选/查询/搜索""数据导入导出""数据库对象""数据输入操作"和"系统命令"和"用户界面命令"8 个子目录。每个目录下都有相应的宏操作命令。

（3）在此数据库中。列出当前数据库中已有的宏对象。

宏操作是创建宏的资源。在创建宏的过程中，用户可以很方便地通过"操作目录"窗格搜索和添加所需的宏操作。

向宏设计器添加宏操作的方法有如下几种。

① 在"添加新操作"组合框的下拉列表中选择。

② 在"操作目录"窗口双击要添加的宏操作。

③ 从"操作目录"窗格将要添加的宏操作拖曳到"宏设计器"窗口。

7.2 创建宏

创建宏的方法和创建其他对象的方法不同，其他对象既可以通过向导创建也可以通过设计视图进行创建，但是宏不能通过向导创建，它只能通过设计视图直接创建。

7.2.1 创建操作序列的独立宏

操作序列的独立宏一般只包含一条或多条操作和一个或多个"注释"。宏执行时按照顺序一条一条地执行，直到操作执行完毕为止。

【例 7-1】 将"例 5-15 学生信息查询"窗体复制粘贴为"例 7-1 学生信息查询系统"。建立打开"例 7-1 学生信息查询系统"窗体的宏。执行时先出现有"欢迎使用学生信息查询系统"

信息和图标的消息框，同时扬声器发出"嘟"声，然后打开"例 7-1 学生信息查询系统"窗体。

视频 7-2

　　根据题意，需要在"学生成绩管理"数据库中创建一个操作序列的独立宏，该宏包含 3 条基本宏操作：第 1 个宏操作是"comment"，用来在宏中提供注释说明，长度不能超过 1000 个字符，运行时将被跳过，不会被执行。第 2 条宏操作是"MessageBox"，用来显示"欢迎使用学生信息查询系统"信息和图标的消息框，第 3 条操作命令"OpenForm"是打开名为"例 7-1 学生信息查询系统"窗体，将该宏保存为"例 7-1 操作序列的独立宏"。操作步骤如下。

　　（1）打开"学生成绩管理"数据库。

　　（2）复制"例 5-15 学生信息查询"窗体，粘贴为"例 7-1 学生信息查询系统"。

　　（3）单击"创建"选项卡的"宏与代码"选项组中的"宏"按钮，显示"宏设计视图"。

　　（4）添加宏操作"Comment"。在"宏生成器"窗格中，单击"添加新操作"下拉列表框，在下拉列表中选择"Comment"宏操作，然后输入注释信息。

　　（5）单击下方的"添加新操作"下拉按钮，弹出"操作"的下拉列表，单击"MessageBox"项，展开"MessageBox"操作块的设计窗格，按图 7-2 所示进行设置。MessageBox 的功能是在打开对话框中显示信息，等待用户单击按钮，并返回一个整数告诉用户单击哪一个按钮。MessageBox 的参数和返回值的具体含义请参考第 8 章。

　　（6）单击下方的"添加新操作"下拉按钮，弹出"操作"的下拉列表，在下拉列表中选择"OpenForm"宏操作，展开"OpenForm"操作块的设计窗格。单击该操作块的中的"窗体名称"右侧的下拉按钮，弹出"窗体名称"的下拉列表，从中选择"例 7-1 学生信息查询系统"。

图 7-2　宏操作代码

　　（7）单击"文件"选项卡中的"保存"命令，将该宏命名为"例 7-1 操作序列的独立宏"。

　　（8）单击"设计"选项卡上"工具"选项组上的" 运行"按钮，运行该宏，先出现有"欢迎使用学生信息查询系统"信息和图标的消息框，同时扬声器发出"嘟"声，然后打开"例 7-1 学生信息查询系统"窗体，如图 7-3 和图 7-4 所示。

图 7-3　欢迎消息框

图 7-4　"例 7-1 学生信息查询系统"窗体

　　（9）单击"宏设计器"窗格右上角的"关闭"按钮，完成创建。

7.2.2 删除独立宏

删除独立宏的方法和删除数据库中其他对象一样，在导航窗格中选中该独立宏，单击右键，在弹出的快捷菜单中选择"删除"命令即可，或者直接按"delete"也可以删除该独立宏。

7.2.3 创建嵌入宏

嵌入宏是嵌入在窗体、报表或控件的事件属性中的宏。与其他宏不同的是，嵌入宏并不作为对象显示在"导航窗体"中的"宏"下面。在每次复制、导入或导出窗体或报表时，嵌入宏仍附于窗体或报表中，这样就不会出现在生成的新 Access 2010 数据库中重新创建宏的问题。

创建嵌入宏的操作步骤如下。

（1）在"导航窗格"中，右键单击包含该宏的窗体或报表，在弹出的快捷菜单中单击"设计视图"命令。

（2）在"设计"选项卡的"工具"选项组中，单击"属性表"按钮。

（3）在"属性表"对话框中选择要在其中嵌入宏的控件或节，选择"事件"选项卡，单击要在其中嵌入宏的事件属性，然后单击其右侧的"…"按钮，在弹出的"选择生成器"对话框中，选中"宏生成器"选项，单击"确定"按钮之后，即可打开宏设计器。

（4）如例 7-1 所述，在宏设计器中完成宏操作的设计。

（5）单击快速访问工具栏的"保存"按钮保存宏，并关闭宏设计器。一旦为该事件嵌入了宏，相应的属性栏会显示"[嵌入的宏]"。

视频 7-3

【例 7-2】 修改"例 5-16 浏览学生基本情况"窗体，添加查询功能。该窗体原有的功能是浏览学生信息，现在为其添加查询功能，使得可以在窗体上方输入学号进行查询。将修改后的窗体另存为"例 7-2 学号学生信息查询"窗体。具体操作步骤如下。

（1）复制"学生成绩管理"数据库中的"例 5-16 浏览学生基本情况"窗体，粘贴为"例 7-2 学号学生信息查询"窗体。

（2）打开窗体的设计视图，在属性表的数据选项卡中将窗体的"允许编辑"属性改为"是"。

（3）在窗体页眉中添加控件。将窗体页眉部分加大，更改标签的标题为"学生信息查询"，移动显示日期的文本框到右上角，添加一个矩形控件、标签控件、非绑定型文本框控件和按钮控件。将添加的标签控件、文本框控件移动到矩形控件内部。修改标签控件的"标题"属性为 "请输入要查询的学生学号"，"边框颜色"属性为"浅色页眉背景"，修改文本框控件的 "名称"属性为"txt 学号"。修改按钮控件的"标题"属性为"开始查询"，"名称"属性为"cmd 查询"，如图 7-5 所示。

（4）在"开始查询"按钮控件上创建嵌入宏。

① 在"属性表"对话框上方的下拉列表中选择按钮"cmd 查询"，在"事件"选项卡上选择"单击"事件，单击右侧的"生成器"按钮，在弹出的"选择生成器"对话框中选择"宏生成器"打开宏设计器。

② 在宏设计器中，添加宏操作"GoToControl"，设置其"控件名称"参数为：学号。

③ 在宏设计器中，添加宏操作"FindRecord"，设置其"查找内容"参数为：=[txt 学号]，如图 7-6 所示。

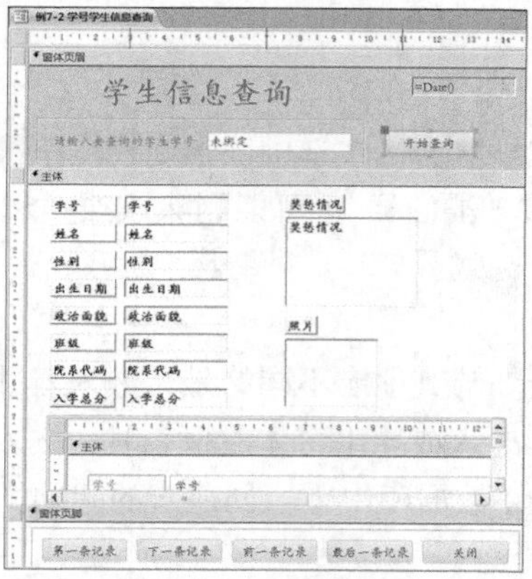

图 7-5 "例 7-2 学号学生信息查询"窗体设计视图

图 7-6 开始查询按钮控件单击事件中的宏操作代码

④ 这里用到了两个宏操作 GoToControl 和 FindRecord，其中 GotoControl 的作用是将焦点移到窗体上的绑定控件"学号"上，为下一个宏操作"FindRecord"做准备。FindRecord 的作用是在当前窗体的数据集中查找符合条件的记录。通过设置该宏操作的参数"查找内容"：=[txt 学号] 和 GotoControl 操作参数设置，设定了查找的条件，即在字段"学号"上查找文本框"txt学号"中输入的学号。查找成功的前提是已经将焦点移到了"学号"字段，所以通常在使用 FindRecord 之前都会使用 GotoControl 操作。

⑤ 保存并关闭宏设计器。

（5）运行嵌入宏。单击"开始"选项卡上的"视图"按钮，选择"窗体视图"，输入学号后单击"开始查询"按钮运行嵌入宏，如图 7-7 所示。

图 7-7 运行时的按学号查询学生信息窗体

注意，宏操作 FindRecord 只能找到一条符合条件的记录，如果要筛选出多个符合条件的记录，可以使用 ApplyFilter。在下面的例 7-4 中将会举例说明。

7.2.4 使用 IF 宏操作来控制程序流程

在前面的例子中，宏中的操作是按照先后次序依次执行。在某些情况下，希望当且仅当特定条件为真时，才执行宏中一个或多个操作。可以使用 IF 宏操作来实现控制程序流程。

1. IF 宏操作的框架

```
If    条件表达式1  Then
      宏操作1
Else If  条件表达式2  Then
      宏操作2
……
Else
      宏操作n
End If
```

2. IF 宏操作的功能

当运行宏时，如果条件表达式 1 的值为真，则执行宏操作 1；否则如果条件表达式 2 的值为真，则执行宏操作 2；以此类推，如果所有条件都不满足，则执行宏操作 n。可以根据条件的多少决定有多少个 Else If。另外，IF 宏操作是一个块操作，也就是说，在每个可以插入宏操作的地方，可以插入多个宏操作构成操作块。

【例 7-3】修改 "例 7-2 学号学生信息查询" 窗体，使其具备简单的容错功能。在 "例 7-2 学号学生信息查询" 窗体中，需要先在 "学号" 文本框中输入要查询的学生学号，然后单击 "开始查询" 按钮进行查询，如果没有输入学号直接单击 "开始查询" 按钮，则系统就会出现异常而中断正常运行。因此，在原来的宏操作中增加判断功能，先判断 "学号" 文本框是否为空，如果为空，输出提示信息 "请输入要查询的学生学号！"，否则，开始查询。具体操作步骤如下。

视频 7-4

（1）打开 "学生成绩管理" 数据库中的 "例 7-2 学号学生信息查询" 窗体，另存为 "例 7-3 学号学生信息查询"，然后打开进入窗体的设计视图。

（2）选择控件 "开始查询" 按钮，在属性表的事件选项卡的单击事件中单击右侧的按钮 ┉，打开该按钮单击事件上的宏设计器。

（3）在宏中增加一个宏操作 IF。在 IF 的 "条件表达式" 中输入 "IsNull([txt 学号])"。函数 IsNull 的作用是判断括号内表达式的值是否为空值，如果是，函数返回值为真，否则返回假。该表达式也可以用表达式生成器生成，表达式生成器可以单击 IF 宏操作右侧的 ⌂ 生成器按钮打开。在表达式生成器中，IsNull 是内置函数，txt 学号是窗体 "例 7-2 学号学生信息查询" 中的非绑定型文本框控件的名称，如图 7-8 所示。

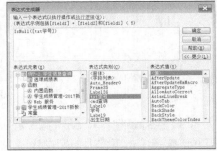

图 7-8　用表达式生成器生成条件表达式

（4）在 Then 后添加 MessageBox 宏操作，消息为 "请输入学生学号！"。

（5）单击 "添加 Else" 增加 Else 块，然后分别选中原来的两个宏操作 GotoControl 和 FindRecord，将它们移动到 Else 和 End If 之间，如图 7-9 所示。

（6）保存并关闭宏设计器。

（7）运行嵌入宏。单击 "开始" 选项卡上的 "视图" 按钮，选择 "窗体视图"，不输入学号直接单击 "开始查询" 按钮运行嵌入宏，如图 7-10 所示。

图 7-9　增加了容错功能的按学号查询
学生信息宏操作代码

图 7-10　增加了容错功能的
按学号查询学生信息窗体

【例 7-4】 在"例 5-2 学生表（表格式）"窗体基础上，添加按班级查询功能。窗体原有的功能是浏览学生信息，现在为其添加查询功能，使得可以输入班级名称后查询该班级所有学生信息。将窗体保存为"例 7-4 班级学生信息查询"窗体。具体操作步骤如下。

（1）打开"学生成绩管理"数据库，复制"例 5-2 学生表（表格式）"窗体，粘贴为"例 7-4 班级学生信息查询"。

（2）切换到窗体的设计视图，修改窗体页眉。将窗体页眉部分加大，添加一个标签控件，设置其标题为"班级学生信息查询"，更改字号为 18 号。然后添加一个命令按钮，设置按钮的"标题"属性为"开始查询"，"名称"属性为"cmd 查询"，如图 7-11 所示。

图 7-11　"例 7-4 班级学生信息查询"窗体设计视图

（3）选择控件"开始查询"按钮，在属性表的事件选项卡的单击事件中单击右侧的按钮，打开该按钮单击事件上的宏设计器。

（4）添加第一个宏操作，打开"添加新操作"下拉列表框并选择"ShowAllRecord"。如果之前有使用过其他筛选器，这个操作会清除原有的筛选器。

（5）添加宏操作"ApplyFilter"，设置其"当条件="参数为："[学生表]![班级]=[班级名称]"，如图 7-12 所示。其中"[学生表]![班级]"是数据表字段，"[班级名称]"是筛选参数。ApplyFilter 宏操作的作用是在表、窗体或报表中应用筛选、查询或 SQL WHERE 子句可限制或排序来自表中的记录，或来自窗体、报表的基本表或查询中的记录。在这里，用该宏操作来筛选某班级的学生。

图 7-12　按班级查询学生信息的宏操作代码

（6）保存并关闭宏设计器。

（7）运行嵌入宏。单击"开始"选项卡上的"视图"按钮，选择"窗体视图"，单击"开始查询"按钮运行嵌入宏，在弹出的对话框中输入要查找的班级名称，进行查找，如图 7-13 所示。

读者们可以仿照例 7-3 和例 7-4 创建按学生姓名查询，将该窗体保存为"例 7-3-1 姓名学生信息查询"。

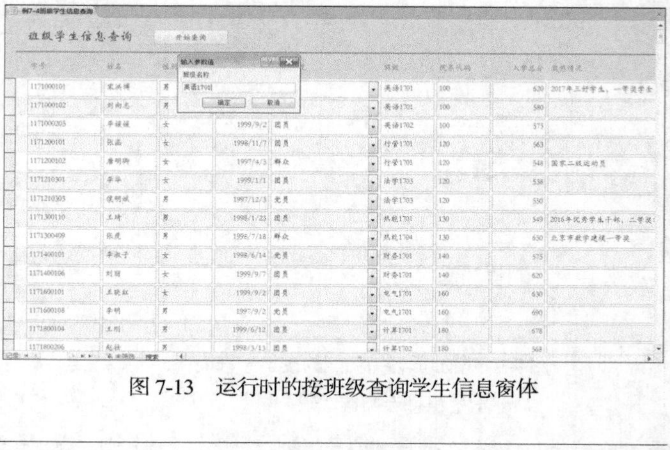

图 7-13　运行时的按班级查询学生信息窗体

7.2.5 删除嵌入宏

选择要删除嵌入宏的控件或节，然后在属性表的事件选项卡中，找到嵌入了宏的事件，将该事件中"[嵌入的宏]"删除即可。

7.2.6 创建子宏和宏组

在 Access 中每个宏可以包含多个子宏形成宏组。宏组中包含的宏，称为子宏。宏组由若干彼此相关的宏构成。例如，功能相关的一组操作，或同一窗体上的若干操作。创建宏组的目的是为方便管理，宏组中的宏可以被多次调用，提高开发效率。

使用 Submacro 宏操作可以在创建宏组时添加子宏。通过 RunMacro 或 OnError 宏操作来调用子宏。但是当直接运行宏组时，只运行宏组中排在最前面的子宏。

执行宏组中的子宏时要在宏名前加宏组名，格式为：宏组名.子宏名。

视频 7-5

【**例 7-5**】 创建宏组"例 7-5 多种查询"，并修改窗体"例 7-1 学生信息查询系统"调用宏组实现不同的查询，具体操作步骤如下。

（1）创建独立宏组"例 7-5 多种查询"。

① 打开"学生成绩管理"数据库，单击"创建"选项卡的"宏与代码"选项组中的按钮"宏"，打开宏设计器。

② 在操作目录窗口中，双击"程序流程"下的"Submacro"向宏中添加"Submacro"操作，设置子宏名为："按学号查询"。

③ 向该子宏块中添加"OpenForm"操作，设置窗体名称为："例 7-3 学号学生信息查询"。

④ 采用类似的方式建立另外两个"Submacro"操作，如图 7-14 和图 7-15 所示。

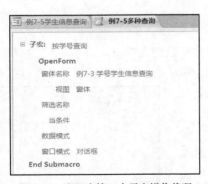

图 7-14 宏组中第一个子宏操作代码

图 7-15 宏组中子宏操作代码

⑤ 保存宏为"例 7-5 多种查询"，关闭宏设计器。

（2）打开窗体"例 7-1 学生信息查询系统"的设计视图，修改窗体。

① 将窗体中选项组控件的"名称"属性更改为"Frame 查询"。该选项组控件由 3 个单选按钮构成，选项组的值（=1 或=2 或=3）代表了实际操作时对 3 个单选按钮的选择结果。

② 在标题为"开始查询"的按钮控件的单击事件上创建嵌入宏。在该嵌入宏中用 IF 宏操作控制流程，当用户选择不同的查询方式时，执行宏组"例 7-5 多种查询"中不同的子宏。该嵌入宏的代码如图 7-16 所示。

③ 保存并关闭宏设计器。

（3）切换到窗体"例 7-1 学生信息查询系统"的窗体视图，选择"按学号查询"单选项，单击"开始查询"时，打开"例 7-3 学号学生信息查询"窗体进行查询。同样，当选择"按姓名查询"单选项或"按班级查询"单选项，单击"开始查询"时，分别打开"例 7-3-1 姓名学生信息查询"窗体和"例 7-4 班级学生信息查询"窗体进行查询。

图 7-16　宏组中的子宏操作代码

至此，一个完整的学生信息查询系统就创建完成。读者可以仿照例 7-1 到例 7-5，自行创建宏组"学生信息管理宏组"和"学生信息管理系统"窗体，在窗体的按钮控件的嵌入宏中调用宏组中不同的子宏，实现学生信息的查询、维护、打印等不同功能。

7.2.7　创建数据宏

数据宏是 Access 2010 新增的一项功能。当对表中的数据进行插入、删除和更新时，可以调用数据宏进行相关的操作。数据宏有 5 种：插入后、删除前、删除后、更新前和更新后。因为数据宏是建立在表对象上的，所以不会显示在"导航"窗格中的"宏"对象列表中。创建、编辑和删除数据宏必须使用表的数据表视图或表设计视图。

1. 创建和编辑数据宏的操作步骤

（1）在"导航"窗格中，双击要创建或编辑数据宏的表，进入表的数据表视图。

（2）在表格工具"表"选项卡上单击"前期事件"选项组或"后期事件"选项组中的相关按钮，在有关事件上创建数据宏，例如，在"更新后"事件中创建数据宏。

（3）向宏设计器中添加宏操作。

（4）保存并关闭宏，回到数据表视图。

2. 删除数据宏的操作步骤

（1）在导航窗格中，双击要删除数据宏的表打开数据表视图。

（2）单击"表"选项卡"已命名的宏"选项组中的"重命名/删除宏"命令，打开"数据宏管理器"窗口，如图 7-17 所示。单击要删除的数据宏右方的"删除"命令即可。

在实际操作中，如果删除了数据表中的记录，常常需要同时进行另外一些操作，这时，可以在数据表的"删除前"或"删除后"事件中创建数据宏。如果在数据宏中要使用已经删除的字段的值，可以采用"[old].[字段名]"或者"[旧].[字段名]"的方式来引用已经删除的字段。

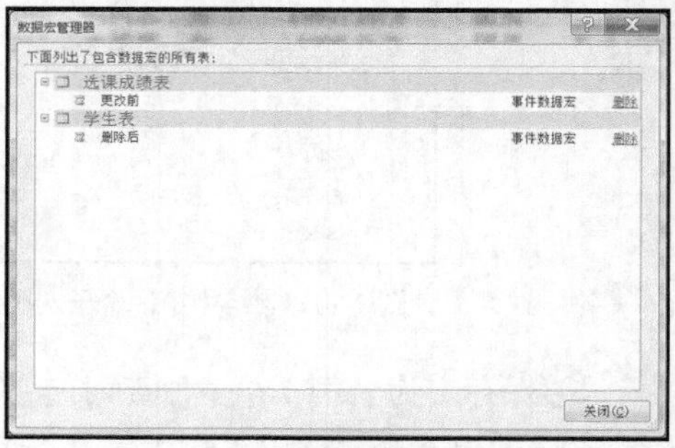

图 7-17　"数据宏管理器"窗口

【例 7-6】在"学生成绩管理"数据库中，当某学生退学时，删除"学生表"中的记录时，需要将该学生信息同时写入到另外一个"取消学籍学生表"中。在"学生表"的"删除后"事件中创建数据宏，将被删除学生写入到"取消学籍学生表"

中。具体操作步骤如下。

（1）创建一个新的数据表"取消学籍学生表"，该表可以从"学生表"复制，复制时选择"仅结构"。为了简单起见，将其他字段删除，只保留"学号"和"姓名"字段，同时增加一个字段"变动日期"，类型为"日期型"，如图 7-18 所示。

视频 7-6

图 7-18　"取消学籍学生表"表结构

（2）在"学生表"的"删除后"事件中创建数据宏。

① 右键单击"导航"窗格中"表"对象列表中"学生表"项，弹出快捷菜单。单击该快捷菜单中的"设计视图"命令，打开"学生表"的"设计视图"。

② 单击表格工具"设计"选项卡中的"字段、记录和表格事件"选项组中的"创建数据宏"按钮，打开"创建数据宏"命令下拉列表，如图 7-19 所示。

③ 单击该下拉列表中的"删除后"项，打开"宏设计视图"，如图 7-20 所示。

图 7-19　"创建数据宏"命令下拉列表

图 7-20　数据宏设计视图

④ 单击"添加新操作"右端的下拉按钮，弹出"操作"的下拉列表。从中选择宏操作"CreateRecord"，设置参数"在所选对象中创建记录"为"取消学籍学生表"。CreateRecord 操作用来在指定表中创建新记录，仅适用于数据宏。CreateRecord 创建出一个数据块，可以在块中执行一系列操作。

⑤ 向 CreateRecord 数据块中添加宏操作 SetField。设置参数"名称"为"学号"，"值"为"[old].[学号]"。

⑥ 采用同样的方法再添加两个宏操作 SetField。分别设置参数"名称"为"姓名"，"值"为"[old].[姓名]"。参数"名称"为"变动日期"，"值"为"Date()"，如图 7-21 所示。SetField 操作用来为新记录的字段分配值，仅适用于数据宏。参数"名称"指定要分配值的字段名，参数"值"是一个表达式，表达式的值就是分配给该字段的值。在本例中用[old].[字段名]引用被删除的数据。

⑦ 保存并关闭宏设计器。

（3）运行宏。打开"学生表"，删除其中的某条记录，关闭"学生表"，然后打开"取消学籍学生表"，可以看到，数据宏已经运行，

图 7-21　删除后数据宏操作代码

被删除的学生信息已经写入到该表中。

数据插入和数据更新时的数据宏创建方法和数据删除时数据宏的创建方法类似，读者可以根据实际情况，参考上面介绍的方法创建。

【例 7-7】 在"学生成绩管理"数据库中，为"选课成绩表"创建一个"更改前"的数据宏，用于限制输入的"成绩"字段的值不超过 100，如果在"选课成绩表"的"数据表视图"中的成绩字段输入的值超过 100（如 101），当单击"保存"按钮时，显示提示信息"成绩不允许超过 100"。具体操作步骤如下。

（1）打开"学生成绩管理"数据库。

（2）双击"导航"窗格中"表"对象列表中的"选课成绩表"，打开"选课成绩表"，然后单击"表"选项卡"后期事件"选项组中"更改前"按钮，打开宏设计器。

（3）单击"添加新操作"右端的下拉按钮，弹出"操作"的下拉列表。单击该列表中的"If"项，展开 If 块设计窗格，该窗格自动成为当前窗格并且由一个矩形框围住。

（4）单击 If 块设计窗格中的"条件表达式"所在的文本框，在该文本框中输入"[成绩]>100"，如图 7-22 所示。

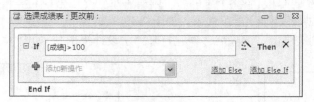

图 7-22　If 块参数设置

（5）在该 If 块设计窗格中，单击"If"行下边的"添加新操作"右端的下拉按钮，弹出"操作"的下拉列表，单击"RaiseError"项（RaiseError 的作用是返回用户定义的错误信息），展开"RaiseError"操作设计窗格，该窗格自动成为当前窗格并且由一个矩形框围住。在"错误号"右侧的文本框中输入"999"（错误号是用户确定的，对 Access 无意义）。在"错误描述"右侧文本框中输入"成绩不允许超过 100 分"，如图 7-23 所示。

（6）保存并关闭宏设计器。

（7）打开选课成绩表，更改某个成绩为 101，则会弹出图 7-24 所示的消息框。

图 7-23　宏生成器中的宏代码

图 7-24　例 7-5 的消息框

7.3　编辑宏

对于已经创建好的宏，可以打开宏设计视图，在"宏设计器"窗格中可对原有的宏代码进行编辑，如修改操作、添加新操作和删除操作等。

1. 独立宏的修改

打开某个 Access 数据库后，在"导航窗格"的"宏"对象列表中找到想要修改的某个独立宏，右键单击该宏名，在弹出的快捷菜单上选择"设计视图"命令，即可打开该独立宏的"宏设计视图"，在"宏设计器"窗格中显示该宏的宏代码，可以对宏代码进行编辑修改。

视频 7-7

2. 嵌入宏的修改

嵌入宏是嵌入在窗体或报表控件事件属性中的宏，编辑窗体的嵌入宏和报表的嵌入宏的方法是一样的，首先要打开要编辑的嵌入宏所在的窗体或报表的"设计视图"，双击某控件，显示"属性表"，在该"属性表"的事件列表中，单击属性值为"[嵌入的宏]"所在组合框右侧的"…"按钮，打开该嵌入宏的"宏设计视图"，在"宏设计窗格"中显示该嵌入宏的宏代码，即可对宏代码进行编辑。

3. 数据宏的修改

数据宏是建立在表对象上的。打开要编辑数据宏的表的"设计视图"，在"表格工具"下的"设计"命令选项卡上，单击"设计"选项组的"字段、记录和表格事件"选项组中的"创建数据宏"按钮，单击"创建数据宏"命令下拉列表中要修改的某一项，打开该表的"宏设计视图"，即可编辑在"宏设计窗格"上显示的宏代码。

4. 宏中操作的删除

在"宏设计窗格"中，单击要删除的操作名，该操作所在的设计块被一个矩形围住，在该块的右上角有一个"删除"按钮 ✕，单击该按钮或者键盘上的 Delete 键，即可删除该操作。

5. 宏中操作的移动

在"宏设计窗格"中，单击要移动的操作名，该操作所在的设计块被一个矩形围住，在该块的右上角会自动根据上下文显示绿色的"上移"按钮 ⬆、"下移"按钮 ⬇，单击某操作的"上移"按钮，该操作的设计块移到其前一个操作之前，单击某操作的"下移"按钮，该操作的设计块移到其下一个操作之后。

视频 7-8

7.4　宏的运行与调试

创建宏后，就可以运行宏，如果宏执行过程中出现了错误，就需要调试宏找出错误所在并改正。

7.4.1　宏的运行

运行不含有子宏的宏，可直接指定该宏名运行。对于含有子宏的宏，如果直接指定该宏名运行该宏，只能运行第 1 个子宏，后面的子宏不会被执行。如果需要运行宏中的其他子宏，则需要按"宏名.子宏名"格式指定要运行的子宏。

视频 7-9

运行宏有如下几种方法。

（1）打开要运行的宏的"设计视图"，单击"宏工具"的"设计"选项卡中"工具"选项组中的"运行"按钮，便可以直接运行宏。

（2）双击左侧"导航"窗格中的"宏"对象列表中要运行的某个宏名，就可以直接运行该宏。

对于含有子宏的宏组，仅运行该宏组中的第 1 个子宏。

（3）右键单击"导航"窗格中的"宏"对象列表中选择要运行的宏名，弹出快捷菜单，选择快捷菜单中的"运行"命令，可以运行该宏。对于含有子宏的宏组，仅运行该宏组中的第 1 个子宏。

（4）单击"数据库工具"选项卡，选择该选项卡上的"宏"选项组中的"运行宏"按钮，显示"执行宏"对话框，如图 7-25 所示。在"宏名称"组合框的下拉列表中列出所有独立宏的宏名；对于含有子宏的宏，在该下拉列表中以"宏名.子宏名"格式列出了所有子宏名，在该下拉列表框中选择要运行的宏名或子宏名，然后单击"确定"按钮，便可以运行该宏。

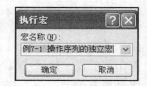

图 7-25　"执行宏"对话框

（5）在其他宏中可以使用 RunMacro 宏操作调用要运行的独立宏。

（6）在数据库打开时自动运行宏。在"导航"窗格的"宏"对象列表中选择要自动运行的宏名，右键单击，将宏名改为"AutoExec"。AutoExec 是 Access 设置的一个特殊的宏名，该宏在数据库打开时被自动运行。

7.4.2　宏的调试

在运行宏的过程中，如果有错误，会显示"Microsoft Access"出错信息对话框，如图 7-26 所示。用户可根据信息提示，进行修改。

创建的宏难免存在错误，Access 2010 提供了"单步执行"方式来帮助查找宏中的问题。使用单步执行宏，可以观察到宏的运行流程和每一个操作结果，方便用户找到产生错误的原因。

视频 7-10

单步执行宏的操作步骤如下。

（1）打开某个 Access 数据库，选择"导航"窗格的"宏"对象列表中的要单步执行的宏名，右键单击，弹出快捷菜单，再单击"设计视图"选项，显示"宏设计视图"。

（2）单击"宏工具"的"设计"命令选项卡的"工具"组中的"单步"按钮。

（3）单击"工具"组中的"运行"按钮，运行开始后，在每个宏操作运行前系统都先中断并显示对话框，并显示"单步执行宏"对话框，如图 7-27 所示。执行时如果出错，则先给出错误信息，然后重新显示有关出错宏操作的"单步执行宏"对话框，并在其中给出错误号，否则进入下一个宏操作。

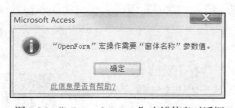

图 7-26　"Microsoft Access"出错信息对话框

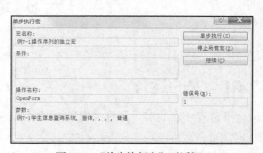

图 7-27　"单步执行宏"对话框

（4）如果要执行"单步执行宏"对话框中所显示的操作，单击"单步执行"按钮。如果要停止宏的运行并关闭"单步执行宏"对话框，则单击"停止所有宏"按钮。如果要关闭"单步执行宏"对话框并继续执行宏的未完成部分，则单击"继续"按钮。

习　题

一、单项选择题

1. 若一个宏包含多个操作，在运行宏时将按（　　）顺序来运行这些操作。
　　A. 从上到下　　　　　　B. 从下到上　　　　C. 从左到右　　　　D. 从右到左
2. 在宏中，OpenReport 操作可以用来打开（　　）。
　　A. 查询　　　　　　　　B. 状态栏　　　　　C. 窗体　　　　　　D. 报表
3. 宏操作不能处理的是（　　）。
　　A. 打开报表　　　　　　　　　　　　　　　B. 对错误进行处理
　　C. 提示显示信息　　　　　　　　　　　　　D. 打开和关闭窗体
4. OpenForm 基本操作的功能是打开（　　）。
　　A. 表　　　　　　　　　B. 窗体　　　　　　C. 报表　　　　　　D. 查询
5. 创建宏时至少要定义一个宏操作，并要设置对应的（　　）。
　　A. 条件　　　　　　　　B. 命令按钮　　　　C. 宏操作参数　　　D. 注释信息
6. 数据宏的创建是在打开（　　）的设计视图情况下进行的。
　　A. 窗体　　　　　　　　B. 报表　　　　　　C. 查询　　　　　　D. 表
7. 直接运行含有子宏的宏组时，能运行（　　）的所有操作命令。
　　A. 全部宏　　　　　　　B. 第 1 个子宏　　　C. 第 2 个子宏　　　D. 最后一个子宏
8. 宏组中的宏的调用格式是（　　）。
　　A. 宏名　　　　　　　　B. 宏名. 宏组名　　 C. 宏组名. 宏名　　 D. 以上都不对
9. 单步执行宏时，"单步执行宏"对话框中显示的内容有（　　）信息。
　　A. 宏名参数　　　　　　　　　　　　　　　B. 宏名、操作名称
　　C. 宏名、参数、操作名称　　　　　　　　　D. 宏名、条件、操作名称、参数
10. 宏由若干个宏操作组成，宏组由（　　）组成。
　　A. 一个宏　　　　　　　B. 若干个宏操作　　C. 若干宏　　　　　D. 上述都不对

二、填空题

1. 宏是一个或多个_____的集合。
2. 如果要建立一个宏，希望执行该宏后，首先打开一个表，然后打开一个窗体，那么在该宏中应该使用_____和_____两个操作命令。
3. _____宏是 Access 2010 中新增的一项功能，该功能允许在表事件（如添加、更新或删除数据等）中添加逻辑。
4. _____宏存储在窗体、报表或控件的事件属性中。
5. 每次打开数据库时能自动运行的宏是_____。

第8章
模块与 VBA 程序设计

模块是 Access 数据库系统中的重要对象之一，VBA（Visual Basic for Application）是 Access 内置的程序语言，具有与 Visual Basic 类似的编程结构，主要用于模块对象的设计。VBA 在 Access 中扩展了数据库的应用，能够开发出更具灵活性和实用性的数据库应用系统。

本章主要介绍模块的基本概念、VBA 编程基础、VBA 程序的控制结构、子过程和函数的创建及调用。

8.1　模块概述

模块是 Access 数据库中由 VBA 语言组成的一个重要对象。VBA 的程序代码保存在模块中，所以模块是保存 VBA 代码的容器。

8.1.1　模块的分类

模块分为标准模块和类模块两种类型。

1. 标准模块

标准模块用于存储其他数据库对象使用的公共过程，具有很强的通用性。标准模块包含若干个由 VBA 代码组成的过程，这些代码不与任何 Access 的对象关联，可以在数据库中被任意一个对象调用。通常将一些公共变量和公共过程设计成标准模块，其作用范围为整个应用系统。

2. 类模块

类模块是面向对象编程的基础。可以在类模块中编写代码建立新对象，这些新对象可以包含自定义的属性、方法和事件过程。窗体和报表都属于类模块，因此可以为任何一个窗体对象或报表对象创建它们各自的窗体模块或报表模块。

8.1.2　模块的组成

模块是保存 VBA 代码的容器。一个模块包含声明区域、Sub 子过程和 Function 函数过程等，如图 8-1 所示。

1. 声明区域

声明区域主要进行变量、常量或自定义数据类型的声明。

2. Sub 子过程

Sub 子过程的定义格式为：

```
Sub 子过程名([<形参列表>])
    [VBA 程序代码]
End Sub
```

图 8-1　模块的组成

Sub 子过程执行 VBA 代码中的语句来完成相应的操作，子过程无返回值。

3. Function 函数过程

函数过程的定义格式为：

```
Function 函数名([<形参列表>]) As 返回值类型
    [VBA 程序代码]
End Function
```

Function 函数过程执行 VBA 代码中的语句来完成相应的功能，执行后有返回值。

8.1.3　一个简单的 VBA 窗体模块示例

首先通过一个简单的示例来介绍 VBA 窗体模块的创建。

【例 8-1】　新建一个窗体，在窗体上放置一个名称为 Command1 的命令按钮，命令按钮上显示"欢迎词"。运行窗体时，单击命令按钮后弹出"Hello World！"消息框。操作步骤及 VBA 代码如下。

视频 8-1

（1）单击"创建"选项卡"窗体"选项组中的"窗体设计"按钮，打开新窗体的"设计视图"，并将该窗体以"例 8-1VBAExample"为名保存。

（2）在窗体中添加一个命令按钮控件，在属性表中将其名称属性设置为 Command1、标题属性设置为"欢迎词"。

（3）右键单击该命令按钮，在弹出的快捷菜单中选择"事件生成器…"命令，弹出"选择生成器"对话框，如图 8-2 所示。

（4）选中"代码生成器"，单击"确定"按钮，进入窗体模块的 VBA 代码编辑窗口。在该窗口中自动创建了一个名为"Form_VBAExample"的窗体模块与 VBAExample 窗体对应。按照图 8-3 所示输入显示"Hello World！"消息框的代码。

（5）关闭 VBA 代码编辑窗口，返回窗体设计视图。

（6）切换到"窗体"视图以运行窗体，这时用鼠标单击窗体中的命令按钮将立即弹出"Hello World！"消息框，如图 8-4 所示。

图 8-2　"选择生成器"对话框

图 8-3　VBAExample 窗体模块的 VBE 窗口　　　　图 8-4　窗体模块的运行结果

说明：

（1）在面向对象的程序设计中，每一个控件都是一个对象，对象都有自己的属性。在本例中使用了命令按钮对象的"名称"属性和"标题"属性。

（2）在窗体运行时，鼠标单击命令按钮会产生 Click 事件，当 Click 事件触发后会自动执行相应的事件过程（VBA 程序）。在本例中按题目要求为命令按钮的 Click 事件过程编写了程序代码来显示"Hello World！"的消息框。

8.2　VBA 程序设计概述

VBA 程序设计是一种面向对象的程序设计方法。面向对象的程序设计以对象为核心，以事件为驱动，可以提高程序设计的效率。VBA 面向对象的程序设计中包含有对象、属性、方法、事件和事件过程等基本概念。

8.2.1　对象和对象名

对象是面向对象程序设计的基本单元，是一种将数据和操作结合在一起的数据结构。每个对象都有名称，称为对象名，每个对象也都有自己的属性、方法和事件。

1. 对象

在 Access 2010 数据库中，表、查询、窗体、报表、宏和模块都是对象。窗体和报表中的控件（如标签、文本框、组合框、命令按钮等）也是对象。

2. 默认的对象名

未绑定控件对象的默认名称是控件的类型加上一个唯一的整数，如 Text1；绑定的控件对象，如果是通过从字段列表中拖曳字段来创建的控件，则该控件对象的默认名称是记录源中字段的名称。

3. 修改对象名

如果要修改某个对象的名称，可以在该对象的"属性表"窗格中，为"名称"属性赋予新的名称即可。

　　在同一窗体或报表中控件的对象名不能相同；在不同的窗体或报表中控件的对象名可以相同。

8.2.2　对象的属性

属性用来表示对象的状态，通过设置对象的属性可以定义对象的特征和状态，例如，窗体的"标题"（Caption）属性。

1．在属性表中设置属性值

在窗体设计视图下，窗体和窗体中的控件属性都可以在"属性表"窗格中设定。

"属性表"窗格的上部组合框中列出了窗体和窗体中控件的对象名，下部包含 5 个选项卡，分别是"格式""数据""事件""其他"和"全部"。其中，"格式"选项卡包含窗体和控件的外观类属性；"数据"选项卡包含与数据源相关的属性；"事件"选项卡包含窗体或控件响应的事件；"其他"选项卡包含控件名称等属性。选项卡左侧用中文显示属性的名称，右侧是该属性的属性值。图 8-5 显示了某一个文本框控件的属性表，该文本框的名称为"Text1"。

图 8-5　"属性表"窗格

2．在 VBA 代码中设置属性值

对象属性引用格式：

```
对象名.属性
```

例如，在窗体中将标签控件 Label1 的显示内容（Caption）设置为"学生基本情况表"，应使用的命令为：

```
Label1.Caption = "学生基本情况表"
```

在 VBA 代码中使用的属性名称是英文的，当用户输入"对象名."后将显示"属性及方法"列表框，选中需要的选项即可。常用属性如表 8-1 所示。

表 8-1　　　　　　　　　　　　　　Access 的常用对象属性

对象类型	属性名称	说　明
窗体	AutoCenter	设置将窗体打开时放置在屏幕中部
	Caption	设置窗体的标题内容
	CloseButton	设置是否在窗体中显示关闭按钮
	MinMaxButtons	设置是否在窗体中显示最大化和最小化按钮
	NavigationButtons	设置是否在窗体中显示导航按钮
	RecordSelector	设置是否在窗体中显示记录选定器
	ScrollBars	设置是否在窗体中显示滚动条
文本框	BackColor	设置文本框的背景颜色
	ForeColor	设置文本框的字体颜色
	Locked	设置文本框是否可以编辑
	Name	设置文本框的名称
	Value	设置文本框中显示的值
	Visible	设置文本框是否可见
命令按钮	Caption	设置命令按钮上显示的文字
	Default	设置命令按钮是否是窗体的默认按钮
	Enabled	设置命令按钮是否可用
	Picture	设置命令按钮上显示的图片
标签	Caption	设置标签显示的文字
	Name	设置标签的名称

8.2.3　对象的方法

方法用来描述对象的行为，对象的方法就是对象可以执行的操作，用来完成某种特定的功能。例如，文本框中使用设置焦点（SetFocus）方法获得光标。如果说属性是静态成员，那么方法就是动态操作。

方法引用格式：

```
对象名.方法名
```

例如，为窗体中的文本框 Text1 设置焦点获得光标，使用的命令：

```
Text1.SetFocus
```

8.2.4　对象的事件和事件过程

事件是系统事先设定的能被对象所识别并响应的动作，例如，鼠标单击（Click）事件、打开窗体（Open）等。

事件过程是响应某一事件时去执行的程序代码，与事件一一对应。如果希望发生某事件时执行相应的操作，则需要首先将事件执行的代码写入相应的事件过程。

事件过程和方法的区别在于，事件过程的程序代码可以由用户编写；而方法是系统事先定义好的程序，可以在程序中直接调用。

Access 中常用的事件主要包括表 8-2 所示的鼠标事件、键盘事件、窗口事件、对象事件和操作事件等。

表 8-2　　　　　　　　　　　　　　　　Access 的常用事件

事件类型	事件名称	说　明
鼠标事件	Click	单击鼠标事件
	DblClick	双击鼠标事件
	MouseMove	鼠标移动事件
	MouseDown	鼠标按下事件
	MouseUp	鼠标释放事件
键盘事件	KeyDown	键按下事件
	KeyUp	键释放事件
	KeyPress	击键事件
窗口事件	Open	打开事件
	Load	加载事件
	Resize	调整大小事件
	Activate	激活事件
	Current	成为当前事件
	Unload	卸载事件
	Close	关闭事件
对象事件	GotFocus	获得焦点事件
	LostFocus	失去焦点事件

续表

事件类型	事件名称	说　明
对象事件	BeforeUpdate	更新前事件
	AfterUpdate	更新后事件
	Change	更改事件
操作事件	Delete	删除事件
	BeforeInsert	插入前事件
	AfterInsert	插入后事件

下面通过一个例子说明事件和事件过程的关系。

【例 8-2】 创建一个图 8-6 所示的名为"例 8-2 显示信息"的窗体。在窗体的文本框中显示"Access 2010"。

视频 8-2

（1）新建一个窗体。在"设计视图"中添加一个文本框，名称为 Text1；一个命令按钮，名称为 Command1，标题为"显示"。

（2）切换到"窗体视图"，当单击命令按钮后，发生了鼠标单击（Click）事件，由于此时没有编写事件过程代码，所以单击命令按钮后文本框中没有显示任何信息。

（3）切换到"设计视图"，选中命令按钮控件后，单击"设计"选项卡"工具"选项组的"查看代码"按钮，在代码窗口中为命令按钮 Command1 对象的单击（Click）事件过程编写如下的代码：

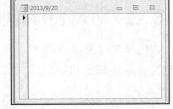

图 8-6　"例 8-2 显示"窗体

```
Private Sub Command1_Click()
    Text1.Value = "Access 2010"          '文本框 Text1 的内容
显示 Access 2010
End Sub
```

（4）关闭代码编辑窗口，并将窗体从"设计视图"切换到"窗体视图"。单击命令按钮后，发生了鼠标单击（Click）事件，执行该事件过程代码后在文本框中显示出"Access 2010"。

（5）以"例 8-2 显示信息"为名保存该窗体。

【例 8-3】 将窗体的标题设置为当前的系统日期。

（1）创建一个如图 8-7 所示的名为"例 8-3 设置窗体标题"的窗体。

图 8-7　"例 8-3 设置窗体标题"窗体效果

（2）在窗体（Form）对象的加载（Load）事件中编写如下的代码：

```
Private Sub Form_Load()
    Form.Caption = Date()          '也可以写成 Me.Caption=Date()
End Sub
```

8.2.5　DoCmd 对象

DoCmd 是 Access 数据库中的一个重要对象，DoCmd 的主要功能是通过调用 Access 内置的方法，在 VBA 中实现某些特定的操作。用户可以将 DoCmd 看成 VBA 提供的一个命令，输入"DoCmd."命令，即可显示可用的方法。例如，OpenForm 方法可以打开窗体；OpenReport 方法可以打开报表等。

例如，使用 DoCmd 对象打开"浏览学生信息"窗体的语句：

```
DoCmd.OpenForm "浏览学生信息"
```

8.3　VBA 程序开发环境

VBE（Visual Basic Editor）编辑器是编辑 VBA 代码时使用的界面。VBE 提供了完整的开发和调试环境，可以用于创建和编辑 VBA 程序代码。

8.3.1　打开 VBE 编程窗口

可以使用以下 4 种方法打开 VBE 窗口进行代码输入和编辑。

方法 1：创建新模块。

单击"创建"选项卡"宏与代码"选项组的"模块"按钮，则在 VBE 编辑器中创建一个空白模块。

方法 2：打开已存在的模块。

选择数据库窗口导航窗格中的"模块"对象，显示出所有的模块，双击选中的模块即可打开 VBE 窗口，并显示出该模块中已有的代码。

方法 3：打开窗体或报表对应的模块。

首先打开窗体或报表的设计视图，在"设计"选项卡的"工具"选项组中单击"查看代码"按钮，即可打开该窗体或报表的 VBE 窗口。

方法 4：打开窗体"属性表"窗格。

打开窗体"属性表"窗格，在"事件"选项卡中选中需要编写代码的事件，单击该事件右侧的"···"按钮，在打开的"选择生成器"对话框中选择"代码生成器"，即可打开 VBE 窗口。

8.3.2　VBE 窗口的组成

VBE 窗口主要由菜单栏、工具栏、工程资源管理器窗口、属性窗口、代码窗口、立即窗口、本地窗口和监视窗口等组成，如图 8-8 所示。

图 8-8　VBE 窗口组成

1．工程资源管理器窗口

单击菜单栏中的"视图|工程资源管理器"即可打开工程资源管理器窗口。在该窗口中的列表中列出了应用程序的所有模块，双击其中的一个模块，该模块相应的代码窗口就会显示出来。

2．属性窗口

单击菜单栏中的"视图|属性窗口"即可打开属性窗口。在属性窗口中，列出了所选择对象的全部属性，可以按照"按字母序"和"按分类序"两种方法查看。用户可以直接在属性窗口中编辑对象的属性，这是对象属性的"静态"设置方法；还可以在代码窗口中用 VBA 程序语句编辑对象的属性，这是对象属性的"动态"设置方法。

3．代码窗口

单击菜单栏中的"视图|代码窗口"即可打开代码窗口。在代码窗口中，可以编辑 VBA 程序代码。

4．立即窗口

单击菜单栏中的"视图|立即窗口"即可打开立即窗口。立即窗口是用来进行快速计算表达式的值、完成简单方法的操作和进行程序测试工作的窗口。在立即窗口中，可以输入语句代码后按回车键立即执行该语句代码，但是立即窗口中的代码不能被存储。在立即窗口中可以使用如下语句显示表达式的值。

（1）Debug.Print 表达式

（2）Print 表达式

（3）? 表达式

例如，计算表达式 2+3 的值，在立即窗口中输入"Debug.Print 2+3"，在下一行中输出结果为 5。

例如，计算 7 除 5 的余数，在立即窗口中输入"Print 7 Mod 5"，在下一行中输出结果为 2。

例如，显示当前的日期，在立即窗口中输入"? Date()"，在下一行中输出结果为系统当前日期。

运行结果如图 8-9 所示。

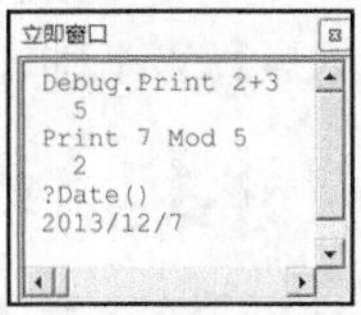

图 8-9　立即窗口

5．本地窗口

单击菜单栏中的"视图|本地窗口"即可打开本地窗口。在本地窗口中，可以自动显示当前过程中的所有变量声明和变量值。

6．监视窗口

单击菜单栏中的"视图|监视窗口"即可打开监视窗口。监视窗口用于调试 Visual Basic 过程，通过在监视窗口添加监视表达式，可以动态了解一些变量或表达式值的变化情况，判断代码是否正确。

8.3.3　在 VBE 中编写代码

VBE 窗口提供了完整的开发和调试 VBA 代码的环境。代码窗口顶部包含两个组合框：左侧为对象列表；右侧为事件列表。编写代码的操作步骤如下。

（1）从左侧组合框中选择一个对象后，右侧事件组合框中将列出该对象的所有事件。

（2）从该对象事件过程列表选项中选择某个事件名称，系统将自动生成相应的事件：

```
Private Sub Command0_Click()
End Sub
```

用户在 Private Sub Command0_Click()和 End Sub 之间添加程序代码。如图 8-10 给出了 Command0 对象的 Click 事件过程。

图 8-10　选择对象和事件

在代码窗口中输入程序代码时，VBE 会根据情况显示不同的提示信息。

（1）输入属性和方法。当输入控件名称后接着输入圆点字符"."时，VBE 将自动弹出该控件可以使用的属性和方法列表，用户选择自己需要的属性或方法后，双击该属性或方法即可。

> 如果不弹出该控件的属性和方法列表，则该控件名称可能出现错误。

（2）输入函数。当输入函数时，VBE 自动列出该函数的使用格式，包括参数的提示信息。

（3）输入命令。在关闭 VBE 窗口时，VBE 会自动检查命令代码的语法是否正确。

8.4　VBA 程序基础

使用 VBA 编写应用程序时，主要的处理对象是各种数据，所以首先要掌握数据的类型和数据运算等基础知识。

8.4.1　数据类型

VBA 支持多种数据类型，Access 表中的数据类型在 VBA 中都有相应的数据类型。表 8-3 中列出了 VBA 程序中的基本数据类型，以及它们在计算机中所占用的字节数和取值范围等。

视频 8-3

表 8-3　　　　　　　　　　　　　　　　VBA 的数据类型

数据类型	类型标识	符　号	占用字节	取值范围
字节型	Byte	无	1 字节	0~255
整型	Integer	%	2 字节	−32768~32767
长整型	Long	&	4 字节	−2147483648~2147483647
单精度	Single	!	4 字节	负数：−3.402823E38~−1.401298E−45 正数：1.401298E−45~3.402823E38
双精度	Double	#	8 字节	负数：−1.79769313486232E308~−4.9406545841247E−324 正数：4.9406545841247E−324~1.79769313486232E308
货币型	Currency	@	8 字节	−922337203685477.5808~922337203685477.5807
日期型	Date	无	8 字节	100 年 1 月 1 日~9999 年 12 月 31 日
字符串型	String	$	不定	0~65535 个字符

数据类型	类型标识	符　号	占用字节	取值范围
布尔型	Boolean	无	2 字节	True、False
对象型	Object	无	4 字节	任何对象引用
变体型	Variant	无	不定	由最终的数据类型决定

8.4.2　常量

常量是指在程序中可以直接引用的量，其值在程序运行期间保持不变。常量分为字面常量、符号常量和系统常量 3 种类型。

1. 字面常量

字面常量直接按照实际值出现在程序中，它的表示形式决定了其类型。常用的字面常量有以下几种类型。

（1）数值常量：由数字组成，如 156、3.14、1.25E10。

（2）字符常量：由双引号括起来的字符串，如 "HELLO"、"156"、"数据库系统"。

（3）日期常量：由符号 "#" 将数据括起来，如#2013-1-1#、#2013/1/110:20:35#。

（4）布尔常量：只有两个值 Ture 和 False。

2. 符号常量

符号常量是用标识符表示常量，符号常量必须使用常量说明语句进行声明，符号常量声明语句的格式为：

```
Const 符号常量名=常量值
```

如果程序中多处使用了某个常量，将其声明成符号常量的好处是：一方面增加了程序的可读性；另一方面也便于程序的修改和维护，可以做到"一改全改"。

例如：

```
Const PI = 3.14159
```

程序执行语句 s = r * r * PI 时，将 PI 用 3.14159 替换。

3. 固有常量

固有常量是系统预先定义的常量，用户可以直接引用。通常开始的两个字母表示其所在的类库，Access 类库的常量以 ac 开始，如 acForm 等；ADO 类库的常量以 ad 开始，如 adOpenKeyset 等；Visual Basic 类库的常量以 vb 开头，如颜色常量，vbRed 代表红色，vbBlue 代表蓝色等。

8.4.3　变量

变量是指在程序运行期间取值可以变化的量。在程序中每个变量都用唯一的名称来标识，用户可以通过变量名来访问内存中的数据。

一个变量有 3 个基本要素：变量名、变量的数据类型和变量值。

1. 变量的命名规则

变量命名时应该遵守以下的规则。

（1）变量名必须以英文字母或汉字为起始字符。

（2）变量名可以包含字母、汉字、数字或下画线，但不能包含空格和标点符号。

（3）变量名的长度不能超过 255 个字符，变量名不区分大小写。

（4）变量名不能使用 VBA 的关键字。

例如，sum、a_1、成绩、x1 等都是合法的变量名，但是 5b、sum-1、a.3、a 1、if 是不合法的变量名。

 变量命名最好遵循"见名知义"的原则，例如，name、age、sum 等，避免使用 a、b、c 这类含义不明确的变量名。

2. 变量的声明

一般来说，在程序中使用变量时需要先声明后使用。变量声明可以起到两个作用，一是指定变量的名称和数据类型；二是指定变量的取值范围。

（1）显式变量声明。

通常情况下，变量在使用之前需要声明，变量先声明后使用是一个良好的编程习惯。

显式声明变量的格式：

```
Dim 变量名 [As 类型名|类型符] [, 变量名 [As 类型名|类型符]] [...]
```

变量声明语句的功能：

定义变量并为其分配内存空间。其中，Dim 为关键字；As 用于指定变量的数据类型，如果缺省，则默认定义变量为变体型（Variant）。

例如：

```
Dim score As Integer
```

声明了一个整型变量 score。

```
Dim n As Integer, sum As Long, aver As Single, str As String, flag As Boolean, w
```

声明了整型变量 n，长整型变量 sum，单精度型变量 aver，字符串型变量 str，布尔型变量 flag，变体型变量 w。可以使用类型符代替类型名来进行变量声明。例如：

```
Dim name $, age %, score !
```

与 Dim name As String, age As Integer, score As Single 的声明作用相同。

（2）隐式变量声明。

隐式变量是指没有使用变量声明语句进行声明而直接使用的变量，隐式变量的数据类型是变体型（Variant）。例如：

```
sum = 0
```

因为没有为 sum 变量声明数据类型，所以 sum 变量是变体型（Variant），sum 的值是 0。

 在 VBA 编程中应该尽量减少隐式变量的使用，大量使用隐式变量会增加识别变量的难度，为调试程序带来困难。

（3）强制变量声明。

建议用户使用显式变量声明，显式声明变量可以使程序更加清晰。通过设置强制显式声明变量的方法使用户必须显式声明变量。设置强制显式声明变量的方法有：

❑ 在 VBE 环境下选择"工具|选项"命令，在打开的"选项"对话框中的"编辑器"选项卡上选中"要求变量声明"复选框后，单击"确定"按钮，则在代码区域中出现语句 Option Explicit。在输入程序时，所有的变量必须进行显式声明。

❑ 在程序开始处直接输入语句 Option Explicit。该语句的功能是：强制对模块中的所有变量进行显式声明。

8.4.4　数组

数组是由一组具有相同数据类型的变量组成的集合，数组中的变量称为数组元素变量。数组变量由变量名称和数组下标组成，在 VBA 中不允许隐式声明数组，必须用 Dim 语句声明数组。

1. 一维数组

一维数组的声明语句格式为：

```
Dim 数组名([下标下界 To ]下标上界) [As 数据类型]
```

说明：

（1）下标下界缺省值为 0。数组元素为：数组名(0)~数组名(下标上界)。

（2）如果设置下标下界非 0，要使用 To 选项。

（3）可以在模块声明区域指定数组的默认下标下界是 0 或 1，方法是：Option Base 1，则将数组的默认下标下界设置为 1。例如：

```
Dim a(5) As Integer
```

该语句声明了一个一维数组，数组的名称为 a，数据类型为整型，该数组包含 6 个数组元素，分别为 a(0)、a(1)、a(2)、a(3)、a(4)和 a(5)，数组下标为 0~5。

```
Dim b(1 To 5) As Single
```

该语句声明了一个一维数组，数组的名称为 b，数据类型为单精度，该数组包含 5 个数组元素，分别为 b(1)、b(2)、b(3)、b(4)和 b(5)，数组下标为 1~5。

2. 二维数组

二维数组的声明语句格式为：

```
Dim 数组名([下标下界1 To ]下标上界1, [下标下界2 To ]下标上界2) [As 数据类型]
```

如果省略下标下界，则默认值为 0。

例如：

```
Dim s(3,2) As Integer
```

该语句声明了一个二维数组，数组名称为 s，数据类型为整型，该数组包含 4 行（0~3）3 列（0~2）共 12 个数组元素，如表 8-4 所示。

表 8-4　　　　　　　　　　　　　二维数组 s 的数组元素排列示意表

	第 0 列	第 1 列	第 2 列
第 0 行	s(0, 0)	s(0, 1)	s(0, 2)
第 1 行	s(1, 0)	s(1, 1)	s(1, 2)
第 2 行	s(2, 0)	s(2, 1)	s(2, 2)
第 3 行	s(3, 0)	s(3, 1)	s(3, 2)

3. 多维数组

多维数组是指有多个下标的数组，在 VBA 中最多可以声明 60 维的数组。

例如：

```
Dim c(3, 2, 3) As Integer
```

该语句声明了一个三维数组 c，该数组中包含 $4 \times 3 \times 4 = 48$ 个数组元素。

4. 数组引用

数组声明后，可以在程序中使用。数组的使用是对数组元素的引用，数组元素的引用格式为：

数组名（下标值）

其中，如果该数组是一维数组，则下标值的范围为"下标下界~下标上界"的整数值；如果该数组是多维数组，则下标值为多个用逗号分隔的整数序列，每个整数表示对应的下标值。

例如，可以引用前面声明的数组。

```
a(2)        '引用一维数组 a 的第 3 个元素，数组下标下界为 0
b(2)        '引用一维数组 b 的第 2 个元素，数组下标下界为 1
s(1, 2)     '引用二维数组 s 的第 2 行第 3 列的元素，数组行列下标下界均为 0
```

8.4.5 运算符

VBA 提供了多种类型的运算符，通过运算符与操作数组合成表达式，完成各种形式的运算和处理。

运算符是表示实现某种运算的符号，根据运算形式的不同，可以将运算符分为算术运算符、关系运算符、逻辑运算符、连接运算符和对象运算符。

1. 算术运算符

算术运算符用来执行算术运算。VBA 提供了 8 个算术运算符，如表 8-5 所示。

表 8-5　　　　　　　　　　　　　　　算术运算符

运算符	功　能	优先级	示　例	结　果
∧	乘幂	1	2^4	16
–	取负	2	–(–6)	6
*	乘法	3	3*5	15
/	除法	3	15/2	7.5
\	整除	4	15\2	7
Mod	取模	5	17 Mod 5	2
+	加法	6	3+5	8
–	减法	6	8–3	5

说明：

（1）整除（\）运算时，如果参与运算的数不是整数，则系统先将带小数的数据进行四舍五入成为整数后再进行运算。例如，15.8\2.3 的值是 8。

（2）取模（Mod）运算是求整数除法的余数，如果有小数，则系统先进行四舍五入成为整数后再运算。例如，25.8 Mod 5 的值是 1。

（3）优先级的值越小，所表示的优先级越高。优先级值为 1 代表了最高的优先级。

2. 关系运算符

关系运算符也称为比较运算符，用来比较两个表达式的值，比较的结果是逻辑值 True（真）或 False（假）。关系运算符有 7 个，它们的优先级均为 7，如表 8-6 所示。

表 8-6 关系运算符

运 算 符	运 算	示 例	结 果
=	等于	5 = 3	False
>	大于	5 > 3	True
>=	大于等于	5 >= 5	True
<	小于	"B" < "A"	False
<=	小于等于	"AB" <= "A"	False
<>	不等于	"ABC" <> "abc"	True
Like	字符串匹配	"This" Like "*is"	True

说明：

（1）数值型数据按照大小进行比较。

（2）字符型数据按照其 ASCII 值进行比较。

（3）汉字按照区位码进行比较。

（4）汉字字符大于西文字符。

3. 逻辑运算符

逻辑运算符也称为布尔运算符，逻辑运算符是对逻辑值进行运算，结果为逻辑值（True 或 False）。逻辑运算符有 3 个，如表 8-7 所示。

表 8-7 逻辑运算符

运算符	运 算	优先级	示 例	结 果
Not	非	8	Not False	True
And	与	9	5>2 And 3>4	False
Or	或	10	5>2 Or 3>4	True

说明：

（1）当与运算（And）的两个逻辑值均为真（True）时，结果为真（True）；当其中任意一个值为假（False）时，结果为假（False）。

（2）当或运算（Or）的两个逻辑值均为假（False）时，结果为假（False）；当其中任意一个值为真（True）时，结果为真（True）。

4. 字符串运算符

字符串运算符的作用是将两个字符串连接起来生成一个新的字符串。字符串运算符有"&"和"+"两种。

（1）"&"运算符

"&"运算符用来强制两个表达式作为字符串连接。运算符"&"两边的操作数可以是字符型，也可以是数值型。如果操作数是数值型，系统先将其转换为字符型，然后再进行连接运算。需要注意的是，在字符串变量后使用运算符"&"时，字符串变量与运算符"&"之间需要加一个空格。

例如：

```
Dim str As String
str = "中国" & "北京"        '结果为"中国北京"
str = "123" & "456"         '结果为"123456"
```

```
str = 123 & 456              '结果为"123456"
str = "北京" & 2008 & "奥运会"   '结果为"北京 2008 奥运会"
```

（2）"+"运算符

"+"运算符用来连接两个字符串，形成一个新字符串。运算符"+"要求两边的操作数都是字符串。如果两边都是数值型操作数时，则进行加法运算。

例如：

```
"123" + "456"              '两个字符串连接，结果为"123456"
"123" + 456               '出错
```

提示

在 VBA 中，"+"既可以作为加法运算符，又可以作为字符串连接符。例如，123+456 表示加法运算，结果为 579。但是"&"是专用的字符串连接运算符，所以使用"&"比"+"更安全。

5. 对象运算符

如果在表达式中引用对象，则要构造对象引用表达式，对象运算符有"!"和"."两种。

（1）"!"运算符的作用是引用窗体、报表或控件对象。

（2）"."运算符通常用于引用窗体、报表或控件等对象的属性。

在实际应用中，"!"运算符和"."运算符通常是配合使用的，用于标识引用一个对象或对象的属性。

❑ 窗体对象的引用格式为：Forms! 窗体名! 控件名[.属性名]

❑ 报表对象的引用格式为：Reports! 报表名! 控件名[.属性名]

其中，Forms 表示窗体对象集合；Reports 表示报表对象集合。父对象与子对象之间用"!"分隔。[.属性名]中的内容为可选项，若省略则默认使用该控件对象的默认属性名。

例如，在图 8-11 的"计算圆面积"的窗体中，有两个文本框，名称分别为"Text1"和"Text2"，可以使用如下语句对这两个控件对象进行引用。

```
r = Forms! 计算圆面积! Text1.Value
Forms!计算圆面积!Text2.Value=r*r*3.14
```

如果在本窗体的模块中引用控件对象，可以将"Forms!窗体名"用"Me"代替或者缺省。控件对象的引用格式为：

❑ Me!控件名[.属性名]

❑ 控件名[.属性名]

上例中的语句可以表示为：

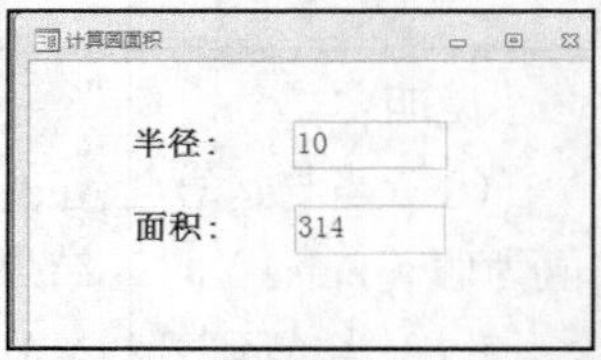

图 8-11 "计算圆面积"窗体

```
r = Me! Text1.Value
Me! Text2.Value = r * r * 3.14
```

或者采用缺省形式，上例中的语句可以表示为：

```
r = Text1.Value
Text2.Value = r * r * 3.14
```

如果省略".属性名"，则使用控件对象的默认属性名。例如，文本框控件的默认属性名为 Value，上例中的语句可以表示为：

```
r = Text1
Text2 = r * r * 3.14
```

8.4.6　函数

在 VBA 中提供了许多内置的标准函数，每个标准函数可以实现某个特定的功能，方便用户使用。

函数的调用格式：

函数名（[参数 1] [，参数 2] [，参数 3] …）

其中，参数可以是常量、变量或表达式。函数可以没有参数，也可以有一个或多个参数，多个参数之间用逗号进行分隔。调用函数后，得到一个函数的返回值。

内置函数按照功能可以分为数学函数、字符串函数、日期/时间函数和类型转换函数等。下面将分类介绍一些常用标准函数的使用，其中用 n 表示数值型表达式，c 表示字符型表达式，M 表示数值型常量。

1．数学函数

数学函数完成数学计算功能，常用的数学函数如表 8-8 所示。

表 8-8　　　　　　　　　　　　　常用的数学函数

函　数	函数功能	示　例	返回结果
Abs(n)	返回数值表达式的绝对值	Abs(-2.5)	2.5
Int(n)	返回不大于数值表达式值的最大整数	Int(5.9)	5
Round(n, M)	返回按照指定的小数位数 M 进行四舍五入的值	Round(12.38, 1)	12.4
Sqr(n)	返回数值表达式的平方根	Sqr(9)	3

2．字符串函数

字符串函数用来处理字符型变量或字符串表达式。在 VBA 中，字符串的长度是以字为单位的，即每个西文字符或每个汉字都作为一个字。常用的字符串函数如表 8-9 所示。

表 8-9　　　　　　　　　　　　　常用的字符串函数

函　数	函数功能	示　例	返回结果
Instr([n,] c1, c2[, M])	从 c1 字符串中查找 c2 字符串，返回 c2 字符串在 c1 串中第一次出现的位置。若查找不到则返回 0。n 表示开始查找的位置，默认值为 1。M 表示比较方式。默认值为 0，进行比较时区分大小写；M 为 1 比较时不区分大小写	Instr("ABCD", "BC")	2
Len (c)	求字符串的长度	Len ("数据库系统") Len("ABCD")	5 4
Left(c, n)	取字符串左边的 n 个字符	Left("ABCD", 3)	"ABC"
Right(c, n)	取字符串右边的 n 个字符	Right("ABCD", 3)	"BCD"
Mid(c, n1[, n2])	取子字符串，在 c 串中从 n1 位置开始取 n2 个字符。缺省 n2 时，从 n1 位置开始取到串尾	Mid("ABCDE", 2, 3)	"BCD"
Ltrim(c)	去掉字符串中左边的空格	Ltrim(" ABCD")	"ABCD"
Rtrim(c)	去掉字符串中右边的空格	Rtrim("ABCD ")	"ABCD"
Trim(c)	去掉字符串中两边的空格	Trim(" ABCD ")	"ABCD"
Lcase(c)	将字符串中的所有字母转换成小写	Lcase("aBCd")	"abcd"
Ucase(c)	将字符串中的所有字母转换成大写	Ucase("aBCd")	"ABCD"

3. 日期/时间函数

日期/时间函数用于处理日期和时间型表达式或变量，常用的日期/时间函数如表 8-10 所示。

表 8-10 常用的日期/时间函数

函 数	函数功能	示 例	返回结果
Date( )	返回系统当前日期	Date()	2017-7-16
Time()	返回系统当前时间	Time()	11:23:58
Now()	返回系统当前日期和时间	Now()	2017-7-1611:23:58
Year(日期型表达式)	返回日期表达式的年份	Year(#2017-7-16#)	2017
Month(日期型表达式)	返回日期表达式的月份	Month(#2017-7-16#)	7
Day(日期型表达式)	返回日期表达式的天数	Day(#2017-7-16#)	16

4. 类型转换函数

类型转换函数是将某种数据类型的数据转换成指定类型的数据。常用的类型转换函数如表 8-11 所示。

表 8-11 常用的类型转换函数

函 数	函数功能	示 例	返回结果
Asc(c)	返回字符串第一个字符的 ASCII	Asc("ABC")	65
Chr(n)	返回 ASCII 对应的字符	Chr(66)	"B"
Str(n)	将数值表达式的值转换成字符串	Str(65.3)	"65.3"
Val(c)	将字符串转换成数值型数据	Val("65.3")	65.3
Cdate(c)	将字符串转换成日期型数据	Cdate("2017/7/16")	#2017-7-16#

8.4.7 表达式

1. 表达式的组成

表达式是将常量、变量或函数用运算符连接起来的式子。表达式的运算结果是一个值，其类型由表达式中操作数的类型和运算符决定。

例如，表达式(9-2)\4+5 Mod 3+2<6 的运算结果是 Ture。

2. 表达式的书写规则

表达式应该遵循如下的书写规则。

（1）表达式从左至右书写在同一行中，不能出现上标或下标。例如，5^3 正确的写法是 5^3。

（2）不能省略运算符。例如，5a 正确写法是 5*a。

（3）只能使用圆括号且必须成对出现。

（4）将数学表达式中的符号写成 VBA 可以表示的符号。

例如，数学中一元二次方程的求根公式：$\dfrac{-b+\sqrt{b^2-4ac}}{2a}$

正确的 VBA 表达式为：(-b+Sqr(b^2-4*a*c))/(2*a)，其中 Sqr 是一个函数。

3. 表达式中的运算顺序

如果一个表达式中含有多种不同类型的运算符时，进行运算的先后顺序由运算符的优先级决定。当优先级相同时运算按照从左到右的顺序进行。可以通过圆括号来改变运算的优先顺序。不同类型运算符之间的优先级如下：

视频8-4

算术运算符>字符串运算符>关系运算符>逻辑运算符

表达式中含有多种不同类型的运算符时，True 值为 -1；False 值为 0。例如，$(5>3)+6$ 的结果是 5；$(5<3)+6$ 的结果是 6。

8.5 VBA 程序语句

VBA 程序是由 VBA 语句序列组成的。每一条语句是能够完成某个操作的命令，包括关键字、运算符、常量、变量和表达式等。

VBA 程序中的语句一般分为 3 种类型。

（1）声明语句：用来为变量、常量、过程定义命名，指定数据类型。

（2）赋值语句：用来为变量指定一个值或表达式。

（3）执行语句：用来执行赋值操作、调用过程或函数、实现各种流程控制。

8.5.1 语句的书写规则

在编写 VBA 语句时需要按照一定的规则来进行书写，主要的书写规则如下。

（1）通常将一条语句书写在一行内。若语句较长时，可以使用续行符（空格加下画线）在下一行继续书写语句。

（2）在同一行内可以书写多条语句，语句之间需要用冒号 "："进行分隔。

（3）语句中不区分字母的大小写。语句的关键字首字母自动转换成大写，其余字母转换为小写。

（4）语句中的所有符号和括号必须使用英文格式。

输入一行语句并按下回车键后，VBA 会自动进行语法检查。如果语句中存在错误，则该行代码将以红色显示或有错误提示信息，用户需要及时改正错误。

8.5.2 声明语句

声明语句可以命名和定义常量、变量、数组、过程等。当声明一个变量、数组、子过程、函数时，同时定义了它们的作用范围，此范围取决于声明位置和使用的关键字。例如：

```
Private Sub Proc()
    Const PI = 3.14
    Dim r As Single, area As Single
    ...
End Sub
```

该段程序代码定义了一个名为 Proc 的局部子过程，在过程开始部分用 Dim 语句声明了名为 r 和 area 的两个单精度变量，用 Const 语句声明了名为 PI 的符号常量。PI、r 和 area 的作用范围是在 Proc 子过程内部。

8.5.3 赋值语句

赋值语句给某个变量赋予一个值或表达式。赋值语句格式为：

```
[Let] 变量名=表达式
```

功能：计算等号右端的表达式的值，并将结果赋值给等号左端的变量。Let 是可选项，通常可以省略。例如：

```
Const PI = 3.14
Dim r As Single, area As Single
r = 10                              '变量 r 赋值为常量 10
area = r * r * PI                   '变量 area 赋值为计算圆面积的表达式
```

使用赋值语句时需要注意以下几个方面。

（1）不能在一个赋值语句中同时给多个变量赋值。

例如，a=b=c=0 语句没有语法错误，但是运行结果是错误的。

（2）赋值号左端只能是变量名称，不能是常量、常量标识符或表达式。

例如，3 = x + y 或 x + y = 3 都是错误的赋值语句。

（3）赋值语句中的"="为赋值号，表示赋值操作。不要与关系运算符的"="混淆。

8.5.4 注释语句

注释语句用于对程序或语句的功能进行解释和说明，适当使用注释语句可以增强程序的可读性和可维护性。

在 VBA 程序中，可以使用以下两种方法添加注释。

（1）使用 Rem 语句格式为：Rem 注释语句

（2）使用英文单引号'格式为：'注释语句

注释语句可以写在某个语句之后，也可以独占一行。但是当在语句后用 Rem 格式进行注释时，必须在语句与 Rem 之间用一个冒号进行分隔。例如：

```
Rem 求圆面积程序
Const PI=3.14
Dim r As Single, area As Single
r=10                                : Rem 给变量 r 赋值为常量 10
area=r*r*PI                         '变量 area 赋值为计算圆面积的表达式
```

8.5.5 输入输出语句

在 VBA 程序中用户通常先用输入语句输入数据，然后对数据进行计算和处理得到结果，最后将结果用输出语句进行输出显示。输入输出语句是常用的语句，VBA 提供了 InputBox 函数实现输入；MsgBox 函数或过程实现输出。

1. InputBox 函数

InputBox 函数是用来输入数据的函数，该函数显示一个输入对话框，等待用户输入。当用户单击"确定"按钮时，函数返回输入的值；当用户单击"取消"按钮时，函数返回空字符串。

视频 8-5

InputBox 函数格式为：

```
InputBox(prompt[, title][, default][, xpos][, ypos])
```

函数参数说明：

（1）prompt：必需的参数项，显示对话框的提示信息。

（2）title：对话框标题栏中的显示信息，是可选项；缺省时在标题栏中显示"Microsoft Access"。

（3）default：在输入文本框中显示的信息，缺省时输入文本框为空。

（4）xpos 和 ypos：指定对话框与屏幕左边和上边的距离。

例如：

图 8-12　InputBox 函数显示输入对话框

```
Dim pincode As String
pincode = InputBox("请输入密码：", "密码输入", "PASSWORD")
```

语句执行后将显示如图 8-12 所示的对话框，若在文本框中输入 123 后，单击"确定"按钮，则 pincode 的值为"123"。

提示

InputBox 函数输入的数字是字符串类型的，如果希望输入的数字作为数值类型的数据，则需要使用 Val 函数进行类型的转换。

例如，输入"456"并单击"确定"按钮后，以下两个语句的返回值是不同的。

```
a=InputBox("a=")                'a 的值为字符"456"
a=Val(InputBox("a="))           'a 的值为数值 456
```

2. MsgBox 函数和过程

MsgBox 的功能是输出显示，可以在一个对话框中显示消息，等待用户单击按钮，并返回一个整数值来告诉系统单击的是哪个按钮。MsgBox 分为函数和过程两种调用形式，格式分别为：

视频 8-6

❏　MsgBox 函数调用格式：

```
MsgBox(prompt[,buttons][,title])
```

❏　MsgBox 子过程调用格式：

```
MsgBox prompt[,buttons][,title]
```

参数说明：

（1）prompt：必需的参数项，显示对话框的提示信息。

（2）buttons：用来指定显示按钮的数目和形式、使用的图标样式等。是可选项，默认值为 0。按钮设置值的含义如表 8-12 所示。

表 8-12　　　　　　　　　　　　　MsgBox 中"buttons"值及含义

分　组	常　数	按钮值	描　述
按钮数目	vbOKOnly	0	只显示"确定"按钮
	vbOKCancel	1	显示"确定""取消"按钮
	vbAbortRetryIgnore	2	显示"终止""重试""忽略"按钮
	vbYesNoCancel	3	显示"是""否""取消"按钮
	vbYesNo	4	显示"是""否"按钮
	vbRetryCancel	5	显示"重试""取消"按钮
图标类型	vbCritical	16	显示红色停止图标
	vbQuestion	32	显示询问信息图标
	vbExclamation	48	显示警告信息图标
	vbInformation	64	显示信息图标

（3）title：在对话框标题栏显示的信息，是可选项。默认的标题是"Microsoft Access"。

例如：

```
f=MsgBox("要退出吗？")                     '没有指定按钮和标题，如图 8-13（a）所示
```

```
f=MsgBox("要退出吗? ", 4, "退出提示")        '4 表示显示是和否按钮, 如图 8-13（b）所示
f=MsgBox("要退出吗? ", 4+32, "退出提示")      '32 表示显示询问信息图标, 如图 8-13（c）所示
```

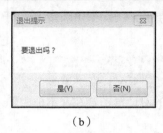

（a）　　　　　　　　　　（b）　　　　　　　　　　（c）

图 8-13　MsgBox 函数应用示例

在使用这两种不同调用时, 需要注意 MsgBox 函数和 MsgBox 过程的区别。

❑　MsgBox 函数用圆括号将参数括起来, 并且该函数调用后得到一个返回值, 如表 8-13 所示; 而 MsgBox 过程中参数不需要圆括号括起来, 没有返回值。

表 8-13　　　　　　　　　　　　MsgBox 函数的返回值

常　数	返回值	单击的按钮
vbOK	1	确定
vbCancel	2	取消
vbAbort	3	终止
vbRetry	4	重试
vbIgnore	5	忽略
vbYes	6	是
vbNo	7	否

❑　使用 MsgBox 函数语句时, 将调用函数赋值给一个整型变量; 而 MsgBox 过程调用可以作为一个独立的语句使用。

例如:

```
f=MsgBox("要退出吗? ")
MsgBox "要退出吗? "
```

8.6　VBA 程序的控制结构

程序是按照一定的结构来控制整个流程的。常用的程序控制结构可以分为 3 种: 顺序结构、选择结构和循环结构。

8.6.1　顺序结构

顺序结构是在程序执行时, 按照程序中语句的书写顺序依次执行的语句序列。在顺序结构中经常使用的语句有输入语句、赋值语句、输出语句等。

【例 8-4】　输入圆的半径值, 输出圆的面积。

（1）创建一个如图 8-14 所示的名为 "例 8-4 计算圆面积" 的窗体。

视频 8-7

（2）在窗体中添加一个命令按钮，设置名称为 cmd，标题为"计算圆面积"。

图 8-14　"例 8-4 计算圆面积"窗体

（3）为 cmd 命令按钮编写单击事件代码。在窗体"设计视图"的"设计"选项卡上的"工具"选项组中，单击"查看代码"按钮即可打开 VBE 代码窗口。在代码窗口中的 cmd 命令按钮的 Click（单击）事件过程中输入如下的程序代码。

```
Private Sub cmd_Click()
    Const PI = 3.14
    Dim r As Single                    'r 为圆的半径，单精度类型
    Dim area As Single                 'area 为圆的面积，单精度类型
    r = Val(InputBox("请输入半径"))     '将输入的字符串转换为数值型赋值给半径 r
    area = r * r * PI                  '计算圆面积
    MsgBox "圆的面积=" & area          '将"圆的面积="与 area 的值进行串连接后输出显示
End Sub
```

【例 8-5】　输入两个数，交换两个数的值并显示交换后的结果。

（1）创建一个图 8-15 所示的名为"例 8-5 交换两个数"的窗体。

（a）单击"交换"按钮前　　　　　（b）单击"交换"按钮后

图 8-15　"例 8-5 交换两个数"窗体

（2）在窗体中添加两个文本框，名称分别为 Text0 和 Text2，将这两个文本框的标签标题分别设置为"a:"和"b:"；添加一个命令按钮，名称为 Command0，将标题设置为"交换"。单击"交换"按钮实现两数交换。

（3）为 Command0 命令按钮编写单击事件代码。实现两个数交换的程序中，需要定义一个临时变量 t。先将 a 的值赋值给 t，然后将 b 的值赋值给 a，最后再将 t 的值赋值给 a 来实现 a 与 b 的交换。在代码窗口中的 Command0 命令按钮的 Click 事件过程中输入如下的程序代码：

```
Private Sub Command0_Click()
    Dim a As Integer, b As Integer, t As Integer
    a = Text0.Value                    '将 Text0 文本框中输入的值赋给变量 a
    b = Text2.Value                    '将 Text2 文本框中输入的值赋给变量 b
    t = a : a = b: b = t               '实现变量 a 与变量 b 的值交换
    Text0.Value = a                    '将变量 a 的值赋给 Text0 文本框
    Text2.Value = b                    '将变量 b 的值赋给 Text2 文本框
End Sub
```

8.6.2　选择结构

选择结构是在程序执行时，根据不同的条件选择执行不同的程序语句。选择结构有以下几种形式。

1．单分支 If 语句

单分支 If 语句有以下两种格式。

格式 1：

```
If 条件表达式 Then 语句
```

格式 2：

```
If 条件表达式 Then
    语句序列
End If
```

功能：先计算条件表达式的值，当条件表达式的值为真（True）时，执行语句或语句序列。执行完语句或语句序列后，将执行 End If 语句之后的语句；当条件表达式的值为假（False）时，直接执行 End If 语句之后的语句。其执行过程如图 8-16 所示。

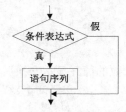

图 8-16　单分支语句的执行过程

【例 8-6】　输入一个数，求出该数的绝对值。

（1）创建一个如图 8-17 所示的名为"例 8-6 求绝对值"的窗体。

图 8-17　"例 8-6 求绝对值"窗体

（2）在窗体中添加两个文本框，名称分别为 Text0 和 Text1（如果名称不是 Text1，通过控件属性表中的"名称"属性进行修改），将这两个文本框的标签标题分别设置为"x 的值"和"x 的绝对值"。

（3）为文本框 Text1 编写 GotFocus（获得焦点）事件代码。当单击 Text1 文本框时，该文本框获得焦点，此时判断 x 的值是否小于 0，若小于 0 则将-x 的值赋值给 x。在代码窗口中 Text1 的 GotFocus 事件过程中输入如下的程序代码：

```
Private Sub Text1_GotFocus()
    Dim x As Integer
    x = Text0.Value                    '将 Text0 文本框中输入的值赋给变量 x
    If x < 0 Then
```

```
        x = -x                          '如果 x 的值小于 0，则将-x 赋给 x
    End If
    Text1.Value = x                     '将变量 x 的值赋给 Text1 文本框并显示
    Text0.SetFocus                      '为 Text0 文本框设置焦点，可以再次输入数值
End Sub
```

2. 二分支 If 语句

二分支 If 语句的格式为：

```
If 条件表达式 Then
    语句序列 1
Else
    语句序列 2
End If
```

视频 8-8

功能：先计算条件表达式的值。当条件表达式的值为真（True）时，执行语句序列 1 中的语句，然后执行 End If 语句之后的语句；当条件表达式的值为假（False）时，执行语句序列 2 中的语句，然后执行 End If 语句之后的语句，其执行过程如图 8-18 所示。

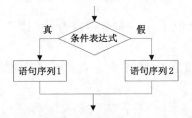

图 8-18　二分支语句的执行过程

【例 8-7】　输入两个整数，求出这两个数中的较大的数并输出。

（1）　创建一个如图 8-19 所示的名为"例 8-7 求出两个数中大数"的窗体。

图 8-19　"例 8-7 求出两个数中大数"窗体

（2）在窗体中添加 3 个文本框，名称分别为 Text1、Text2 和 Text3，将这 3 个文本框的标签标题分别设置为"x:"、"y:"和"max:"。

（3）为文本框 Text3 按钮编写 GotFocus 事件代码。当单击 Text3 文本框时，该文本框获得焦点，判断 x 和 y 的大小，若 x 大于等于 y，将 x 的值赋给 max；否则将 y 的值赋给 max。在代码窗口中 Text3 的 GotFocus 事件过程中输入如下的程序代码：

```
Private Sub Text3_GotFocus()
    Dim x As Integer, y As Integer, max As Integer
    x = Text1.Value
```

```
            y = Text2.Value
            If x >= y Then
                max = x                      ' x≥y时, max = x
            Else
                max = y                      ' x<y时, max = y
            End If
            Text3.Value = max
        End Sub
```

【例 8-8】 输入一个学生的成绩，显示该学生是否通过考试。

（1）创建一个图 8-20 所示的名为"例 8-8 通过考试"的窗体。

图 8-20 "例 8-8 通过考试"窗体

（2）在窗体中添加一个文本框 Text0，标签设置为"成绩:"和一个命令按钮 Command0，标题设置为"结果"。

（3）为 Command0 按钮编写单击事件代码。在代码窗口中的 Command0 按钮的 Click 事件过程中输入如下的程序代码：

```
    Private Sub Command0_Click()
        If Text0.Value >= 60 Then
            MsgBox "通过考试! "              '输出结果
        Else
            MsgBox "未能通过考试! "
        End If
        Text0.SetFocus                       '将输入光标设置在文本框 Text0 中, 等待输入下一个数据
    End Sub
```

【例 8-9】 输入一个年份，显示该年是否为闰年。如果某一年能够被 4 整除并且不能被 100 整除，或者能被 400 整除则该年是闰年。

（1）创建一个图 8-21 所示的名为"例 8-9 闰年判断"的窗体。

（2）在窗体中添加一个文本框 Text0，其标签设置为"输入年:"；添加一个命令按钮 Command0，标题设置为"判断闰年"。

（3）为 Command0 命令按钮编写单击 Click 事件代码。在代码窗口中 Command0 命令按钮的 Click 事件过程中输入如下的程序代码：

```
    Private Sub Command0_Click()
        Dim y As Integer
        y = Text0.Value
        If y Mod 4 = 0 And y Mod 100 <> 0 Or y Mod 400 = 0 Then     '判断闰年表达式
            MsgBox  Str(y) + "年是闰年"               '先将整型变量 y 转换成字符串变量后再进行字符串连接
        Else
            MsgBox  Str(y) + "年不是闰年"
        End If
```

```
End Sub
```

图 8-21 "例 8-9 闰年判断"窗体

3. 多分支 If 语句

当判断分支的条件比较复杂时，可以使用 If…Then…ElseIf 多分支语句形式。语句格式为：

```
If 条件表达式 1  Then
      语句序列 1
ElseIf 条件表达式 2  Then
      语句序列 2
[ Else
      语句序列 3 ]
End If
```

功能：先计算条件表达式 1 的值。当条件表达式 1 的值为真（True）时，则执行语句序列 1 中的语句；否则当条件表达式 2 的值为真（True）时，则执行语句序列 2 中的语句，否则当条件表达式 2 的值为假（False）时，则执行语句序列 3 中的语句，然后执行 End If 语句之后的语句。其执行过程如图 8-22 所示。

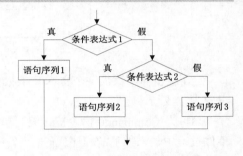

图 8-22 If…Then…ElseIf 语句的执行过程

【例 8-10】分段函数的计算，输入 x 的值，计算 y 的值。

计算规则是：$y = \begin{cases} 1 & x > 0 \\ 0 & x = 0 \\ 1 & x < 0 \end{cases}$

（1）创建一个名为"例 8-10 计算分段函数"的窗体。

（2）在窗体中添加 2 个文本框 Text0 和 Text1，其标签分别设置为"x:"和"y:"。

（3）为文本框 Text1 编写 GotFocus 事件代码。该例中分为 3 种情况，适合采用 If…Then…ElseIf 语句形式，程序代码如下：

视频 8-9

```
Private Sub Text1_GotFocus()
      Dim x As Integer, y As Integer
      x = Text0.Value
      If x > 0 Then
          y = 1
      ElseIf x = 0 Then
          y = 0
      Else
          y = -1
      End If
      Text1.Value = y
End Sub
```

（4）在窗体视图中分别输入 9、0、-5 的效果如图 8-23 所示。

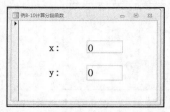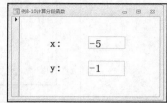

图 8-23　"例 8-10 计算分段函数"窗体

【例 8-11】　输入一个学生的成绩，显示该学生的成绩评定结果，成绩在 90~100 为"优秀"；在 80~89 为"良好"；在 70~79 为"中等"；在 60~69 为"及格"；在 0~59 为"不及格"。

（1）创建一个图 8-24 所示的名为"例 8-11 学生成绩评定"的窗体。

图 8-24　"例 8-11 学生成绩评定"窗体

（2）在窗体中添加一个文本框 Text0，标签设置为"成绩:"；一个命令按钮 Command0，标题设置为"成绩评定"。

（3）为 Command0 命令按钮编写单击事件代码。在代码窗口中 Command0 命令按钮的 Click 事件过程中输入如下的程序代码：

```
Private Sub Command0_Click()
    Dim score As Integer
    score = Text0.Value
    If score >= 90 Then
        MsgBox "优秀"
    ElseIf score >= 80 Then
        MsgBox "良好"
    ElseIf score >= 70 Then
        MsgBox "中等"
    ElseIf score >= 60 Then
        MsgBox "及格"
    Else
        MsgBox "不及格"
    End If
    Text0.SetFocus                '将输入光标设置在文本框 Text0 中，用户可以再次输入成绩
End Sub
```

4. 多路分支 Select Case 语句

Select Case 语句是多路分支语句，可以根据多个表达式的值，从多个操作中选择一个对应的执行，多路分支语句的格式为：

```
Select Case 表达式
    Case 表达式 1
```

```
        语句序列 1
    Case 表达式 2
        语句序列 2
        ……
    Case 表达式 n
        语句序列 n
    [Case Else
        语句序列 n+1]
End Select
```

功能：先计算表达式的值，如果表达式的值与第 i（i = 1，2，…，n）个 Case 表达式列表的值匹配，则执行语句序列 i 中的语句；如果表达式的值与所有表达式列表中的值都不匹配，则执行语句序列 n+1，其执行过程如图 8-25 所示。

说明：

（1）Select Case 后面的表达式只能是数值型或字符型。

（2）语句中的各个表达式列表应与 Select Case 后面的表达式具有相同的数据类型。表达式列表可以采用以下的形式。

❑　表达式

❑　用逗号分隔开的一组枚举表达式

❑　表达式 1 To 表达式 2

❑　Is 关系运算符表达式

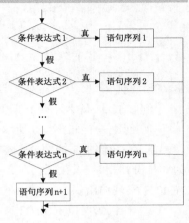

图 8-25　Select Case 语句的执行过程

（3）Case 语句是依次测试的，并执行第 1 个匹配的 Case 语句序列，后面即使再有符合条件的分支也不被执行。

【例 8-12】　输入一个学生的成绩，显示该学生的成绩评定结果。成绩在 90~100 为"优秀"；在 80~89 为"良好"；在 70~79 为"中等"；在 60~69 为"及格"；在 0~59 为"不及格"。采用多分支语句编写该程序。

（1）创建一个图 8-26 所示的名为"例 8-12 学生成绩评定（多分支结构）"的窗体。

图 8-26　"例 8-12 学生成绩评定（多分支结构）"窗体

（2）在窗体中添加一个文本框 Text0，标签设置为"成绩:"和一个命令按钮 Command0，标题设置为"成绩评定"。

（3）为 Command0 命令按钮编写单击事件代码。在代码窗口中 Command0 命令按钮的 Click 事件过程中输入如下的程序代码：

```
Private Sub Command0_Click()
    Dim score As Integer
    Dim grade As String                  '定义字符串变量 grade，用来存储不同的等级
    score = Text0.Value
```

```
Select Case score
        Case Is >= 90
                grade = "优秀"
        Case 80 To 89
                grade = "良好"
        Case 70 To 79
                grade = "中等"
        Case 60 To 69
                grade = "及格"
        Case Else
                grade = "不及格"
    End Select
    MsgBox "成绩等级为: " + grade   '字符串常量"成绩等级为:"与字符串变量 grade 进行连接
    Text0.SetFocus
End Sub
```

【例 8-13】 输入一个日期值，显示该年该月的天数。

（1）创建一个如图 8-27 所示的名为"例 8-13 计算天数"的窗体。

（2）在窗体中添加两个文本框 Text1 和 Text2，其标签分别设置为"月份:"和"天数:"，在文本框 Text1 中进行输入，在文本框 Text2 中实现输出。

图 8-27　"例 8-13 计算天数"窗体

（3）在代码窗口中 Text2 文本框的 GotFocus 事件过程中输入程序代码。

分析：根据历法知识，每年 12 个月的天数分为 3 种情况。1，3，5，7，8，10，12 月份的天数为 31 天；4，6，9，11 月份的天数为 30 天；平年 2 月份为 28 天，闰年 2 月份为 29 天。程序采用 Select Case 语句，在 2 月的情况下，需要用二分支 If 结构判断是否为闰年。

```
Private Sub Text2_GotFocus()
    Dim m As Integer, y As Integer, days As Integer
    m = Month(Text1.Value)
    y = Year(Text1.Value)
    Select Case m
        Case 1, 3, 5, 7, 8, 10, 12
                days = 31
        Case 2                                               '是 2 月时，需要判断是否为闰年
            If y Mod 4 = 0 And y Mod 100 <> 0 Or y Mod 400 = 0 Then   '闰年判断
                days = 29
            Else
                days = 28
            End If
        Case 4, 6, 9, 11
                days = 30
    End Select
    Text2.Value = days
End Sub
```

【例 8-14】 输入两个数，选择运算符（+、-、*、/），求出运行结果并显示。

（1）创建一个图 8-28 所示的名为"例 8-14 计算器"的窗体。

视频 8-10

图 8-28　"例 8-14 计算器"窗体

（2）在窗体中添加 3 个文本框 Text1、Text2 和 Text3，其标签分别设置为"数值 1:""数值 2:"和"结果:"。

（3）在窗体中添加一个组合框 Comb，在属性中设置行来源："+";" – ";"*";"/"，行来源类型：值列表，限于列表：是，默认值："+"。

（4）在窗体中添加名称为 Cmd1、Cmd2 和 Cmd3 的 3 个命令按钮，这 3 个按钮的标题分别为"计算""清除"和"退出"。单击"计算"按钮完成两数的计算；单击"清除"按钮清除结果的值；单击"退出"按钮关闭窗体。

"计算"按钮的程序代码如下：

```
Private Sub Cmd1_Click()
    Dim n1 As Single, n2 As Single, n3 As Single
    Dim op As String
    n1 = Text1.Value                        '第 1 个数赋值给 n1
    n2 = Text2.Value                        '第 2 个数赋值给 n2
    op = Comb.Value                         '运算符赋值给 op
    Select Case op                          '根据运算符 op 产生不同的分支
        Case "+"
            n3 = n1 + n2
        Case "-"
            n3 = n1 - n2
        Case "*"
            n3 = n1 * n2
        Case "/"
            If n2 = 0 Then                  '判断除数是否为 0
                MsgBox "除数不能为 0! ", vbOKOnly + vbCritical, "警告"
            Else
                n3 = n1 / n2
            End If
    End Select
    Text3.Value = n3
End Sub
```

"清除"按钮的程序代码如下。

```
Private Sub Cmd2_Click()
    Text3.Value = ""                        '清空 Text3 的内容
End Sub
```

"退出"按钮的程序代码如下：

```
Private Sub Cmd3_Click()
    DoCmd.Close
End Sub
```

8.6.3　循环结构

在实际的编程过程中，某些语句需要重复执行多次，解决这类问题时需要使用循环结构。循环结构能够使某些语句重复执行多次。VBA 提供了多种形式的循环语句。

1．For…Next 语句

（1）语句格式。用 For…Next 语句可以将一段程序重复执行指定的次数，该语句的一般格式为：

```
For 循环变量=初值 To 终值 [Step 步长]
    循环体
Next [循环变量]
```

（2）For…Next 语句的执行步骤如下。

① 将初值赋值给循环变量。

② 将循环变量与终值比较，根据比较的结果来确定循环是否进行，比较分为以下 3 种情况。

❑　步长>0 时：若循环变量<=终值，循环继续，执行步骤③；若循环变量>终值，退出循环。

❑　步长=0 时：若循环变量<=终值，进行无限次的死循环；若循环变量>终值，一次也不执行循环。

❑　步长<0 时：若循环变量>=终值，循环继续，执行步骤③；若循环变量<终值，退出循环。

③ 执行循环体。如果在循环体内执行到 Exit For 语句，则直接退出循环。

④ 循环变量增加步长，即循环变量=循环变量+步长，程序转到②执行。当缺省步长时，步长的默认值为 1。

（3）For…Next 语句的执行过程如图 8-29 所示。

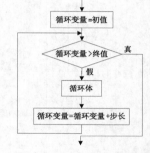

图 8-29　For…Next 语句的执行过程

【例 8-15】　求 1+2+3+…+100 的和，并输出显示。

（1）创建一个图 8-30 所示的名为"例 8-15 求和"的窗体。

（2）在窗体中添加一个文本框 Text1 和一个命令按钮 Command1。与文本框关联的标签的标题为"1+2+…+100="，命令按钮的标题为"求和"。单击命令按钮后，在文本框 Text1 中显示结果。

（3）为命令按钮 Command1 编写单击事件代码。在代码窗口 Command1 命令按钮的 Click 事件过程中输入如下的程序代码：

图 8-30　"例 8-15 求和"窗体

```
Private Sub Command1_Click()
    Dim i As Integer, s As Integer
    s = 0                 '用变量 s 存储求和的结果，初值设置为 0
    For i = 1 To 100      '省略步长，默认值为 1，i 的值分别为 1、2、3…100
        s = s + i
    Next i
    Text1.Value = s       '在文本框 Text1 中显示求和的结果
End Sub
```

图 8-31　"例 8-16 偶数求和"窗体

【例 8-16】　求 100 以内的偶数之和，即 2+4+…+100 的和。

（1）创建一个图 8-31 所示的名为"例 8-16 偶数求和"的窗体。

（2）在窗体中添加一个文本框 Text1 和一个命令按钮 Command1。与文本框关联的标签的标

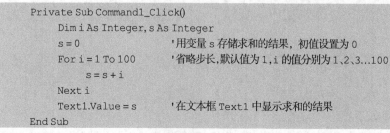

题为"2+4+...+100=",命令按钮的标题为"偶数求和"。单击命令按钮后,在文本框 Text1 中显示结果。

(3)为命令按钮 Command1 编写单击事件代码。在代码窗口 Command1 命令按钮的 Click 事件过程中输入如下的程序代码:

```
Private Sub Command1_Click()
    Dim i As Integer, s As Integer
    s = 0
    For i = 2 To 100 Step 2          '循环变量 i 的初值为 2,步长为 2,则 i 的值分别为 2、4...100
        s = s + i
    Next i
    Text1.Value = s
End Sub
```

【例 8-17】 输入任意一个整数,判断该数是否为素数并输出判断结果。

(1)创建一个图 8-32 所示的名为"例 8-17 素数判断"的窗体。

视频 8-11

图 8-32 "例 8-17 素数判断"窗体

(2)在窗体中添加一个文本框 Text1 和一个命令按钮 Command1。与文本框关联的标签标题为"输入一个整数:",命令按钮的标题为"是否为素数"。单击命令按钮后,在对话框中显示结果。

(3)为命令按钮 Command1 编写单击事件代码。在代码窗口 Command1 命令按钮的 Click 事件过程中输入如下的程序代码。

分析:素数是指在一个大于 1 的自然数中,除了 1 和此整数自身外,不能被其他自然数整除的数。判断 x 是否为素数的算法是:首先将表示素数的变量 flag 设置为 True。用 x 依次除以 n(n=2、3、...、x-1)。如果能整除,则说明 x 不是素数,将表示素数的变量 flag 设置为 False,退出循环体;否则 n+1,继续检测是否能够整除。循环结束后,根据 flag 的值判断是否为素数,变量 flag 为 False 时,不是素数;否则是素数。

```
Private Sub Command1_Click()
    Dim x As Integer, n As Integer, flag As Boolean     '变量 flag 为布尔型
    flag = True                                         '变量 flag 的初值为 True
    x = Text1.Value
    For n = 2 To x - 1
        If x Mod n = 0 Then          '如果 x 能够被 n 整除,则 x 不是素数,将 flag 赋值为 False
            flag = False
            Exit For                 '已经判断出该数不是素数,退出循环过程
        End If
    Next n
    If flag = False Then             '如果 flag 的值为 False,则该数不是素数;否则该数是素数
        MsgBox Str(x) & "不是素数"
```

```
        Else
            MsgBox Str(x) & "是素数"
        End If
    End Sub
```

【例 8-18】 输入 10 个整数，求出其中的最大值和最小值。

（1）创建一个图 8-33 所示的名为"例 8-18 求最大值和最小值"的窗体。

（2）在窗体中添加 3 个文本框和 1 个命令按钮。在文本框 Text1 中显示输入数据。单击命令按钮后，在文本框 Text2 中显示最大值，在文本框 Text3 中显示最小值。

图 8-33　"例 8-18 求最大值和最小值"窗体

（3）为命令按钮 Command1 编写单击事件代码。在代码窗口 Command1 命令按钮的 Click 事件过程中输入求最大值和最小值的程序代码。

分析：采用逐个比较算法求最大值和最小值。首先将第 1 个数赋值给最大值和最小值变量，从第 2 个数开始逐个与最大值（最小值）进行比较，若大于最大值（小于最小值），则用该数替换最大值（最小值），直到比较完所有数据，则最大值（最小值）变量中存储的是所有数据中的最大值（最小值）。

```
Private Sub Command1_Click()
    Dim a(1 To 10) As Integer                    '定义一个有 10 个数组元素的数组，下标从 1 开始
    Dim i As Integer, max As Integer, min As Integer
    For i = 1 To 10
        a(i) = Val(InputBox("输入一个数: "))      '将输入的数转换成数值型存入数组中
        Text1.Value = Text1.Value & a(i) & "  "  '将输入的数值连接成字符串在 Text1 中显示
    Next i
    max = a(1)
    min = a(1)
    For i = 2 To 10
        If a(i) > max Then max = a(i)            '若某个数组元素大于变量 max，则赋值给 max
        If a(i) < min Then min = a(i)            '若某个数组元素小于变量 min，则赋值给 min
    Next i
    Text2.Value = max                            '在文本框 Text2 中显示最大值
    Text3.Value = min                            '在文本框 Text3 中显示最小值
End Sub
```

【例 8-19】 编写程序求解"百钱买百鸡"问题。条件是：公鸡每只 5 元，母鸡每只 3 元，3 只小鸡 1 元。求出用 100 元钱买 100 只鸡，能有多少种不同的买法？

（1）创建一个图 8-34 所示的名为"例 8-19 百钱买百鸡"的窗体。

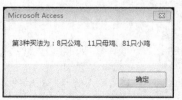

图 8-34　"例 8-19 百钱买百鸡"窗体

（2）在窗体中添加一个命令按钮 Command1，命令按钮的标题为"百钱买百鸡"。单击命令按

钮后，在对话框中显示结果。

（3）为命令按钮 Command1 编写单击事件代码。在代码窗口 Command1 命令按钮的 Click 事件过程中输入程序代码。

分析：该程序采用两重循环结构，外循环用表示公鸡的变量 i 控制；内循环用表示母鸡的变量 j 控制。若将 100 元全部买公鸡最多可以买 20 只，所以变量 i 的范围为 1~20；若将 100 元全部买母鸡最多可以买 33 只，所以变量 j 的范围为 1~33。在程序中有一个非常重要的隐含条件是小鸡的个数 k 必须能被 3 整除，即 k Mod 3 = 0。

```
Private Sub Command1_Click()
    Dim i As Integer, j As Integer, k As Integer, n As Integer
     'i 表示公鸡数、j 表示母鸡数、 k 表示小鸡数、n 表示总买法，设 n 的初值为 0
    n = 0
    For i = 0 To 20                      '外循环由公鸡变量 i 控制
        For j = 0 To 33                  '内循环由母鸡变量 j 控制
            k = 100 - i - j
            If 5 * i + 3 * j + k / 3 = 100 And k Mod 3 = 0 Then
                n = n + 1                '表示买法变量 n 自增
                MsgBox "第" & n & "种买法为: " & i & "只公鸡" & j & "只母鸡" & k & "只小鸡"
            End If
        Next j
    Next i
    MsgBox "共有" & n & "种买法"
End Sub
```

【例 8-20】　输入 6 个整数，将这些整数按照从小到大的顺序排序后输出显示。

（1）创建一个图 8-35 所示的名为"例 8-20 排序"的窗体。

（2）在窗体中添加两个文本框和一个命令按钮。单击命令按钮后，在文本框 Text1 中显示输入数据；在文本框 Text2 中显示排序后的数据。

（3）为命令按钮 Command1 编写单击事件代码。在代码窗口 Command1 命令按钮的 Click 事件过程中输入程序代码。

图 8-35　"例 8-20 排序"窗体

分析：本程序排序算法采用通常使用的"冒泡排序法"。冒泡排序法是用两重循环结构实现的，外循环控制每趟的排序，n 个整数排序的外循环次数为 n-1 次；内循环中相邻两数进行比较，若 a(j)大于 a(j+1)，则这两个数相互交换。在第 1 趟排序后，最大数出现在数组的最后；继续进行第 2 趟排序直到第 n-1 趟排序。第 n-1 趟排序后数据按照从小到大排序。

例如，无序数据 9　6　3　8　2　1 的排序过程如下：

无序数据：	9	6	3	8	2	1
第 1 趟排序后：	6	3	8	2	1	9
第 2 趟排序后：	3	6	2	1	8	9
第 3 趟排序后：	3	2	1	6	8	9
第 4 趟排序后：	2	1	3	6	8	9
第 5 趟排序后：	1	2	3	6	8	9

```
Private Sub Command1_Click()
    Dim a(1 To 6) As Integer             '数组的下标从 1 开始
```

```
        Dim i As Integer, j As Integer, t As Integer
        For i = 1 To 6
            a(i) = Val(InputBox("输入一个数: "))
            Text1.Value = Text1.Value & a(i) & "  "    '将输入的数据连接成字符串在 Text1 中显示
        Next i
        For i = 1 To 5
            For j = 1 To 6 - i
                If a(j) > a(j+1) Then                   '相邻两数比较大小
                    t = a(j)
                    a(j) = a(j+1)
                    a(j+1) = t                          '交换数组元素 a(j)与 a(j+1)的值
                End If
            Next j
        Next i
        For i = 1 To 6
            Text2.Value = Text2.Value & a(i) & "  "    '将输出的数据连接成字符串在 Text2 中显示
        Next i
    End Sub
```

2. While…Wend 语句

For…Next 循环适合于事先知道循环次数的情况。如果事先不知道循环次数，但是知道循环的条件，可以使用 While…Wend 语句。

（1）语句格式：

```
While 条件表达式
    循环体
Wend
```

（2）While…Wend 语句的执行步骤如下。

① 判断条件是否成立。如果条件成立，则执行循环体；否则转到③执行。

② 执行到 Wend 语句，转到①执行。

③ 执行 Wend 语句后面的语句。

（3）While…Wend 语句的执行过程如图 8-36 所示。

（4）While 循环的几点说明如下。

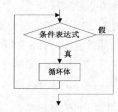

图 8-36　While…Wend 语句的执行过程

❑ While 循环语句本身不能修改循环条件，所以必须在循环体内设置相应的语句来修改循环条件，使得整个循环趋于结束，避免出现死循环。

❑ While 循环语句先对条件进行判断，如果条件成立，则执行循环体；否则一次也不执行循环体。

【例 8-21】　输出 10 以内的全部偶数。

（1）创建一个图 8-37 所示的名为"例 8-21 求 10 以内偶数"的窗体。

（2）在窗体中添加一个命令按钮，标题为"10 以内偶数"。单击命令按钮后，在对话框中逐个显示 10 以内的偶数。

（3）为命令按钮 Command1 编写单击事件代码，程序代码如下：

视频 8-12

图 8-37　"例 8-21 求 10 以内偶数"窗体

```
Private Sub Command1_Click()
    n = 0
    While n <= 10
        If n Mod 2 = 0 Then          '如果 n 能被 2 整除，则 n 是偶数
            MsgBox n                 '输出 n 的值
        End If
        n = n + 1                    '修改循环控制变量
    Wend
End Sub
```

3. Do…Loop 语句

Do…Loop 语句也是实现循环结构的语句，Do…Loop 语句有以下两种形式。

（1）Do While…Loop 语句格式：

```
Do  While 条件表达式
    循环体
Loop
```

Do While…Loop 语句的执行步骤如下。

① 判断条件是否成立。如果条件成立，则执行循环体；否则转到③执行。

② 执行到 Loop 语句，转到①执行。

③ 执行 Loop 语句后面的语句。

Do While…Loop 语句的执行过程与 While…Wend 语句一致。

【例 8-22】 求 n! 的阶乘，n! $=1 \times 2 \times \ldots \times n$。

① 创建一个如图 8-38 所示的名为"例 8-22 求 n 阶乘"的窗体。

② 在窗体中添加两个文本框和一个命令按钮。在文本框 Text1 中输入一个整数，单击命令按钮后，在文本框 Text2 中显示计算出的阶乘结果。

③ 为命令按钮 Command1 编写单击事件代码，程序代码如下：

视频 8-13

```
Private Sub Command1_Click()
    Dim i As Integer, n As Integer
    Dim s As Single          '阶乘的结果变量 s 可能会超出整型变量的范围，所以定义为单精度型
    i = 1
    s = 1                    '阶乘的初值设为 1
    n = Text1.Value
    Do While i <= n
        s = s * i
        i = i + 1
    Loop
    Text2.Value = s          '在 Text2 中显示 n! 的值
End Sub
```

（2）Do …Loop While 语句格式：

```
Do
    循环体
Loop While 条件表达式
```

Do …Loop While 语句的执行步骤如下。

① 执行循环体语句。

② 执行到 Loop 语句，判断条件是否成立。如果条件成立，则转到①执行；如果条件不成立，

则结束循环，执行 Loop 语句后面的语句。

Do ...Loop While 语句的执行过程如图 8-39 所示。

图 8-38　"例 8-22 求 n 阶乘"窗体

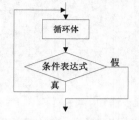
图 8-39　Do ...Loop While 语句的执行过程

【例 8-23】　输入 10 个学生的成绩，求出平均成绩并输出显示。

① 创建一个如图 8-40 所示的名为"例 8-23 求学生平均成绩"的窗体。

图 8-40　"例 8-23 求学生平均成绩"窗体

② 在窗体中添加一个命令按钮 Command1，标签为"平均成绩"。单击命令按钮后，先输入 10 个学生的成绩，然后在对话框中显示成绩的平均值。输入用 InputBox 函数实现，输出用 MsgBox 过程实现。

③ 为命令按钮 Command1 编写单击事件代码，程序代码如下：

```
Private Sub Command1_Click()
    Dim score As Integer, i As Integer, total As Integer, aver As Single
    total = 0
    i = 1
    Do
        score = Val( InputBox("请输入成绩： "))       '将输入转换为数值型赋给 score
        total = total + score                        '成绩进行累加
        i = i + 1
    Loop While i <= 10
    aver = total / 10                                '计算平均成绩
    MsgBox "平均成绩为： " &Str(aver)                 '输出平均成绩
End Sub
```

8.7　VBA 自定义过程的创建和调用

VBA 除了对象本身具有的事件过程之外，还可以自定义过程来完成特定的操作。过程是用 VBA 的声明和语句组成的单元，并且具有过程名的程序段。通常使用的过程有两种类型，即子过程和函数过程。

8.7.1 子过程声明和调用

在程序设计中通常将某些反复使用的程序段定义成子过程,在程序中需要使用这些程序段时,调用相应的子过程,达到简化程序设计的目的,实现了程序的复用。

1. 子过程声明

子过程声明语句格式为:

```
[Public|Private] [Static]  Sub 子过程名([<形参列表>])
    [<语句1>]
    ......
    [<语句n>]
End Sub
```

使用 Public 关键字表示在程序的任何地方都可以调用该过程,使用 Private 关键字表示该过程只能被同一模块中的其他过程调用。调用子过程后,不返回任何值。

2. 子过程调用

Sub 子过程的调用有两种格式。

格式 1:子过程名 [实参列表]

格式 2:Call 子过程名 [(实参列表)]

 用 Call 关键字调用时,实参必须用圆括号括起来;不用 Call 关键字调用时,不必使用圆括号。多个实参之间用逗号进行分隔。实参的个数和类型必须与形参的个数和类型保持一致。

【例 8-24】定义一个子过程 swap,实现将两个参数 x 和 y 的值进行交换,并在一个窗体中调用该子过程。

(1)创建一个图 8-41 所示的名为"例 8-24 调用过程的两数交换"的窗体。

(a)调用子过程 swap 前　　　　　　(b)调用子过程 swap 后

图 8-41　"例 8-24 调用过程的两数交换"窗体

(2)在窗体中添加两个文本框和一个命令按钮。在文本框 Text1 和 Text2 中分别输入两个整数,单击命令按钮后调用子过程 swap,在文本框中显示两个数交换的结果。

(3)编写子过程 swap 和命令按钮 Command1 的单击事件代码。

子过程 swap 的代码如下:

```
Public Sub swap(x As Integer, y As Integer)
    Dim t As Integer
    t = x
    x = y
    y = t
```

```
End Sub
```

命令按钮 Command1 的单击事件代码如下：

```
Private Sub Command1_Click()
    Dim a As Integer, b As Integer
    a = Text1.Value
    b = Text2.Value
    swap a, b                                    '调用子过程 swap
    Text1.Value = a
    Text2.Value = b
End Sub
```

3. 参数传递

参数传递是指主调过程的实参传递给被调过程的形参，参数的传递有两种方式：按值传递和按地址传递。形参前面使用关键字 ByVal 表示按值传递，缺省或使用关键字 ByRef 表示按地址传递。

（1）传址调用。调用过程中将实参的地址传给形参。如果在被调用过程中修改了形参的值，则调用过程中的实参值也随之改变。传址调用具有"双向"传递作用。例 8-24 中子过程 swap(x As Integer, y As Integer)中的两个形参缺省关键字，默认为传址调用。

【例 8-25】 传址调用示例。

用传址调用方式编写子过程 swap；单击命令按钮 Command1 后调用子过程 swap，并在立即窗口中显示子过程 swap 调用前和调用后的结果。

子过程 swap 代码如下：

```
Private Sub swap(ByRef x As Integer, ByRef y As Integer)      'ByRef 表示参数按地址传递
    Dim t As Integer
    t = x
    x = y
    y = t
End Sub
```

命令按钮 Command1 的单击事件代码如下：

```
Private Sub Command1_Click()
    Dim a As Integer, b As Integer
    a = Val(InputBox("a="))
    b = Val(InputBox("b="))
    Debug.Print a, b
    swap a, b                                    '调用子过程 swap
    Debug.Print a, b
End Sub
```

调用后实参变量 a、b 的值随着形参 x、y 的交换也发生了交换，运行结果如图 8-42 所示。

（2）传值调用

主调用过程将实参的值复制后传给被调用过程的形参。如果在被调用的过程中修改了形参的值，而主调用过程中的值不会随之改变。

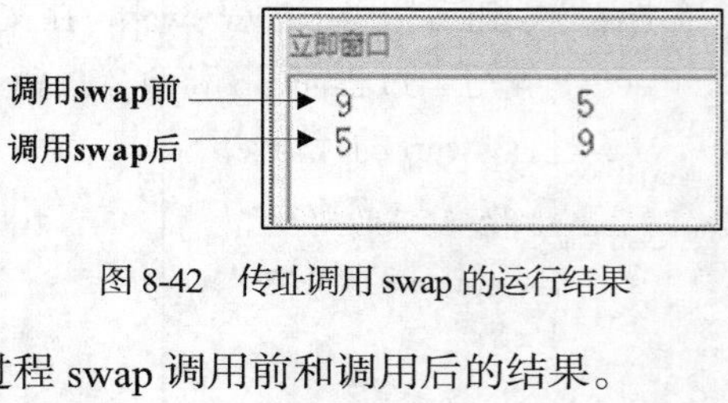

【例 8-26】 传值调用示例。

用传值调用方式改写子过程 swap；单击命令按钮

Command1 后调用子过程 swap，并在立即窗口中显示子过程 swap 调用前和调用后的结果。

图 8-42　传址调用 swap 的运行结果

子过程 swap 代码如下：

```
Private Sub swap(ByVal x As Integer, ByVal y As Integer)        'ByVal 表示参数按值传递
    Dim t As Integer
    t = x
    x = y
    y = t
End Sub
```

命令按钮 Command1 的单击事件代码如下：

```
Private Sub Command1_Click()
    Dim a As Integer, b As Integer
    a = Val(InputBox("a="))
    b = Val(InputBox("b="))
    Debug.Print a, b
    swap a, b                        '调用子过程 swap
    Debug.Print a, b
End Sub
```

在主过程中将实参 a、b 传递给形参 x、y；子过程对形参 x、y 进行交换，x 与 y 交换后不影响实参 a 与 b 的值，运行结果如图 8-43 所示。

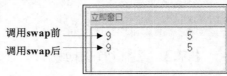

图 8-43　传值调用 swap 的运行结果

8.7.2　函数声明和调用

Function 过程又称为函数，函数也是一种过程。VBA 中提供了大量的可以直接使用的标准函数。用户也可以根据自己的需要来定义函数完成某些特定的功能。Sub 子过程与 Function 函数之间的最大区别是 Sub 子过程没有返回值，而 Function 函数有返回值。

1．函数声明

函数声明的格式为：

```
[Public|Private] [Static]  Function 函数名([<形参列表>]) As 返回值数据类型
    [<语句1>]
    ……
    [<语句n>]
End Function
```

2．函数调用

函数过程的调用与标准函数的调用相同。由于函数过程会返回一个值，所以函数过程不能作为单独的语句进行调用，必须作为表达式或表达式的一部分使用。最简单的调用形式是将函数的返回值赋值给某个变量，格式如下：

```
变量=函数名([实参列表])
```

【例 8-27】　计算 m!-n!。输入两个整数，计算两个数阶乘的差值。将求阶乘编写为一个函数。

（1）创建一个图 8-44 所示的名为"例 8-27 两个数阶乘的差值"的窗体。

（2）在窗体中添加 3 个文本框和 1 个命令按钮。在文本

图 8-44　"例 8-27 两个数阶乘的差值"窗体

框 Text1 和 Text2 中分别输入 2 个整数，单击命令按钮后，在文本框 Text3 中显示 2 个数阶乘的差值。

（3）编写程序代码。

求函数 f 的代码如下：

```
Public Function f(n As Integer) As Single        '求阶乘的函数，返回值为单精度类型
    Dim i As Integer
    f = 1
    For i = 1 To n
        f = f * i                                '与函数名同名的变量值作为函数的返回值
    Next i
End Function
```

命令按钮单击事件的代码如下：

```
Private Sub Command1_Click()
    Dim m As Integer, n As Integer
    Dim ca As Single
    m = Text1.Value
    n = Text2.Value
    ca = f(m) - f(n)                             '两次调用 f 函数
    Text3.Value = ca
End Sub
```

8.7.3 变量作用域

在 VBA 编程中，变量声明的位置和声明方式决定了变量的有效范围，这就是变量的作用域。根据变量作用域的不同主要有以下几种不同的变量形式。

1. 局部变量

在过程和函数内声明的变量称为局部变量，其有效范围是声明该变量的过程或函数。局部变量仅在声明的过程或函数中才可见。本章前面示例中的变量都是局部变量。

2. 模块级变量

在模块中的所有过程之外起始位置的通用声明段中声明的变量为模块级变量，其有效范围是声明该变量的模块。模块级变量在该模块运行时，在该模块所包含的所有子过程和函数中均可见。

3. 全局变量

在模块的通用声明段中用 Public 关键字声明的变量称为全局变量，其有效范围是所有模块的子过程和函数。

4. 静态变量

静态变量的有效范围与局部变量相同，但只需要在第一次调用过程或函数时进行声明和赋初值。函数调用结束后，变量保持不变，但不能访问。当再次调用时，继续使用原来保存的变量值。如果需要在过程或函数结束后保留局部变量的值，可以将其声明为静态变量。

静态变量声明的格式为：

```
Static 变量名 As 数据类型
```

【例 8-28】显示计时器。

（1）创建一个如图 8-45 所示的名为"例 8-28 计时器"的窗体。

图 8-45   "例 8-28 计时器"窗体

（2）在窗体中添加一个文本框和两个命令按钮。命令按钮标题分别设置为"设置"和"开始/暂停"。单击"设置"命令按钮后，可输入计时的最大值。单击"开始/暂停"命令按钮后在文本框中输出秒数（自动更新秒数），再次单击该命令按钮将暂停计数。

（3）在窗体模块的通用声明段定义全局变量 s，该变量保存输入的秒数最大值，可以在该模块的不同过程中使用该全局变量。

```
Option Compare Database
Dim s As Integer
```

（4）窗体的 Load 事件中设置 TimerInterval 属性值为 0，TimerInterval 计时间隔的单位为毫秒（ms）。如果要将间隔设置为 1 秒，则应赋值为 1000；0 表示计时器停止工作。

```
Private Sub Form_Load()
    Me.TimerInterval = 0
End Sub
```

（5）编写窗体的 Timer 事件代码。窗体的 Timer 事件每隔 TimerInterval 时间间隔就会被触发一次，并运行 Timer 事件过程代码。将 Timer 事件代码中的计时变量 m 设置为静态变量，可以实现保存 m 原来的值，每次 Timer 事件被触发时，m 的值加 1。

```
Private Sub Form_Timer()
    Static m As Integer             '静态变量 m 自动赋初值为 0，只在第一次调用时执行
    m = m + 1                       '每次执行都在 m 原值基础上加 1
    If m = s Then
        Beep                        '发出"嘟"的声音
        m = 0
        Me.TimerInterval = 0        '停止计时
    End If
    Text0.Value = m
End Sub
```

（6）"设置"命令按钮单击代码。

```
Private Sub Command1_Click()
    s = Val(InputBox("请输入计时秒数的最大值: "))
End Sub
```

（7）"开始/暂停"命令按钮单击事件代码。

```
Private Sub Command2_Click()
    If Me.TimerInterval = 0 Then
        Me.TimerInterval = 1000     '每秒触发一次 Timer 事件
    Else
        Me.TimerInterval = 0        '停止计时
    End If
End Sub
```

8.8　VBA 程序调试

在程序运行时可能出现各种错误，在程序中查找并改正错误的过程称为程序调试。

8.8.1　错误类型

程序中的错误主要有编译错误、运行错误和程序逻辑错误等几种类型。

1. 编译错误

编译错误是在程序编写过程中出现的，主要是语句的语法错误引起的，如命令拼写错误、括号不匹配、数据类型不匹配、If 语句中缺少 Else 等。

当编辑程序时输入了错误的语句后，编译器会随时指出。如果输入的语句显示为红色，则表示该语句出现了错误，需要根据系统提示及时改正。

2. 运行错误

运行错误是在程序运行过程中发生的错误。例如，出现了除数为 0 的情况、调用函数的参数类型不符等情况。系统将暂停运行并给出错误的提示信息和错误的类型。

3. 程序逻辑错误

程序逻辑错误是程序设计过程中逻辑错误而引起的。如果程序运行后得到的结果与期望的结果不同，则可能是程序中存在逻辑错误。产生程序逻辑错误的原因有很多方面，是最难查找和处理的错误，需要对程序进行认真的分析来找出错误之处并进行改正。

8.8.2 程序调试

VBA 程序调试包括设置断点、单步跟踪和设置监视窗口等方法。

1. 设置断点

在调试程序时可以为语句设置断点，当程序执行到设置了断点的语句时会暂停运行进入中断状态。

选择语句行后，为该语句设置或取消断点的方法有以下几种。

方法 1：单击菜单中"调试|切换断点"命令。

方法 2：单击该语句左侧的灰色边界条。

方法 3：按下 F9 键。

2. 调试工具

调试工具一般是与"断点"配合使用的。设置断点后，当运行窗体时会暂停在断点位置，这时可以使用调试工具或"调试"菜单中的相应功能来查看程序的执行过程和状态。调试工具栏如图 8-46 所示，调试工具栏上的按钮名称和功能如表 8-14 所示。

图 8-46　调试工具栏

表 8-14　　　　　　　　　　　　调试工具栏上的按钮名称和功能表

按钮图标	名　称	功　能
↙	设计模式	打开/退出设计模式
▶	运行子过程/用户窗体	继续运行至下一个断点位置或结束程序
‖	中断	暂时中断程序运行
■	重新设置	终止程序调试运行返回编辑状态
⬡	切换断点	在当前行设置或取消断点
⬚	逐语句	一次执行一个语句代码。如果执行到调用过程语句时，会跟踪到调用过程的内部去执行
⬚	逐过程	一次执行一个语句代码。如果执行到调用过程语句时，不会跟踪到调用过程的内部去执行，而在本过程内部单步执行

续表

按钮图标	名　称	功　能
	跳出	结束被调用过程的调试，返回到调用过程
	本地窗口	自动显示在当前过程中所有变量的名称、值和类型
	立即窗口	在立即窗口中显示变量的值
	监视窗口	显示表达式值的变化情况
	快速监视窗口	显示选定的表达式值的变化情况
	调用堆栈	显示当前活动的过程调用

其中的"监视窗口"可以显示表达式值的变化情况。在监视窗口中添加需要监视的表达式的方法是：在打开的"监视窗口"中单击右键，在弹出的快捷菜单中，选择"添加监视…"命令则打开"添加监视"对话框，输入需要观察的表达式即可。

例如，调试求 5! 的代码。设置断点如图 8-47 所示，单击菜单"运行|继续"，在立即窗口中显示变量 i 和 s 的值，如图 8-48 所示。本地窗口中显示出所有变量的值和类型，如图 8-49 所示。在监视窗口中添加了监视表达式 i<=n，显示该表达式的变化情况，如图 8-50 所示。

图 8-47　设置断点

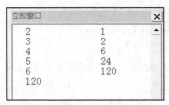

图 8-48　立即窗口

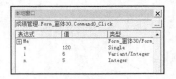

图 8-49　本地窗口

图 8-50　监视窗口

习　　题

一、单项选择题

1. 如果在 VBA 中没有用显式声明来定义变量的数据类型，则变量默认的数据类型是（　　）。
  A. Int　　　　　　　　B. String　　　　　　　C. Variant　　　　　　D. Boolean
2. 下列数据类型中，不属于 VBA 程序设计的是（　　）。
  A. 指针型　　　　　　B. 变体型　　　　　　　C. 布尔型　　　　　　D. 字符型
3. VBA 数据类型符号"%"表示的数据类型是（　　）。
  A. 字符串　　　　　　B. 整型　　　　　　　　C. 货币型　　　　　　D. 布尔型
4. 下列日期常量表示形式正确的是（　　）。
  A. {2013/1/1}　　　　B. 2013/1/1　　　　　　C. "2013/1/1"　　　　　D. #2013-1-1#

5. 下列赋值语句中正确的是（　　　）。

    A. a+b=8　　　　　　　　B. a=b=8　　　　　C. a="3"+"5"　　　　D. 8=a+b

6. VBA 程序中当多条语句写在一行内时，需要使用（　　　）符号在多个语句之间进行分隔。

    A. :　　　　　　　　　　B. ;　　　　　　　　C. '　　　　　　　　D. &

7. 将窗体的标题设置为"欢迎"的正确语句是（　　　）。

    A. Me.Caption = "欢迎"　　　　　　　　　B. Me.Name = "欢迎"

    C. Me.SetFocus = "欢迎"　　　　　　　　D. Me.Value = "欢迎"

8. 将文本框 Text1 赋值为 100 的正确语句是（　　　）。

    A. Text1.Caption = 100　　　　　　　　　B. Text1.Name = 100

    C. Text1.SetFocus = 100　　　　　　　　D. Text1.Value = 100

9. 如下语句执行后，s 的值是（　　　）。

```
Dim s As String
s = 123 + 456
```

    A. "123456"　　　　　　B. "579"　　　　　　C. "123 456"　　　　D. 579

10. 下列变量名中合法的是（　　　）。

    A. a-b　　　　　　　　　B. 3a　　　　　　　C. next　　　　　　D. a3

11. 下列二维数组声明中正确的是（　　　）。

    A. Dim a[2, 3] As Integer　　　　　　　　B. Dim a[2; 3] As Integer

    C. Dim a(2, 3) As Integer　　　　　　　　D. Dim a(2; 3) As Integer

12. 若 s = "abcdefg"，则 Mid(s, 3, 2)的结果是（　　　）。

    A. "abcdefg"　　　　　　B. "cdefg"　　　　　C. "de"　　　　　　D. "cd"

13. 表达式 6 + Int(7.9) Mod 2 - Round(11/2)的结果是（　　　）。

    A. 2　　　　　　　　　　B. 1　　　　　　　　C. 0　　　　　　　　D. -1

14. VBA 运算符优先级中，正确的是（　　　）。

    A. 关系运算符>算术运算符>逻辑运算符

    B. 算术运算符>逻辑运算符>关系运算符

    C. 算术运算符>关系运算符>逻辑运算符

    D. 关系运算符>逻辑运算符>算术运算符

15. 函数 Len("北京 2008")的返回值是（　　　）。

    A. 6　　　　　　　　　　B. 8　　　　　　　　C. 3　　　　　　　　D. 12

16. 如下语句执行后，输出的结果是（　　　）。

```
a = Sqr(3)
b = Sqr(2)
c = a > b
MsgBox  c+1
```

    A. 2　　　　　　　　　　B. 1　　　　　　　　C. 0　　　　　　　　D. -1

17. 如下语句执行后，变量 y 的值是（　　　）。

```
x = -9
If x > 0 then
        y = 1
ElseIf x = 0 Then
        y = 0
Else
        y = -1
```

```
End If
```

  A. 1　　　　　　　　B. 0　　　　　　　　C. -1　　　　　　　　D. 任意

18.　在窗体中有 1 个命令按钮，对应的事件代码如下，单击命令按钮时，输出的结果是（　　　）。

```
Private Sub Command1_Click()
    sum = 0
    For i = 10 To 1 Step -2
        sum = sum + i
    Next i
    MsgBox sum
End Sub
```

  A. 10　　　　　　　　B. 25　　　　　　　　C. 30　　　　　　　　D. 55

19.　执行如下语句后，k 的值是（　　　）。

```
k = 0
For i = 1 To 3
    For j = 1 To i
        k = k + j
    Next j
Next i
```

  A. 8　　　　　　　　B. 10　　　　　　　　C. 14　　　　　　　　D. 21

20.　执行下面的程序来计算一个表达式的值，这个表达式是（　　　）。

```
Dim sum As Single, x As Single
sum = 0
n = 0
For i = 1 To 5
    x = n / i
    n = n + 1
    sum = sum + x
Next i
```

  A. 1/2+2/3+3/4+4/5　　　　　　　　B. 1+1/2+2/3+3/4+4/5
  C. 1/2+1/3+1/4+1/5　　　　　　　　D. 1+1/2+1/3+1/4+1/5

21.　在窗体中有 1 个命令按钮，对应的事件代码如下。单击命令按钮时，输出的结果是（　　　）。

```
Private Sub Command1_Click()
    a = 1
    For i = 1 To 3
        Select Case i
        Case 1, 3
            a = a + 1
        Case 2, 4
            a = a + 2
        End Select
    Next i
    MsgBox a
End Sub
```

  A. 3　　　　　　　　B. 4　　　　　　　　C. 5　　　　　　　　D. 6

22.　执行如下语句后，变量 x 的值是（　　　）。

```
x = 2
```

```
y = 4
Do
    x = x * y
    y = y + 1
Loop While y < 4
```

    A. 2   B. 4   C. 8   D. 20

23. 执行如下语句后，变量 m 的值是（   ）。

```
m = 20
Do
    m = m + 5
Loop While m < 28
```

    A. 20   B. 28   C. 25   D. 30

24. 过程声明语句 Private Sub f(ByVal n As Integer) 中 ByVal 的含义是（   ）。

    A. 传值调用   B. 传址调用   C. 形参   D. 实参

25. 在窗体中有 1 个命令按钮，对应的事件代码如下。单击命令按钮时，输出的结果是（   ）。

```
Private Sub Command1_Click()
    Dim s As Integer
    s = f(1) + f(2) + f(3)
    Debug.Print s
End Sub
Public Function f(n As Integer) As Integer
    Dim i As Integer
    f = 0
    For i = 1 To n
        f = f + i
    Next i
End Function
```

    A. 1   B. 3   C. 6   D. 10

26. 下列表达式中能够正确表示数学公式 πr^2 的是（   ）。

    A. $\pi * r \wedge 2$ B. πr^2 C. $3.14 * r * r$ D. $3.14 * r^2$

27. 下列不属于对象基本特征的是（   ）。

    A. 函数   B. 事件   C. 属性   D. 方法

28. 下列表达式中，能够保留变量 x 整数部分并进行四舍五入的是（   ）。

    A. Sqr(x)   B. Round(x)   C. Int(x)   D. Abs(x)

29. VBA 中定义符号常量使用的关键字是（   ）。

    A. Dim   B. Const   C. Public   D. Static

30. 调试 VBA 程序时，可以打开（   ）窗口来显示当前过程中的变量声明及变量值。

    A. 监视   B. 堆栈   C. 立即   D. 本地

二、填空题

1. 表达式 $1 + 3 \setminus 2 > 1$ OR 6 Mod $4 < 3$ 的运算结果是_____。

2. 公式 $x = \dfrac{-b + \sqrt{b^2 - 4ac}}{2a}$ 的 VBA 表达式为_____。

3. 执行赋值语句 s = "31" + "52" 后，s 的值为_____。

4. 函数 Mid("图书馆管理系统", 4, 2) 的返回值为_____。

5. Dim s(5) As Integer 定义的数组中包含了＿＿＿＿个数组元素。

6. VBA 的基本程序结构有顺序结构、选择结构和＿＿＿＿。

7. 循环语句 "For i = 1 To 25 Step 6" 的循环体将被执行 ＿＿＿＿次。

8. 在窗体中有 1 个命令按钮，对应的事件代码如下。单击命令按钮，输出的结果是＿＿＿＿。

```
Private Sub Command1_Click()
    Dim i As Integer, s As Integer
    s = 0
    For i = 2 To 10 Step 2
        s = s + i
    Next i
    MsgBox s
End Sub
```

9. 在窗体中有 1 个命令按钮，对应的事件代码如下。单击命令按钮时，输出的结果是＿＿＿＿。

```
Private Sub Command1_Click()
    a = 12345
    Do
        a = a \ 10
        b = a Mod 10
    Loop While b >= 3
    MsgBox a
End Sub
```

10. 在窗体中有 1 个命令按钮，对应的事件代码如下。单击命令按钮输出的结果是＿＿＿＿。

```
Private Sub Command0_Click()
    res = 1
    For i = 1 To 9 Step 3
        res = res * i
    Next i
    MsgBox res
End Sub
```

第9章
VBA 的数据库编程

前面章节介绍了 Access 的功能和 VBA 程序设计，要开发具有实用价值的数据库应用程序，需要掌握 VBA 的数据库编程技术。本章主要介绍 Access 支持的 ADO 和 DAO 两种数据库编程方法。

9.1　数据访问接口

VBA 通过 Microsoft Jet 数据库引擎工具来支持对数据库的访问。数据库引擎是应用程序与物理数据库之间的桥梁，是通过接口的方式，使不同类型的物理数据库对用户都具有相同的数据访问和处理方式。

VBA 主要提供了以下 3 种类型的数据访问接口技术。

（1）ODBC：开放数据库互连应用编程接口。

（2）ADO：ActiveX 数据访问对象。

（3）DAO：数据访问对象。

VBA 提供以下 3 种类型的数据库引擎可以访问的数据库。

（1）本地数据库：即 Access 数据库。

（2）外部数据库：所有索引顺序访问方法（ISAM）的数据库，如 dBASE、Foxpro 等。

（3）ODBC 数据库：符合开放数据库连接（ODBC）标准的数据库，如 Microsoft SQL Server、Oracle 等。

9.2　数据访问对象 ADO

ADO（ActiveX Data Object）即 ActiveX 数据访问对象，是微软公司提供的通用数据库访问技术。ADO 是基于组件的数据库编程接口，是一个与编程语言无关的 COM 组件系统。

ADO 编程模型定义一组对象，用于访问和更新数据源。它提供一系列方法完成连接数据源、查询记录、添加记录、更新记录和删除记录等操作。

9.2.1　ADO 对象

ADO 共有 9 个对象和 4 个对象集合。ADO 的对象模型采用分层结构，经常使用的是 3 个处于最上层的对象，分别是 Connection 对象、Command 对象和 Recordset 对象。

1. Connection 对象

Connection 对象的作用是建立与数据源的连接，只有连接成功后才能访问数据源。

（1）定义 Connection 对象。要创建数据源的连接，先定义一个 Connection 对象，其方法为：

Dim 连接对象变量名 As New ADODB.Connection

Set 连接对象变量名=CurrentProject.Connection

例如，创建与当前数据库的连接。

```
Dim cnn As New ADODB.Connection
Set cnn=CurrentProject.Connection
```

（2）Open 方法。Open 方法来建立与数据库的连接，其方法为：

```
连接对象变量名.Open ConnectionString, UserID, Password, OpenOptions
```

（3）Close 方法。Close 方法用来关闭与数据库的连接，其方法为：

```
连接对象变量名.Close
```

2. Command 对象

连接到数据库后，需要执行对数据源的请求获得结果集。Command 对象的作用是定义并执行针对数据源运行的具体命令。使用 Command 对象需要先创建一个 Command 对象，其格式为：

```
Dim 对象变量名 As ADODB.Command
Set 对象变量名=New ADODB.Command
```

3. Recordset 记录集对象

Recordset 记录集对象是最常用的 ADO 对象，从数据源获取的数据存放在 Recordset 记录集对象中。用户可以使用 Recordset 记录集对象的方法和属性定位到数据行，查看行中的值或操纵记录集中的数据。

（1）建立 Recordset 记录集对象方法为：

```
Dim 记录集对象变量名 As ADODB.Recordset
Set 记录集对象变量名= New ADODB.Recordset
```

（2）打开 Recordset 记录集对象。Open 方法用来打开 Recordset 记录集对象，其方法为：

```
记录集对象变量名.Open Source, ActiveConnection, CurseType, LockType, Options
```

其中：

- ❑ Source：可以是 SQL 命令、Command 对象、表名等；
- ❑ ActiveConnection：指定所用的连接，可以是 Connection 对象；
- ❑ CurseType：指定记录集中的游标的移动方式，其参数和说明如表 9-1 所示；
- ❑ LockType：指定编辑过程中当前记录的锁定类型，是可选项，默认为只读类型；
- ❑ Options：指定 Recordset 记录集对象对应的 Command 对象的类型。

表 9-1 　　　　　　　　　　　　　　　　　　　　CurseType 参数说明

常　量	值	说　明
adOpenForwardOnly	0	默认值，仅向前游标。在记录中只能向前滚动
adOpenKeyset	1	用户所做的数据更改和删除可见
adOpenDynamic	2	用户所做的数据添加、更改和删除均可见
adOpenStatic	3	用户所做的数据添加、更改和删除均不可见

9.2.2　访问记录集中的数据

从数据源获取了数据后就可以对数据进行编辑、添加、删除和更新等操作了。

1. 浏览记录集中的数据

浏览数据前先要检查或设置当前的记录游标。

（1）BOF 属性和 EOF 属性

BOF 属性用于检查当前游标是否在第一个记录之前即文件头，如果是则返回 True；否则返回 False。EOF 属性用于检查当前游标是否在最后一条记录之后即文件末尾，如果是则返回 True；否则返回 False。

（2）移动游标的方法

当 VBA 程序打开某个记录集时，记录指针自动指向第一条记录。Recordset 记录集对象提供了以下几种方法浏览记录。

- ❑　MoveFirst：将游标移到第一条记录。
- ❑　MoveLast：将游标移到最后一条记录。
- ❑　MoveNext：将游标移到当前记录的下一条记录。
- ❑　MovePrevious：将游标移到当前记录的上一条记录。

2. 编辑记录集中的数据

用户可以用以下的方法实现对记录集的添加、删除和更新操作。

（1）AddNew 方法。AddNew 方法用于在 Recordset 记录集对象中添加一条记录，其格式为：

```
Recordset.AddNew FieldList,Values
```

其中，FieldList 是字段名称，Values 是字段值。这两项均为可选项。如果缺省这两个参数，则在记录集中添加一条空白记录。

（2）Delete 方法。Delete 方法用于删除 Recordset 记录集对象中的一条或多条记录，其格式为：

```
Recordset.Delete AffectRecords
```

其中，AffectRecords 表示要删除数据的范围，默认值为当前记录。

（3）Update 方法。Update 方法用于将 Recordset 记录集对象中对当前记录的修改保存到数据库表中，其格式为：

```
Recordset.Update
```

　　　　对 Recordset 记录集对象中的记录进行修改、删除或添加了新记录后，必须使用 Update 方法才能保存到数据库表中；否则数据库表中数据没有改变。

【例 9-1】　设计一个向"用户表"中添加记录的窗体。

（1）在数据库中添加一张"用户表"，用于保存每个用户的用户名和密码，其表结构如表 9-2 所示。

表 9-2　　　　　　　　　　　　　　　"用户表" 表结构

字段名	数据类型	字段大小
用户名	文本	20
密　码	文本	10

（2）创建一个如图 9-1 所示的名为 "添加用户" 的窗体。

（3）在窗体中添加两个文本框，名称分别为 Text1 和 Text2，将这两个文本框的标签标题分别设置为 "用户名:" 和 "密码:"；打开 Text2 的属性表，单击输入掩码右侧的 "..."，在输入掩码向导中，选择输入掩码列表中的 "密码"，则在输入该数据时，不显示输入的值，只显示若干个*号；添加一个命令按钮，名称为 Command1，标题设置为 "添加记录"。

图 9-1　"添加用户" 窗体

（4）为命令按钮 Command1 编写单击事件代码。在代码窗口中 Command1 命令按钮的 Click 事件过程中输入如下的程序代码。

```
Private Sub Command1_Click()
    Dim rs As ADODB.Recordset
    Set rs = New ADODB.Recordset
    Dim strsql As String
    Dim name As String, password As String
    strsql = "select * from 用户表"
    rs.Open strsql, CurrentProject.AccessConnection, adOpenKeyset, adLockOptimistic
        If Text1.Value <> "" And Text2.Value <> "" Then        '检查用户名和密码是否均不为空
            name = Text1.Value
            password = Text2.Value
            rs.AddNew                                          '添加一条空记录
            rs("用户名") = name
            rs("密码") = password
            rs.Update                                          '将添加的记录保存到表中
        Else
            MsgBox "用户名和密码不能为空，请输入! "
            Text1.SetFocus
        End If
        rs.Close
End Sub
```

在打开 Recordset 记录集对象时，LockType 属性的默认值为只读，不能添加记录，应将其设置为 adLockOptimistic 才能实现对表中数据的修改。

【例 9-2】　设计一个学生登录窗体。用户在该窗体中输入用户名和密码，判断在用户表中是否存在该用户，如果存在则显示欢迎使用信息；否则显示用户名和密码错误信息。

（1）创建一个如图 9-2 所示的名为 "学生登录" 的窗体。

（2）在窗体中添加一个标签，标签的标题属性为 "学生成绩管理系统用户登录"；两个文本框，名称分别为 Text1 和 Text2，将这两个文本框的标签标题分别设置为 "用户名:" 和 "密码:"，Text2 的输入掩码设置为 "密码"；添加两个命令按钮，名称分别为 Command1 和 Command2，将这两个命令按钮的标题设置为 "确定" 和 "取消"。

图 9-2　"学生登录" 窗体

（3）"确定" 按钮的单击事件代码如下：

```
Private Sub Command1_Click()
    Dim rs As ADODB.Recordset
```

```
    Dim strsql As String
    Dim name As String
    Set rs=New ADODB.Recordset
    name=Trim(Text1.Value)
    Password=Trim(Text2.Value)                    '将输入的字符串去掉两边的空格
    If name="" Or Password = "" Then
        MsgBox "用户名和密码不能为空！"
     Else
         strsql="select * from 用户表 where 用户名='" & name &"'and 密码='" &Password& " '"
         rs.Openstrsql, CurrentProject.AccessConnection, adOpenKeyset
         If rs.EOF Then            '如果 rs.EOF 为真，表示在用户表中没有该用户名或密码不正确
             MsgBox "用户名和密码错误，请重新输入！"
             Text1.Value=""
             Text2.Value=""           '清空已输入的用户名和密码
             Text1.SetFocus           '将光标设置在用户名对应的文本框中，等待用户重新输入
         Else
             MsgBox "欢迎使用学生成绩管理系统！", vbOKOnly, "登录信息"
         End If
     End If
End Sub
```

　　　　在 SQL 命令中引用变量时使用的格式为：" '" & 变量名 & "' "。

（4）"取消"按钮的单击事件代码如下。

```
Private Sub Command2_Click()
    DoCmd.Close
End Sub
```

9.3　数据访问对象 DAO

数据访问对象 DAO 是 VBA 语言提供的一种数据访问接口。VBA 程序通过 DAO 可以实现对数据库的各种操作。

9.3.1　DAO 对象的声明和赋值

需要对 DAO 对象进行声明和赋值。

1. 对象变量声明

对象变量的声明格式：

Dim 对象变量名 As 对象类型

说明：

对象类型可以是 WorkSpace、Database、Recordset、Field 等对象。

2. 对象变量的赋值

对象变量声明后必须使用 Set 语句进行赋值。

赋值语句的格式：

Set 对象变量名称=对象已经声明的类型

9.3.2　DAO 对象

DAO 对象主要有 Database 对象、Recordset 对象和 Field 对象。

1. Database 对象

Database 对象代表一个打开的数据库，Database 对象的常用方法如下。

（1）CreateQueryDef 方法。创建一个新的查询对象，语法格式为：

```
Set querydef=database.CreateQueryDef(name,sqltext)
```

其中，name 参数不为空，表明建立一个永久的查询对象；name 参数为空，表明会建立一个临时的查询对象。sqltext 参数是一个 SQL 查询命令。

（2）CreateTableDef 方法。创建一个新的表对象，语法格式为：

```
Set table=database.CreateTableDef(name,attribute,source,connent)
```

其中，table 是已定义的表类型变量；database 是数据库类型的变量；name 是新建表的名称；attribute 指定新表的属性特征；source 指定外部数据库表的名称；connent 字符串变量包含一些数据源信息。

（3）Execute 方法。该方法执行一个 SQL 查询。

（4）OpenRecordset 方法。创建一个新的记录集，语法格式为：

```
Set recordset=database.OpenRecordset(source,type,options,lockedit)
```

其中，source 是记录集的数据源，可以是数据表或 SQL 查询。如果是本地表，则 type 默认值为表类型；options 指定 recordset 对象的一些特性，常用特性介绍如下。

❑　dbAppendOnly：只允许对打开的表中添加记录，不允许删除或修改记录。

❑　dbReadOnly：只读特性，不能对记录进行修改或删除。

❑　dbSeeChanges：如果用户要修改正在编辑的数据，将产生错误。

❑　dbDenyWrite：禁止修改或添加记录。

❑　dbDenyRead：禁止读记录。

（5）Close 方法。关闭数据库，如果在数据库对象中有打开的记录集对象，将关闭记录集对象。

2. Recordset 对象

Recordset 对象代表一个表或查询中的所有记录。通过对 Recordset 对象的操作来实现对表中记录的添加、删除、修改等操作。

（1）Recordset 对象的属性。Recordset 对象的常用属性有以下几种。

❑　BOF：如果记录指针指向第一个记录之前即文件头，则返回 True，否则返回 False。

❑　EOF：如果记录指针指向最后一条记录之后即文件末尾，则返回 True，否则返回 False。

❑　RecordCount：返回记录集对象中的记录个数。

（2）Recordset 对象的方法。Recordset 对象的常用方法有以下几种。

❑　AddNew：添加新记录。

❑　Delete：删除当前记录。

❑　Edit：编辑当前记录。

❑　MoveFirst：将游标移到第一条记录。

❑　MoveLast：将游标移到最后一条记录。

❑　MoveNext：将游标移到当前记录的下一条记录。

❑   MovePrevious：将游标移到当前记录的上一条记录。

3．Field 对象

表中每个字段是一个 Field 对象，在记录集 Recordset 对象中有一个 Field 对象集合。可以使用 Field 对象对当前记录的某个字段进行读取和修改操作。其格式为：

```
Fields("fieldname")
```

【例 9-3】 利用 DAO 实现向例 9-1 中的"用户表"添加记录的窗体。

（1）创建一个名为"添加用户（DAO 方法）"的窗体。窗体运行结果与例 9-1 相同。

（2）在窗体中添加两个文本框，名称分别为 Text1 和 Text2，将这两个文本框的标签标题分别设置为"用户名："和"密码："； Text2 的输入掩码设置为"密码"；添加一个命令按钮，名称为 Command1，命令按钮标题设置为"添加记录"。

（3）为命令按钮 Command1 编写单击事件代码。在代码窗口 Command1 命令按钮的 Click 事件过程中输入如下的程序代码：

```
Private Sub Command1_Click()
  Dim db As DAO.Database
    Dim rst As DAO.Recordset
    Set db=CurrentDb()
    Set rst=db.OpenRecordset("用户表")
    If Trim(Text1.Value) <> "" And Trim(Text2.Value) <> "" Then
      rst.AddNew                          '添加1条新记录
      rst("用户名")=Text1.Value            '给用户名字段赋值
      rst("密码")=Text2.Value              '给密码字段赋值
      rst.Update                          '将记录保存到用户表中
    Else
      MsgBox  "用户名和密码不能为空，请重新输入！"
      Text1.SetFocus                      '将光标设置在文本框 Text1 中，等待用户重新输入
    End If
    rst.Close
    db.Close
End Sub
```

【例 9-4】 统计学生表中不同政治面貌的学生人数。

（1）创建一个图 9-3 所示的名为"统计学生政治面貌的人数"的窗体。

（2）在窗体中添加一个命令按钮，名称为 Command1，命令按钮标题设置为"统计政治面貌人数"。

图 9-3　"统计学生政治面貌的人数"的窗体

（3）为命令按钮 Command1 编写单击事件代码。在代码窗口 Command1 命令按钮的 Click 事件过程中输入如下的程序代码：

```
Private Sub Command1_Click()
   Dim db As DAO.Database
   Dim rs As DAO.Recordset
   Dim fld As DAO.Field
   Dim k1 As Integer, k2 As Integer, k3 As Integer
```

```
                                    '变量 k1、k2、k3 分别用来统计党员、团员、群众的数量
    Set db=CurrentDb()
    Set rs=db.OpenRecordset("学生表")
    Set fld=rs.Fields("政治面貌")
    k1 = 0:  k2 = 0:  k3 = 0
    Do While Not rs.EOF                       '循环统计每个学生的政治面貌，直到表尾
      Select Case fld
        Case "党员"
          k1 = k1 + 1
        Case "团员"
          k2 = k2 + 1
        Case Else
          k3 = k3 + 1
        End Select
        rs.MoveNext                          '将游标移到下一条记录
        Loop
      rs.Close
    MsgBox "党员: " & k1 & " 团员: " & k2 & " 群众: " & k3
End Sub
```

习　　题

一、单项选择题

1. 在 Access 中，ADO 的含义是（　　　）。
   A. 开放数据库互连应用程序接口　　　　B. 数据库访问对象
   C. ActiveX 数据对象　　　　　　　　　D. 动态链接库

2. 使用 ADO 访问数据库时，从数据源获得的数据以行的形式存放在（　　　）。
   A. Command 对象　　　　　　　　　　B. Recordset 记录集对象
   C. Connection 对象　　　　　　　　　D. Parameters 对象

3. ADO 的 Connection 对象的（　　　）方法，可以打开与数据源的连接。
   A. Open　　　　　　　B. Recordset　　　　C. Close　　　　　　D. Update

4. 判断 ADO 记录集对象 rs 是否到记录集尾部的条件是（　　　）。
   A. rs.BOF　　　　　　B. rs.First　　　　　C. rs.EOF　　　　　D. rs.Last

5. 为 DAO 对象变量赋值必须使用的关键字是（　　　）。
   A. Set　　　　　　　　B. AddNew　　　　　C. Let　　　　　　　D. Add

二、填空题

1. VBA 提供了 3 种数据库访问接口，即 ODBC、_____和_____。

2. ADO 的 Recordset 记录集对象的_____方法可以添加一个记录。

3. 对 Recordset 记录集对象中的记录进行修改、删除或添加了新记录后，必须使用_____方法才能保存到数据库表中。

4. DAO 使用_____对象来实现对数据库中数据的处理。

5. DAO 的 Database 对象的_____方法可以关闭一个打开的 Database 对象。

第 2 章　Access 2010 数据库的设计与创建实验

实验 1　认识 Access 2010 数据库

一、实验目的

（1）了解 Access 2010 数据库系统的工作环境。

（2）掌握使用样本模板创建数据库的操作方法。

（3）认识组成数据库的 6 类对象及其视图模式。

二、实验内容

（1）启动 Access 2010 数据库系统，查看 Backstage 视图窗口。

（2）通过"文件"选项卡上左侧窗格中的"帮助"命令，查看 Access 2010 的帮助信息。

（3）使用"罗斯文"样本模板创建一个数据库，查看 Access 2010 的数据库窗口。

（4）将罗斯文数据库的对象组织方式切换为"对象类型"，然后在导航窗格中分别任意选择一个表、查询、窗体、报表、宏或模块对象进行查看，以了解 Access 数据库中的 6 类对象。

（5）在罗斯文数据库的导航窗格中任意选择一个表对象，双击表名称打开表后，通过"开始"选项卡最左边的"视图"按钮来切换视图模式，观察 Access 的表对象支持哪些视图模式。

（6）在罗斯文数据库的导航窗格中任意选择一个查询对象，双击查询名称打开查询后，通过"开始"选项卡最左边的"视图"按钮来切换视图模式，观察 Access 的查询对象支持哪些视图模式。

（7）在罗斯文数据库的导航窗格中任意选择一个窗体对象，双击窗体名称打开窗体后，通过"开始"选项卡最左边的"视图"按钮来切换视图模式，观察 Access 的窗体对象支持哪些视图模式。

（8）在罗斯文数据库的导航窗格中任意选择一个报表对象，双击报表名称打开报表后，通过"开始"选项卡最左边的"视图"按钮来切换视图模式，观察 Access 的报表对象支持哪些视图模式。

（9）在罗斯文数据库的导航窗格中任意选择一个宏对象，在该宏名称上右击鼠标，选择"设计视图"命令，查看该宏涉及的相关操作。

（10）在罗斯文数据库的导航窗格中任意选择一个模块对象，双击模块名称打开模块后，查看该模块对象的 VBA 程序代码。

实验 2　Access 2010 数据库的基本操作

一、实验目的

（1）掌握创建空数据库的操作方法。

（2）掌握保护数据库的方法。

（3）学会备份数据库的操作。

二、实验内容

（1）创建一个名为"密码.accdb"的空数据库。

（2）将"密码.accdb"数据库的打开密码设置为"123456"，以保护数据库安全。

（3）将"密码.accdb"数据库备份为"密码备份.accdb"，以保证在出现系统故障时能够快速恢复。

（4）使用"罗斯文"样本模板创建一个数据库，然后将其生成 ACCDE 文件以保护该数据库，并举例说明生成的 ACCDE 文件是如何保护数据库的。

第3章　表实验

实验 1　数据库及表的创建

一、实验目的

（1）掌握在数据库中创建表的方法。

（2）掌握表结构中字段属性的设置方法。

（3）学会表中各种类型数据的输入方法。

二、实验内容

1. 创建一个名为"学生成绩管理.accdb"的空数据库。

2. 在"学生成绩管理"数据库中创建以下表。

（1）根据下面院系代码表的结构创建一个"院系代码表"，表中包含院系代码、院系名称和院系网址 3 个字段，并进行以下属性设置。

① 设置主键"院系代码"。

② 设置院系代码的输入掩码为：000。

院系代码表的结构

字段名称	数据类型	字段大小	说　明
院系代码	文本	3 个字符	主键
院系名称	文本	20 个字符	
院系网址	超链接	默认值	

（2）根据下面学生表的结构创建一个"学生表"，表中包含学号、姓名、性别、出生日期、政治面貌、班级、院系代码、入学总分、奖惩情况和照片等 10 个字段，并进行以下属性设置。

① 设置主键"学号"。

② 设置学号字段的输入掩码为：0000000000，即只能输入 10 个数字。

③ 设置性别字段的有效性规则为："男" Or "女"；有效性文本为：性别只能是"男"或"女"。

④ 设置入学总分字段的有效性规则为：>0；有效性文本为：入学总分必须大于0。

学生表的结构

字段名称	数据类型	字段大小	说　明
学号	文本	10 个字符	主键
姓名	文本	4 个字符	
性别	文本	1 个字符	
出生日期	日期/时间	默认值	
政治面貌	文本	2 个字符	
班级	文本	6 个字符	
院系代码	文本	3 个字符	外键
入学总分	数字	整型	
奖惩情况	备注	默认值	
照片	OLE 对象	默认值	

（3）根据下面课程表的结构创建一个"课程表"，表中包含课程编号、课程名称、学时、学分和开课状态等5个字段，并进行以下属性设置。

① 设置主键"课程编号"。

② 设置课程编号的输入掩码为：00000000。

课程表的结构

字段名称	数据类型	字段大小	说　明
课程编号	文本	8 个字符	主键
课程名称	文本	20 个字符	
学时	数字	整型	
学分	数字	单精度（1 位小数）	
开课状态	是/否	默认值	

（4）根据下面选课成绩表的结构创建一个"选课成绩表"，表中包含学号、课程编号、成绩、学年和学期等5个字段，并进行以下属性设置。

① 设置主键"学号+课程编号"。

② 设置学号的输入掩码为：0000000000。

③ 设置课程编号的输入掩码为：00000000。

④ 设置成绩字段的有效性规则为：>=0 and <=100；有效性文本为：成绩是 0～100 之间的整数。

⑤ 添加一个"等级"字段来说明该学生成绩的等级是"通过"或"未通过（低于 60 分）"，数据类型为"计算"，计算等级的函数表达式为：IIf([成绩]>=60,"通过","未通过")。

选课成绩表的结构

字段名称	数据类型	字段大小	说　明	
学号	文本	10 个字符	外键	主键
课程编号	文本	8 个字符	外键	
成绩	数字	整型		

续表

字段名称	数据类型	字段大小	说　明
学年	文本	9 个字符	
学期	文本	1 个字符	

3. 修改学生表的结构

（1）为"性别"字段创建查阅向导。在性别字段的数据类型列表框中选择"查阅向导…"项，弹出"查阅向导"对话框。在该对话框中选择"自行键入所需的值"单选按钮，单击"下一步"。输入查阅字段中要显示的值：男、女，然后单击"完成"按钮。

（2）使用同样的方法为"政治面貌"字段创建查阅向导。查阅字段中要显示的值为：党员、团员、群众。

（3）为"院系代码"字段创建查阅向导。利用"使用查阅字段获取其他表或查询中的值"方式，查阅字段中显示的是"院系代码表"中"院系代码"和"院系名称"字段的值。

4. 在"学生成绩管理"数据库中录入以下表的数据。

（1）将下面的记录数据录入到"院系代码表"中。录入院系网址（超链接）时，如果希望在超链接字段值显示文字"外国语学院"，并且当用户单击该字段时能够转到外国语学院的网址 http://sfl.ncepu.edu.cn，那么应该在该字段中直接输入：外国语学院#http://sfl.ncepu.edu.cn#。

院系代码表的记录

院系代码	院系名称	院系网址
100	外国语学院	外国语学院#http://sfl.ncepu.edu.cn/#
110	可再生能源学院	http://kzsxy.ncepu.edu.cn/
120	人文与社会科学学院	http://law.ncepu.edu.cn/
130	能源动力与机械工程学院	http://thermal.ncepu.edu.cn/
140	经济与管理学院	http://business.ncepu.edu.cn/
150	核科学与工程学院	http://snse.ncepu.edu.cn/
160	电气与电子工程学院	http://electric.ncepu.edu.cn/
170	数理学院	http://slx.ncepu.edu.cn/
180	控制与计算机工程学院	http://cce.ncepu.edu.cn/

（2）将下面的记录数据录入到"学生表"中。录入性别、政治面貌、院系代码时可以通过查阅向导中的列表来选择，录入照片（OLE 对象）时可任意选定图片文件。

学生表的记录

学号	姓名	性别	出生日期	政治面貌	班级	院系代码	入学总分	奖惩情况	照片
1171000101	宋洪博	男	1998/5/15	党员	英语 1701	100	620	2017 年三好学生	
1171000102	刘向志	男	1997/10/8	团员	英语 1701	100	580		
1171000205	李媛媛	女	1999/9/2	团员	英语 1702	100	575		
1171200101	张函	女	1998/11/7	团员	行管 1701	120	563		
1171200102	唐明卿	女	1997/4/5	群众	行管 1701	120	548		
1171210301	李华	女	1999/1/1	团员	法学 1703	120	538		

续表

学号	姓名	性别	出生日期	政治面貌	班级	院系代码	入学总分	奖惩情况	照片
1171210303	侯明斌	男	1997/12/3	党员	法学 1703	120	550		
1171300110	王琦	男	1998/1/23	团员	热能 1701	130	549		
1171300409	张虎	男	1998/7/18	群众	热能 1704	130	650		
1171400101	李淑子	女	1998/6/14	党员	财务 1701	140	575		
1171400106	刘丽	女	1999/9/7	团员	财务 1701	140	620		
1171600101	王晓红	女	1999/9/2	团员	电气 1701	160	630		
1171600108	李明	男	1997/9/2	党员	电气 1701	160	690		
1171800104	王刚	男	1999/6/12	团员	计算 1701	180	678		
1171800206	赵壮	男	1998/3/13	团员	计算 1702	180	568		

（3）将下面的记录数据录入到"课程表"中。录入开课状态（是/否）时在选项按钮上打上√表示 True，空白表示 False。

课程表的记录

课程编号	课程名称	学　时	学　分	开课状态
00200205	自动控制原理	56	3.5	True
00400104	电力生产技术概论	32	2	False
00500501	高等数学	64	4	True
00600609	C 语言	56	3.5	True
00600610	大学英语 1 级	64	4	True
00600611	数据库应用	56	3.5	True
00700610	马克思主义原理	48	3	True
00800701	信息技术基础	40	2.5	True
00800801	模拟电子技术基础	56	3.5	False

实验 2　创建表之间的关联关系

一、实验目的

（1）掌握表之间关联关系的创建方法。

（2）理解参照完整性的作用。

（3）掌握父表和子表的操作。

二、实验内容

1. 在"学生成绩管理"数据库中建立 4 张表之间的关联关系并实施参照完整性。

（1）院系代码表与学生表之间是一对多联系，即一个院系可以有多个学生，而一个学生只能属于一个院系。院系代码表的主键是"院系代码"字段，学生表的外键是"院系代码"字段，两张表之间通过"院系代码"进行关联。

（2）学生表与选课成绩表之间是一对多联系，即一个学生可以有多门课程的修课成绩，而选课成绩表中的每一个修课成绩都只能是某一个学生的。学生表的主键是"学号"字段，选课成绩表的外键是"学号"字段，两张表之间通过"学号"进行关联。

（3）课程表与选课成绩表之间是一对多联系，即一门课程可以有多个学生的修课成绩，而选课成绩表中每一个学生该门课程只能有一个成绩。课程表的主键是"课程编号"字段，选课成绩表的外键是"课程编号"字段，两张表之间通过"课程编号"进行关联。

2．针对"院系代码表"和"学生表"之间的参照完整性，请完成下列操作。

（1）在学生表中添加一条新记录，记录内容自定，在输入院系代码时尝试输入一个不存在的代码，看看会有什么样的结果。

（2）将刚刚新添加的记录从学生表中删除。

（3）将院系代码表中的外国语学院的院系代码改为"800"，看看会有什么样的结果。

3．针对"院系代码表"和"学生表"之间的参照完整性，同时选中"级联更新相关字段"和"级联删除相关字段"，然后完成下列操作。

（1）将院系代码表中的外国语学院的院系代码改为"800"，查看学生表中该学院学生的院系代码是否发生改变。

（2）再恢复外国语学院的院系代码为"100"，查看学生表中该学院学生的院系代码情况。

4．在"院系代码表"（父表）的数据表视图中查看子表"学生表"的记录信息。在"院系代码表"中，单击任意一条记录左边的"+"按钮，显示子表；再单击"-"按钮，则关闭子表。

实验 3　表的操作

一、实验目的

（1）掌握表中记录数据的排序和筛选操作方法。

（2）掌握表外观的设置方法。

（3）掌握表复制的方法。

二、实验内容

1．在学生表中完成以下排序操作。

（1）按照出生日期升序进行排序，查看排序结果。

（2）按照班级升序和入学总分的降序排序，查看排序结果。

2．在学生表中完成以下筛选操作。

（1）按选定内容快速筛选出所有男生记录。

（2）使用筛选器筛选出"英语 1701"班的学生记录。

（3）使用按窗体筛选功能筛选出男生党员和入学成绩在 620 以上（含 620）的女生记录。

（4）使用高级筛选功能筛选出男生党员和入学成绩在 620 以上（含 620）的女生记录，并按入学总分的降序排序。

3．按下列要求调整学生表"数据表视图"的外观。

（1）把"班级"字段放到"性别"字段之前的位置。

（2）将单元格效果设置为"凸起"。

（3）隐藏"奖惩情况"列。

（4）冻结"学号"和"姓名"列。

4．在同一个数据库中备份"学生表"并命名为"学生表备份"。

实验4 表的导入和导出

一、实验目的

（1）掌握将 Excel 电子表格文件中的数据导入到 Access 2010 数据表的方法。

（2）掌握将 Access 2010 数据表中的记录导出到一个 Excel 电子表格文件的方法。

二、实验内容

1. 表的导入

（1）将素材文件"选课成绩表.xlsx"中的记录数据导入到"学生成绩管理"数据库的"选课成绩表"中。

（2）将素材文件"教师表.xlsx"中存储的教师信息导入到"学生成绩管理"数据库并创建新表"教师表"，其中主键是"教师编号"。然后修改教师表结构为：教师编号（文本类型，字段大小为8），姓名（文本类型，字段大小为3），性别（文本类型，字段大小为1），出生日期（日期/时间类型），职称（文本类型，字段大小为3），院系（文本类型，字段大小为20）。

2. 表的导出

（1）将"学生成绩管理"数据库中学生表的记录数据以 Excel 电子表格文件形式导出存储在磁盘上。

（2）将"学生成绩管理"数据库中课程表的记录数据以 Excel 电子表格文件形式导出存储在磁盘上。

3. 表的链接

利用素材文件"教师表.xlsx"Excel 电子表格文件，在"学生成绩管理"数据库中通过链接方式创建新表"教师表1"。

第4章 查询实验

实验1 选择查询实验

一、实验目的

（1）掌握用查询向导创建选择查询的方法。

（2）掌握用查询设计视图创建选择查询的方法。

（3）掌握用表达式生成器构造复杂查询条件的方法。

（4）掌握设置查询预定义计算、自定义计算的方法。

二、实验内容

以创建的"学生成绩管理"数据库中的数据表为基础，按要求创建以下查询。

1. 在"学生成绩管理"数据库中，使用查询向导创建一个名为"实验4-1"的查询，要求显示学号、姓名、出生日期和院系名称字段。运行效果如图实验 4-1 所示。

2. 在"学生成绩管理"数据库中，使用查询设计视图创建一个名为"实验4-2"的选择查询，查询"高等数学"成绩大于等于 60 分的记录，要求显示学号、姓名、院系名称和成绩字段，并按成绩降序排列。运行效果如图实验 4-2 所示。

图实验 4-1　查询运行效果

图实验 4-2　查询运行效果

3. 在"学生成绩管理"数据库中，使用查询设计视图创建一个名为"实验 4-3"的选择查询。查询学分为空值的记录，要求显示课程的课程编号、课程名称、学时和学分字段。运行效果如图实验 4-3 所示。（如果查找的结果为空，可以在课程表中添加一条学分为空值的记录）

4. 在"学生成绩管理"数据库中，以"实验 4-1"查询为数据源，使用查询设计视图创建一个名为"实验 4-4"的选择查询，查询年龄在 20 岁（含）以上的学生记录，要求显示学号、姓名、出生日期、院系名称字段。运行效果如图实验 4-4 所示。

图实验 4-3　查询运行效果

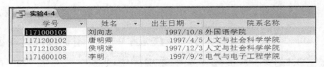

图实验 4-4　查询运行效果

5. 在"学生成绩管理"数据库中，使用查询设计视图创建一个名为"实验 4-5"的选择查询，查询姓"王"的学生或者成绩在 90（含 90）以上的学生记录。要求显示学号、姓名、课程名称、院系名称和成绩字段。运行效果如图实验 4-5 所示。

学号	姓名	课程名称	院系名称	成绩
1171000101	宋洪博	马克思主义原理	外国语学院	93
1171000102	刘向志	数据库应用	外国语学院	90
1171000205	李媛媛	高等数学	外国语学院	100
1171200101	张函	数据库应用	人文与社会科学学院	95
1171200101	张函	模拟电子技术基础	人文与社会科学学院	92
1171200102	唐明卿	大学英语1级	人文与社会科学学院	90
1171210301	李华	数据库应用	人文与社会科学学院	90
1171210301	李华	模拟电子技术基础	人文与社会科学学院	91
1171300110	王琦	高等数学	能源动力与机械工程学院	95
1171300110	王琦	数据库应用	能源动力与机械工程学院	89
1171300110	王琦	马克思主义原理	能源动力与机械工程学院	80

图实验 4-5　查询运行效果

6. 在"学生成绩管理"数据库中，使用查询设计视图创建一个名为"实验 4-6"的选择查询，查询入学总分在 600~700（含 600 和 700）的男生的记录，要求显示学生的学号、姓名、性别和入学总分字段。运行效果如图实验 4-6 所示。

7. 在"学生成绩管理"数据库中，使用查询设计视图创建一个名为"实验 4-7"的选择查询，查询"数据库应用"课程的成绩高于 90 分（含 90）的学生记录，要求显示学号、姓名、成绩和院系名称字段。运行效果如图实验 4-7 所示。

学号	姓名	性别	入学总分
1171000101	宋洪博	男	620
1171300409	张虎	男	650
1171200108	李明	男	690
1171180104	王刚	男	678

图实验 4-6　查询运行效果

学号	姓名	成绩	院系名称
1171000102	刘向志	90	外国语学院
1171200101	张函	95	人文与社会科学学院
1171210301	李华	90	人文与社会科学学院

图实验 4-7　查询运行效果

8. 在"学生成绩管理"数据库中，使用查询设计视图创建一个名为"实验 4-8"的选择查询，查询学号第 7、8 两位为 "01"或"02"的成绩为 85（含 85）以上的学生记录，要求显示学生的学号、姓名、课程名称、成绩和班级字段。运行效果如图实验 4-8 所示。

学号	姓名	课程名称	成绩	班级
1171000101	宋洪博	数据库应用	88	英语1701
1171000101	宋洪博	马克思主义原理	93	英语1701
1171000101	宋洪博	模拟电子技术基础	85	英语1701
1171000102	刘向志	数据库应用	90	英语1701
1171000102	刘向志	马克思主义原理	89	英语1701
1171000205	李媛媛	高等数学	100	英语1702
1171000205	李媛媛	马克思主义原理	86	英语1702
1171200101	张函	数据库应用	95	行管1701
1171200101	张函	模拟电子技术基础	92	行管1701
1171200102	唐明卿	大学英语1级	90	行管1701
1171300110	王琦	高等数学	95	热能1701
1171300110	王琦	数据库应用	89	热能1701
1171400101	李淑子	模拟电子技术基础	85	财务1701

图实验 4-8　查询运行效果

9. 在"学生成绩管理"数据库中，使用查询设计视图创建一个名为"实验 4-9"的查询，统计学生已修学分情况，要求显示学生的学号、姓名和总学分。运行效果如图实验 4-9 所示。

10. 在"学生成绩管理"数据库中，使用查询设计视图创建一个名为"实验 4-10"的查询，计算学生年龄的查询，要求显示学生的学号、姓名和年龄。运行效果如图实验 4-10 所示。

学号	姓名	总学分
1171000101	宋洪博	14
1171000102	刘向志	14
1171000205	李媛媛	10.5
1171200101	张函	14
1171200102	唐明卿	15
1171210301	李华	14.5
1171210303	侯明斌	12
1171300110	王琦	10.5
1171400101	李淑子	7.5

图实验 4-9　查询运行效果

学号	姓名	年龄
1171000101	宋洪博	19
1171000102	刘向志	20
1171000205	李媛媛	18
1171200101	张函	19
1171200102	唐明卿	20
1171210301	李华	18
1171210303	侯明斌	20
1171300110	王琦	19
1171300409	张虎	19
1171400101	李淑子	19
1171400106	刘丽	18
1171600101	王晓红	18
1171600108	李明	20
1171800104	王刚	18
1171800206	赵壮	19

图实验 4-10　查询运行效果

实验 2　交叉表查询、参数查询、操作查询实验

一、实验目的

（1）掌握创建交叉表查询的方法。

（2）掌握创建参数查询的方法。

（3）掌握创建操作查询的方法。

二、实验内容

以创建的"学生成绩管理"数据库中的数据表为基础，按要求创建以下查询：

1. 创建交叉表查询。在"学生成绩管理"数据库中，创建一个名为"实验 4-11"的交叉表查询。统计各院系每门课程不及格人数，行标题为"院系名称"，列标题为"课程名称"。运行效果如图实验 4-11 所示。

图实验 4-11　查询运行效果

2. 创建参数查询。

（1）在 "学生成绩管理" 数据库中，创建一个名为 "实验 4-12" 的参数查询。按姓名查询学生信息，要求显示学号、姓名、院系名称和班级字段。参数输入格式为：[请输入姓名]。运行效果如图实验 4-12 所示。

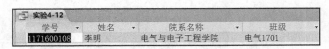

图实验 4-12　查询运行效果

（2）在 "学生成绩管理" 数据库中，创建一个名为 "实验 4-13" 的参数查询。按课程名称查找成绩不及格学生信息，要求显示课程名称、学号、姓名和成绩字段。参数输入格式为：[请输入课程名称]。运行效果如图实验 4-13 所示。

图实验 4-13　查询运行效果

（3）在 "学生成绩管理" 数据库中，创建一个名为 "实验 4-14" 的参数查询。按姓氏及性别查找课程成绩，要求显示学号、姓名、性别、成绩和课程名称字段。参数输入格式为：[请输入姓氏]和[请输入性别]。运行效果如图实验 4-14 所示。

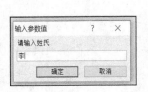
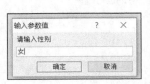
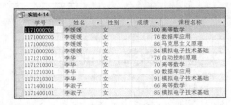

图实验 4-14　查询运行效果

3. 创建生成表查询。在 "学生成绩管理" 数据库中，创建一个名为 "实验 4-15" 的生成表查询。要求将 "学生表" 中女生党员的记录生成一个新表，表名为 "党员学生表"。新表包含学号、姓名、性别、政治面貌、出生日期和院系名称字段。运行查询，打开 "党员学生表"，查看表中记录。运行效果如图实验 4-15 所示。

图实验 4-15　查询运行效果

4. 创建追加查询。在 "学生成绩管理" 数据库中，创建一个名为 "实验 4-16" 的追加查询。

将男生党员记录追加到"党员学生表"。运行查询，打开"党员学生表"，查看表中记录的变化情况。运行效果如图实验 4-16 所示。

图实验 4-16　查询运行效果

5. 创建删除查询。在"学生成绩管理"数据库中，创建一个名为"实验 4-17"的删除查询。要求将"党员学生表"中的女生记录从该表中删除。运行查询，打开"党员学生表"，查看表中记录的变化情况。运行效果如图实验 4-17 所示。

图实验 4-17　查询运行效果

6. 更新查询。在"学生成绩管理"数据库中，创建一个名为"实验 4-18"的更新查询。先将课程表通过复制粘贴的方法产生一张新表，表名为"课程表-副本"，将"课程表-副本"中所有课程的学时修改为原来的 3/4。运行查询，打开"课程表-副本"查看记录变化情况。运行效果如图实验 4-18 所示。

图实验 4-18　查询运行效果

实验 3　SQL 查询实验

一、实验目的

（1）掌握在 SQL 视图中创建查询的方法。

（2）掌握 SELECT 语句的语法格式。

（3）熟练运用 SELECT 语句，实现简单查询、分组统计查询和多表查询。

（4）掌握 INSERT、UPDATE、DELETE 语句的使用。

（5）掌握 SQL 特定查询。

二、实验内容

1. SELECT 语句

（1）在"学生成绩管理"数据库中，查询每个学生的学号、姓名和入学总分字段。查询命名为"实验 4-19"。运行效果如图实验 4-19 所示。

（2）在"学生成绩管理"数据库中，查询学生的学号、姓名和年龄。查询命名为"实验 4-20"。运行效果如图实验 4-20 所示。

图实验 4-19　查询运行效果

图实验 4-20　查询运行效果

（3）在"学生成绩管理"数据库中，查询年龄为 20 岁以上（含 20）的女生。显示结果包含学号、姓名、出生日期和入学总分字段。查询命名为"实验 4-21"。运行效果如图实验 4-21 所示。

（4）在"学生成绩管理"数据库中，查询入学总分在 600~650（含 600 和 650）之间的学生，显示结果包含学号、姓名、入学总分和院系名称字段。查询命名为"实验 4-22"。运行效果如图实验 4-22 所示。

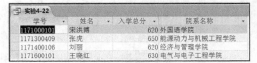
图实验 4-22　查询运行效果

图实验 4-21　查询运行效果

（5）在"学生成绩管理"数据库中，查询姓"李"的学生的课程成绩。显示结果包含学号、姓名、课程名称和成绩。查询命名为"实验 4-23"。运行效果如图实验 4-23 所示。

图实验 4-23　查询运行效果

（6）在"学生成绩管理"数据库中，查询"数据库应用"这门课程成绩前三名学生。要求显示学生学号、姓名、课程名称、成绩和院系名称字段，并按成绩降序排列。查询命名为"实验 4-24"。运行效果如图实验 4-24 所示。

图实验 4-24　查询运行效果

（7）在"学生成绩管理"数据库中，统计男、女生平均成绩。要求显示性别、平均成绩（保留 1 位小数），查询命名为"实验 4-25"。运行效果如图实验 4-25 所示。

图实验 4-25　查询运行效果

（8）在"学生成绩管理"数据库中，查询每门课程的成绩情况。要求显示课程名称、平均成绩（保留 1 位小数）、最高分数和最低分数。查询命名为"实验 4-26"。运行效果如图实验 4-26 所示。

（9）在"学生成绩管理"数据库中，查询每个学生的平均成绩。要求显示学号、姓名和平均成绩（保留 1 位小数），并按平均成绩降序输出。查询命名为"实验 4-27"。运行效果如图实验 4-27 所示。

图实验 4-26　查询运行效果

图实验 4-27　查询运行效果

2．INSERT 语句

在"学生成绩管理"数据库中，通过复制粘贴将"选课成绩表"复制成一个新表，取名为"选课成绩表 1"。在新表中使用 INSERT 语句添加一条新记录。新记录的内容为："1171800206"，"00500501"，78。查询命名为"实验 4-28"。运行效果如图实验 4-28 所示。

3．UPDATE 语句

（1）在"学生成绩管理"数据库中，使用 UPDATE 语句将"课程表"中学分字段为空的字段值按照 16 学时对应 1 学分的原则进行修改。查询命名为"实验 4-29"。运行效果如图实验 4-29 所示。

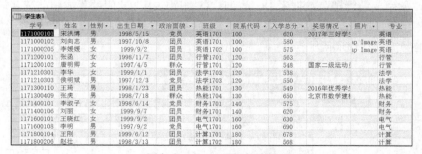

图实验 4-28　查询运行效果　　　　　　　　图实验 4-29　查询运行效果

（2）先将学生表通过复制粘贴的方法产生一张新表，表名为"学生表 1"，在"学生表 1"中添加一个"专业"字段（文本类型，字段大小为 2），使用 UPDATE 语句将"班级"字段的前两个字填入"专业"字段中。查询命名为"实验 4-30"。运行效果如图实验 4-30 所示。

图实验 4-30　查询运行效果

4．DELETE 语句

在"学生成绩管理"数据库中，使用 DELETE 语句将"选课成绩表 1"中学号为"1171800206"

的记录删除。查询命名为"实验 4-31"。运行效果如图实验 4-31 所示。

图实验 4-31　查询运行效果

5．SQL 特定查询

（1）创建表 CREATE TABLE

在"学生成绩管理"数据库中，使用 CREATE TABLE 语句创建一个"学生健康情况表"，其表结构如下表所示，主键是学号。查询命名为"实验 4-32"。

"学生健康情况表"的结构

字段名称	数据类型	大　小	说　明
学号	Text（文本）	10	Primary key（主键）
身高	Numeric（数字）		
体重	Numeric（数字）		
既往病史	Text（文本）	50	
上次体检日期	Date（日期）		
健康状况	Text（文本）	3	

（2）修改表 ALTER TABLE

① 在"学生成绩管理"数据库中，使用 ALTER TABLE 语句创建一个查询。为"学生健康情况表"添加字段"家庭病史"，文本类型（text）、字段大小为 20。查询命名为"实验 4-33"。

② 在"学生成绩管理"数据库中，使用 ALTER TABLE 语句创建一个查询。将"学生健康情况表"中"家庭病史"的文本类型字段的大小由原来 20 更改为 50。查询命名为"实验 4-34"。

③ 在"学生成绩管理"数据库中，使用 ALTER TABLE 语句创建一个查询。将"学生健康情况表"中"家庭病史"字段从表中删除。查询命名为"实验 4-35 "。

（3）删除表 DROP TABLE

在"学生成绩管理"数据库中，使用 DROP TABLE 语句创建一个查询。将"学生健康情况表"删除。查询命名为"实验 4-36"。

（4）子查询

在"学生成绩管理"数据库中，使用 SQL 语句创建一个特定查询。查询"数据库应用"这门课程高于平均分的学生的学号、姓名、成绩、院系名称。查询命名为"实验 4-37"。运行效果如图实验 4-37 所示。

图实验 4-37　查询运行效果

（5）联合查询

在"学生成绩管理"数据库中，先创建两个查询，一个查询"数据库应用"成绩高于90（含）的学生的学号、姓名、成绩和院系名称，查询命名为"数据库应用成绩高于90"；另一个查询"数据库应用"成绩低于60的学生的学号、姓名、成绩和院系名称，查询命名为"数据库应用成绩低于60"。然后使用SQL语句创建一个联合查询。将"数据库应用成绩高于90"和"数据库应用成绩低于60"查询中所有学生的学号、姓名、成绩和院系名称输出。查询命名为"实验4-38"。运行效果如图实验4-38所示。（为了取得明显的效果可以先将选课成绩表中的某些数据进行修改后，再运行该实验）

图实验4-38　查询运行效果

第5章　窗体实验

实验1　使用窗体向导创建窗体、自动创建窗体

一、实验目的

（1）了解窗体的作用及组成。

（2）了解窗体的概念及种类。

（3）掌握使用向导创建窗体、自动创建窗体的方法。

二、实验内容

1. 使用窗体向导创建窗体

（1）在"学生成绩管理"数据库中，以"学生表"为数据源，使用窗体向导创建一窗体，要求显示表中所有字段，窗体布局采用"纵栏表"，窗体命名为"实验5-1"，运行结果如图实验5-1所示。

（2）在"学生成绩管理"数据库中，使用窗体向导创建一个主/子窗体，主窗体显示院系代码表中的"院系名称"字段，子窗体显示学生表中的"学号""姓名""性别""出生日期""政治面貌"和"入学总分"字段。确定通过"院系代码表"查看数据，创建"带有子窗体的窗体"，子窗体布局采用"表格"。主窗体标题输入"院系"，子窗体标题输入"学生"，窗体命名为"实验5-2"，运行结果如图实验5-2所示。

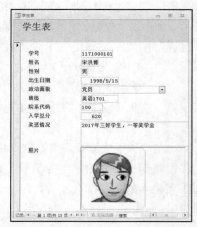

图实验5-1　窗体运行效果

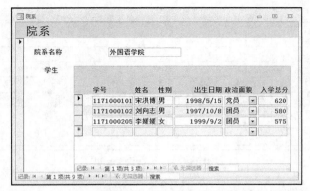

图实验 5-2　窗体运行效果

2. 使用"其他窗体"按钮创建窗体

（1）在"学生成绩管理"数据库中，以"学生表"为数据源，使用"窗体"选项组的"其他窗体"中"数据表"命令创建一个窗体，窗体命名为"实验 5-3"，运行结果如图实验 5-3 所示。

学号	姓名	性别	出生日期	政治面貌	班级	院系代码	入学总分	奖惩情况	照片
1171000101	宋洪博	男	1998/5/15	党员	英语1701	100	620	2017年三好学生，一等奖学金	Bitmap Imag
1171000102	刘向志	男	1997/10/8	团员	英语1701	100	580		Bitmap Imag
1171000205	李媛媛	女	1999/9/2	团员	英语1702	100	575		Bitmap Imag
1171200101	张函	女	1998/11/7	团员	行管1701	120	563		
1171200102	唐明卿	女	1997/4/5	群众	行管1701	120	548	国家二级运动员	

记录: ◄ ◄ 第1项(共15 项) ► ►► 无筛选器　搜索

图实验 5-3　窗体运行效果

（2）在"学生成绩管理"数据库中，使用"窗体"选项组"其他窗体"中的"数据透视表"创建一个名为"实验 5-4"显示各院系男女生人数的窗体，行标题为"院系名称"，列标题为"性别"，汇总数据对"学号"进行计数，运行结果如图实验 5-4 所示。

　　　　　　　　自动创建窗体时，如果所需字段来源于多张表，则应首先创建一个包含所需字段的查询，再以该查询作为数据源来创建窗体。

图实验 5-4　窗体运行效果

（3）在"学生成绩管理"数据库中，使用"窗体"选项组的"其他窗体"中的"数据透视图"创建一个名为"实验 5-5"的窗体，显示各院系男女生人数统计图。将"院系名称"字段拖拽到分类字段处，将"性别"字段拖曳到系列字段处，将"学号"字段拖曳到数据字段处，并更改坐标轴标题为"院系名称"和"人数"。运行结果如图实验 5-5 所示。

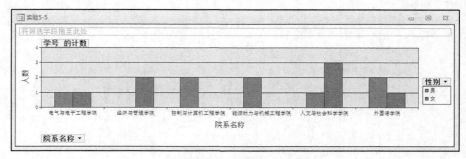

图实验 5-5　窗体运行效果

3. 使用"窗体"按钮创建窗体

（1）在"学生成绩管理"数据库中，使用"窗体"按钮创建"课程表"的信息窗体。命名为"实验 5-6"，运行结果如图实验 5-6 所示。

（2）在"学生成绩管理"数据库中，以"实验 4-1"查询为数据源，使用"窗体"按钮创建一个窗体。命名为"实验 5-7"。

图实验 5-6　窗体运行效果

图实验 5-7　窗体运行效果

实验 2　在设计视图中创建窗体

一、实验目的

（1）了解窗体设计视图的组成。

（2）掌握常用控件的常用属性及其使用。

（3）学会运用窗体设计视图创建窗体。

二、实验内容

1. 在"学生成绩管理"数据库中，创建一个窗体，窗体标题栏显示"学生信息浏览"，记录源为"学生表"。在窗体页眉节添加一个标签控件，名称为"Title"，显示文本为"学生信息浏览"；再添加一个文本框控件以显示系统当前日期。在主体节显示学生表中的学号、姓名、性别、出生日期、政治面貌、班级、院系代码、入学总分、奖惩情况和照片字段。窗体以"实验 5-8"名称保存，窗体运行效果如图实验 5-8 所示。

2. 在"实验 5-8"的基础上，在窗体页脚节中添加 4 个记录导航按钮"第一项记录""下一项记录""前一项记录""最后一项记录"，操作分别为"转至第一项记录""转至下一项记录"、"转至前一项记录""转至最后一项记录"以及一个窗体操作按钮"关闭"用来关闭窗体。窗体中不显示记录导航按钮、记录选择器和滚动条，但要有分隔线。新窗体命名为"实验 5-9"。窗体运行效果如图实验 5-9 所示。

图实验 5-8　窗体运行效果

图实验 5-9　窗体运行效果

3. 在"实验 5-9"基础上，将显示"性别"字段的文本框用组合框替代。窗体运行效果如图实验 5-10 所示。其中组合框获取数值的方式选择"自行键入所需的值"，确定组合框显示数值的列数为"1"列，在列表中输入"男"、"女"。新窗体命名为"实验 5-10"。

4. 在"实验 5-10"基础上，在"入学总分"下方添加一个计算型文本框显示学生的年龄。计算年龄的表达式：=Year(Date())-Year([出生日期])。窗体运行效果如图实验 5-11 所示。新窗体命名为"实验 5-11"。

图实验 5-10　窗体运行效果

图实验 5-11　窗体运行效果

5. 在"学生成绩管理"数据库中，使用设计视图创建一主/子类型窗体，命名为"实验 5-12"。主窗体数据源为"院系代码表"，只显示"院系名称"字段；子窗体为已经创建好的"实验 5-3"窗体。当运行该窗体，用户不允许对"学生表""院系代码表"进行任何修改、添加和删除操作。在主窗体页眉节添加一个标签，显示文本为"院系学生基本信息浏览"；再添加一个计算文本框，显示系统当前日期，格式为"短日期"。主窗体不设导航按钮、记录选择器和滚动条，但要求在主窗体页脚节添加 4 个记录导航操作按钮"第一条记录""前一条记录""下一条记录""最后一条记录"，以及一个窗体操作按钮"关闭"。子窗体不设导航按钮和记录选择器。窗体运行效果如图实验 5-12 所示。

6. 在"学生成绩管理"数据库中，使用"设计视图"创建一个输入课程基本信息的窗体，该窗体的记录源是"课程表"。在窗体页脚节添加按钮控件，当运行该窗体时，使用"添加记录"按钮可添加新记录，使用"保存记录"按钮可保存新记录，使用"删除记录"按钮可删除当前新记录，使用"关闭窗体"按钮可以关闭窗体。窗体命名为"实验 5-13"。要求窗体中只显示新记录，对已有记录不显示，不设导航按钮、滚动条和记录选择器。所有标签控件的"特殊效果"属性设置为"蚀刻"，文本框控件的"特殊效果"属性设置为"凹陷"，命令按钮的"背景样式"属性设置为"透明"。窗体运行效果如图实验 5-13 所示。

图实验 5-12　窗体运行效果

图实验 5-13　窗体运行效果

第 6 章　报表实验

一、实验目的

（1）熟悉 Access 报表设计的操作环境。

（2）了解报表的基本概念和种类。

（3）学会建立不同类型的报表。

（4）掌握在设计视图下修改报表。

（5）掌握报表中记录的排序与分组的方法，熟练运用报表设计中的各种统计汇总的技巧。

二、实验内容

打开"学生成绩管理"数据库，并按要求完成以下操作。

（1）使用"报表向导"按钮基于学生表和院系代码表，创建一个"实验 6-1"的报表如图实验 6-1（a）所示。

① 然后在报表的设计视图下，添加绑定型文本框显示院系代码，去掉"院系代码"文本框的边框。

② 修改报表中的标签"入学总分"标签为"入学总分平均分"。

③ 报表标题栏中加上"人数"，将分组汇总项作为学生人数显示，同时去掉文本框的边框。

④ 删除"平均值"标签，将求得的各院系入学总分平均分文本框去掉边框。

⑤ 最后在报表页脚中添加文本框和对应的标签，计算并显示总人数，如图实验 6-1（b）所示。

（2）在"实验 6-1"的基础上，向左移动"院系代码"，"院系名称"，"院系网址"，"入学总分平均分"和"人数"标签和文本框，添加各院系的入学总分最高分和最低分，并画出水平和垂直框线分隔不同的记录。报表名称为"实验 6-2"。效果如图实验 6-2（a）所示。修改报表的排序方式，改为按照"院系代码"降序排序，效果如图实验 6-2（b）所示。

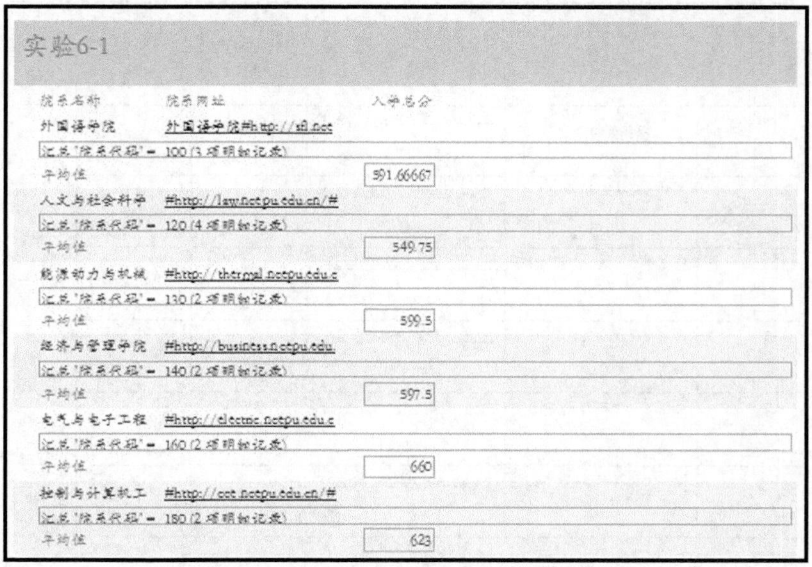

图实验 6-1（a）　用报表向导创建的报表

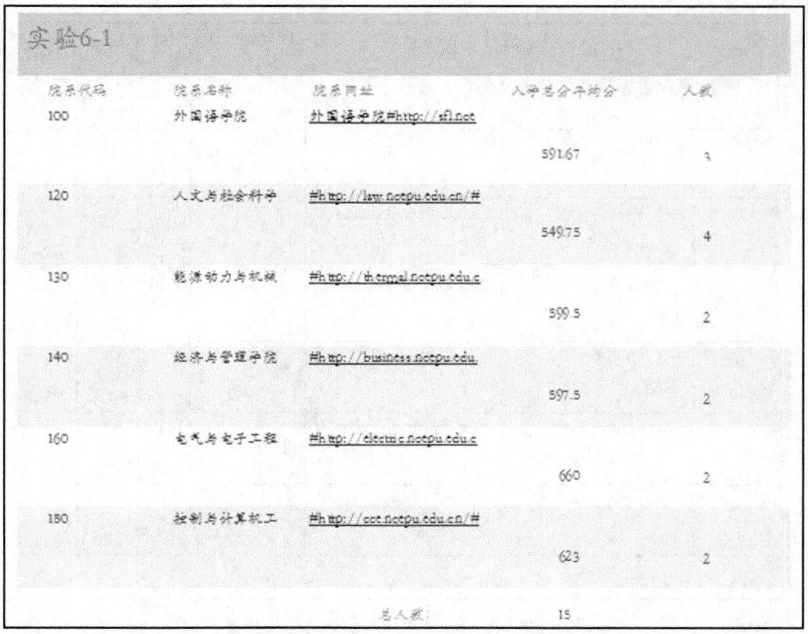

图实验 6-1（b）　在设计视图中修改的报表

实验6-2

院系代码	院系名称	院系网址	入学总分平均分	人数	最高分	最低分
100	外国语学院	外国语学院#http://sil.net	591.67	3	620	575
120	人文与社会科学学院	#http://law.nctpu.edu.cn/#	549.75	4	563	538
130	能源动力与机械工程学院	#http://thermal.nctpu.edu.c	599.5	2	650	549
140	经济与管理学院	#http://business.nctpu.edu.	597.5	2	620	575
160	电气与电子工程学院	#http://electric.nctpu.edu.c	660	2	690	630
180	控制与计算机工程学院	#http://cct.nctpu.edu.cn/#	623	2	678	568
总人数				15		

图实验6-2（a）　按院系代码升序排序

实验6-2

院系代码	院系名称	院系网址	入学总分平均分	人数	最高分	最低分
180	控制与计算机工程学院	#http://cct.nctpu.edu.cn/#	623	2	678	568
160	电气与电子工程学院	#http://electric.nctpu.edu.c	660	2	690	630
140	经济与管理学院	#http://business.nctpu.edu.	597.5	2	620	575
130	能源动力与机械工程学院	#http://thermal.nctpu.edu.c	599.5	2	650	549
120	人文与社会科学学院	#http://law.nctpu.edu.cn/#	549.75	4	563	538
100	外国语学院	外国语学院#http://sil.net	591.67	3	620	575
总人数				15		

图实验6-2（b）　按院系代码降序排序

（3）基于学生表，创建一个图表报表，统计的各院系的入学总分平均分并用柱形图显示。报表名称为"实验6-3"，效果如图实验6-3所示。

提示　在图表向导预览图表这一步中（如图实验6-4(a)所示），需要双击"入学总分合计"字段，在弹出的"汇总"对话框中选择"平均值"，然后确定（如图实验6-4(b)所示）才能改变汇总方式。

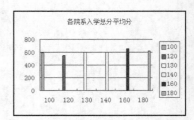

图实验6-3　运行效果

图实验 6-4（a） 图表向导　　　　　　　　　　图实验 6-4（b）　汇总方式选择

（4）使用"报表向导"按钮基于学生表、课程表和选课成绩表，创建一个"实验 6-4"报表，运行效果如图实验 6-5 所示。要求打印学生的学号、姓名、班级、课程编号、课程名称和成绩，并汇总显示各个学生的成绩平均分。请注意，将报表中的整个组放在一页上，不要分页。

图实验 6-5　报表运行效果

（5）制作包括课程编号、课程名称、学时和学分课程信息的标签。报表名称为"实验 6-5"，标签按学分降序排序，标签字体为"宋体"，字号为"20"，效果如图实验 6-6 所示。

图实验 6-6　报表运行效果

第 7 章　宏　实　验

一、实验目的
（1）了解有关宏的基本概念。
（2）掌握独立宏的创建、运行方法。
（3）掌握在窗体和报表上创建嵌入宏的方法。
（4）掌握在数据表上创建数据宏的方法。

二、实验内容
在"学生成绩管理"数据库中进行如下操作。

（1）创建一个独立宏"实验 7-1"，执行时先出现有"欢迎使用学生管理系统"信息和图标的消息框，同时扬声器发出"嘟"声，然后打开学生信息管理系统窗体，如图实验 7-1 所示（窗体保存为"实验 7-1"，窗体中的图片可以根据个人爱好选择）。

图实验 7-1　宏运行效果

（2）创建一个嵌入在"实验 7-1"中标题为"查询"按钮上的嵌入宏。要求在单击该按钮时，打开如图实验 7-2 所示的窗体（窗体保存为"实验 7-2"），并关闭"实验 7-1"窗体。

图实验 7-2　宏运行效果图

（3）在"实验 7-2"窗体中，在标题为"开始学号查询"按钮和"开始姓名查询"按钮单击事件中创建嵌入宏。当用户在文本框中输入学生学号，并单击"开始学号查询"按钮时，查找该学生信息并显示。当用户没有输入学生学号直接单击"开始学号查询"按钮时，输出提示信息"请输入要查询的学生学号！"。当用户在文本框中输入学生姓名，并单击"开始姓名查询"按钮时，查找该学生信息并显示。当用户没有输入学生姓名直接单击"开始姓名查询"按钮时，输出提示信息"请输入要查询的学生姓名！"。

（4）在"实验7-2"窗体中，在标题为"返回"按钮单击事件中创建嵌入宏。当用户单击"返回"按钮时，关闭"实验7-2"窗体，打开"实验7-1"窗体。

（5）创建一个嵌入在"实验 7-1"中标题为"编辑"按钮上的嵌入宏。要求单击该按钮时，打开如图实验 7-3 所示的窗体（窗体保存为"实验 7-3"），并关闭"实验 7-1"窗体。在"实验 7-3"窗体中，当编辑学生成绩大于 100 分时，会弹出错误提示信息"成绩不允许超过 100 分！　"，或小于 0 分时，会弹出错误提示信息"成绩不能为负数！　"。当单击窗体中的返回按钮时，关闭"实验 7-3"，打开"实验 7-1"。

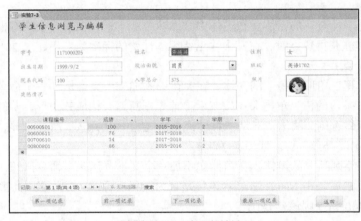

图实验 7-3　宏运行效果

（6）创建一个嵌入在"实验 7-1"窗体中标题为"打印"按钮上的嵌入宏。要求单击该按钮时，打开"实验 6-5"，并关闭"实验 7-1"窗体。

（7）创建一个在"实验 6-5"上"报表关闭"事件中的嵌入宏。当关闭"实验 6-5"时，打开"实验 7-1"窗体。

第 8 章　模块与 VBA 程序设计实验

实验 1　顺序结构程序设计实验

一、实验目的
（1）熟悉 VBA 程序的开发环境。
（2）掌握输入函数、输出函数和输出过程的使用。
（3）掌握顺序结构程序设计方法。

二、实验内容

（1）创建"华氏温度转换摄氏温度"的窗体。在窗体中添加个标题为"华氏温度转换摄氏温度"的命令按钮，单击该命令按钮后，用 InputBox 函数输入一个华氏温度 F，用 MsgBox 输出其对应的摄氏温度 C。转换公式为：C=5(F-32)/9。

（2）创建"两数交换"的窗体。在窗体中添加两个文本框和一个命令按钮，在文本框中输入两个整数，单击命令按钮后，文本框中的两个整数实现交换。

（3）创建"计算圆面积和周长"的窗体。在窗体中添加三个文本框和一个命令按钮，在第一个文本框输入半径的值，单击命令按钮后，在第二个文本框输出面积，在第三个文本框输出周长。

实验 2　选择结构程序设计实验

一、实验目的

（1）掌握单分支 If 结构和二分支 If 结构的程序设计。

（2）掌握多分支 If 结构和多分支 Select 结构的程序设计。

二、实验内容

（1）创建"行李计费"的窗体。在窗体中添加两个文本框，在第一个文本框中输入行李的重量，当第二个文本框获得焦点时，在其中输出费用。计费的标准为：不超过 20 千克的每千克 0.2元；超出部分每千克 0.5 元。

（2）创建"计算三角形面积"的窗体。在窗体中添加三个文本框和一个命令按钮，在三个文本框中分别输入三条边的值，单击命令按钮后，首先判断是否构成三角形，若能构成三角形，则输出三角形的面积；否则，输出"不是三角形！"的信息。输出用 MsgBox 实现。提示：三角形面积公式为：$\sqrt{s(s-a)(s-b)(s-c)}$，其中 $s=(a+b+c)/2$。

（3）创建"闰年判断"的窗体。在窗体中添加一个文本框和一个命令按钮，在文本框中输入年份，单击命令按钮后，用 MsgBox 显示该年是否为闰年。提示：能够被 4 整除并且不能被 100整除，或者能被 400 整除则该年是闰年。

（4）创建"学生成绩评定"的窗体。在窗体中添加一个文本框和一个命令按钮，在文本框中输入一个学生的成绩，单击命令按钮后，用 MsgBox 显示该学生的成绩评定。成绩在 90~100 之间为"优秀"；在 80~89 之间为"良好"；在 70~79 之间为"中等"；在 60~69 之间为"及格"；在 0~59 之间为"不及格"。

实验 3　循环结构程序设计实验

一、实验目的

（1）掌握多种形式的循环结构语句。

（2）掌握多重循环程序设计。

二、实验内容

（1）创建"平方求和"的窗体。在窗体中添加一个文本框和一个命令按钮，单击命令按钮后，在文本框中输出 $1^2+2^2+3^2+\cdots+10^2$ 的结果。

（2）创建"求 n 以内奇数和"的窗体。在窗体中添加两个文本框，在第一个文本框中输入 n的值，当第二个文本框获得焦点后输出 n 以内奇数之和。

（3）创建"从大到小排序"的窗体。在窗体中添加两个文本框和一个命令按钮。使用 InputBox函数输入 10 个整数并在第一个文本框中显示输入数据。单击命令按钮后，在第二个文本框中显示排序后的数据。

实验 4 函数的创建和调用实验

一、实验目的

（1）掌握函数的创建方法。

（2）掌握函数的调用方法。

二、实验内容

（1）创建"计算排列组合"的窗体。在窗体中添加三个文本框和一个命令按钮，在第一个文本框中输入整数 n 的值，第二个文本框中输入整数 m 的值，单击命令按钮后，在第三个文本框中输出 $C_n^m = \dfrac{n!}{(n-m)!}$ 的计算结果。要求：编写一个求阶乘的函数。在命令按钮的代码中调用该函数。

（2）创建"求最大公约数"窗体。在窗体中添加两个文本框和一个命令按钮，在第一个文本框中输入一个整数，第二个文本框中输入另一个整数，单击命令按钮后，用 MsgBox 输出两个数的最大公约数值。要求：编写一个求最大公约数的函数，在命令按钮代码中调用该函数。

第 9 章 VBA 的数据库编程实验

一、实验目的

（1）了解数据库引擎及其编程接口。

（2）掌握 ADO 数据库编程方法。

（3）掌握 DAO 数据库编程方法。

二、实验内容

（1）创建"添加用户"的窗体。在窗体中添加两个文本框和两个命令按钮，在这两个文本框中分别输入用户名和密码，单击"确定"按钮将输入的内容添加在"用户表"的数据库表中，单击"退出"按钮关闭该窗体。"用户表"结构如表 9-1 所示。要求采用 ADO 数据库编程实现。

（2）创建"用户登录"的窗体。在窗体中添加两个文本框和两个命令按钮，在这两个文本框中分别输入用户名和密码，单击"确定"按钮将进行用户名和密码的检查，如果与"用户表"中的相同，则显示"欢迎使用本系统！"；否则，显示"用户名和密码错误，请重新输入！"。单击"退出"按钮关闭该窗体。要求采用 DAO 数据库编程实现。

参考文献

[1] 苏林萍.Access 数据库教程（2010 版）. 北京：人民邮电出版社，2014.

[2] 王珊，萨师煊. 数据库系统概论（第 4 版）. 北京：高等教育出版社，2006.

[3] 陈薇薇，巫张英.Access 基础与应用教程（2010 版）. 北京：人民邮电出版社，2013.

[4] 郑小玲，张宏，卢山，旷野.Access 数据库实用教程（第 2 版）. 北京：人民邮电出版社，2013.